# 环境约束性指标关键技术研究

**Research on key techniques of obligatory target for environmental protection**

吴舜泽　逯元堂　谢绍东　杜鹏飞　贾杰林　等著

中国环境出版社·北京

图书在版编目（CIP）数据

环境约束性指标关键技术研究 / 吴舜泽等著. —北京：
中国环境出版社，2014.2
ISBN 978-7-5111-1422-8

Ⅰ.①环…　Ⅱ.①吴…　Ⅲ. ①环境管理－指标－研究
Ⅳ.①X32

中国版本图书馆 CIP 数据核字（2013）第 243074 号

出 版 人　王新程
责任编辑　陈金华　王海冰
责任校对　唐丽虹
封面设计　彭　杉

出版发行　**中国环境出版社**
　　　　　（100062　北京市东城区广渠门内大街 16 号）
　　　　　网　　址：http://www.cesp.com.cn
　　　　　电子邮箱：bjgl@cesp.com.cn
　　　　　联系电话：010-67112765（编辑管理部）
　　　　　　　　　　010-67113412（教材图书出版中心）
　　　　　发行热线：010-67125803，010-67113405（传真）
印　　刷　北京市联华印刷厂
经　　销　各地新华书店
版　　次　2014 年 3 月第 1 版
印　　次　2014 年 3 月第 1 次印刷
开　　本　787×1092　1/16
印　　张　11.75
字　　数　280 千字
定　　价　40.00 元

# 前　言

《国民经济和社会发展第十一个五年规划纲要》将"十一五"期间经济社会发展的主要指标按照属性分为预期性指标和约束性指标，其中环境约束性指标两项，即 COD 和 $SO_2$ 排放比 2010 年减少 10%。为实现环境约束性目标，2006年，《国务院关于"十一五"期间全国主要污染物排放总量控制计划的批复》（国函[2006]70 号）同意并正式下发了《"十一五"期间全国主要污染物排放总量控制计划》，明确了各省（区、市）主要污染物总量控制指标。以完成污染物减排约束性指标为抓手，兼顾目前开展的质量考核，带动了全面工作。通过总量核查、目标责任状、流域规划评估等严格落实了地方政府环境保护责任，一些地方推行的河长制、断面目标考核补偿等也切实调动了地方政府抓环境保护的积极性，确保了"十一五"环境保护目标的全面完成。

随着我国经济社会发展和环境形势的变化，环境约束性指标也将随之发生改变。多年来我国尚未形成稳定的规划目标指标体系，环境约束性指标调整势在必行。我国目前污染结构的变化导致以 COD 和 $SO_2$ 为主的环境约束性指标难以全面、客观地反映环境质量。氨氮、总磷、总氮等也已经成为影响河流、湖泊水环境质量的主要污染指标。可吸入颗粒物成为影响空气环境质量的主要污染物。同时，随着 POPs、VOCs 和 $PM_{2.5}$ 污染严重等新型污染问题的出现，对公众健康也构成了严重的威胁。经济社会发展趋势和阶段要求凸显环境约束性指标调整的必要性。在适当的时机，调整环境约束性指标的范围，适应环保形势的发展就变得尤为重要。

本研究以水、气为重点，在对我国环境现状进行评估的基础上，结合不同的情景方案，分析环境保护形势变化趋势，通过国外发达国家不同发展阶段环境问题及对策的研究与经验总结，梳理环境约束性指标确定的关键技术，据此分析扩大环境约束性指标的可能性及可能的时机，由此建立环境约束性指标，提出环境约束性指标优化调整实施建议。本研究不涉及约束性指标目标值确定等内容。研究认为：

（1）我国环境形势回顾分析表明，新中国成立至今，伴随工业化、城市化进程，受人口膨胀、产业结构和能源消费等主要因素的影响，我国水和大气环境污染问题越来越呈现复杂的特征。"十一五"期间单纯的 $SO_2$ 和 COD 总量减排已无法适应环境形势的新变化，新的环境保护工作要求建立更完善的环境约束性指标体系。

（2）发达国家不同阶段污染控制经验表明，环境污染问题本质是社会经济问题，污染控制即是理顺经济社会和环境的协调发展。通过借鉴发达国家经验，研究制定科学合理的环境约束性指标，加强政策、法律、标准、技术的协同控制，我国可以解决污染问题。

（3）包括经济、能源、人口等在内的中长期发展远景预测分析表明，发展的资源环境代价还将在一定时期内居高不下，能源等自然资源需求的增加使环境资源压力持续加大，人口增长产生空前的环境压力，城市化进程加速对环境造成较大的冲击负荷。

（4）环境约束性指标内涵与特征分析表明，环境约束性指标是在预期性基础上进一步明确并强化了政府责任的指标，是在公共服务和涉及公众利益领域对政府和政府有关部门提出的工作要求。环境约束性指标包括总量、质量指标，可以针对国家或区域流域尺度，可以设定短期或中长期目标。环境约束性指标的选取，主要应该满足如下条件：①区域性或者局地性的污染物；②可监测、可统计、可考核，有基础；③控制对象是一次污染物，尽可能不选择混合型污染物；④有治理减排途径，减排技术经济合理，经济负担可以承受。

（5）基于环境系统自身的运行规律和环境约束性指标选取的原则，考虑我国环境保护工作目前的实际基础、能力和水平，环境质量指标纳入约束性指标还面临许多瓶颈问题需要解决。"十二五"期间，推行全面单一的环境质量考核理论上可行但是目前并不现实。实施总量控制牵头的控制体系，以总量控制＋质量控制的模式，并以要素为切入点大力推进区域层面环境质量改善工作，部分实施基础较好的指标可试行质量考核。

（6）对水环境约束性指标的研究分析表明，继续推进 COD 约束性指标控制，重点提高 COD 排放标准等级和污水处理厂实际运行效率，加大重点行业减排力度，加强监管，推进产业结构调整，提高稳定运行率和污水收集率。将氨氮纳入约束性指标实施全国总量控制。在重点湖库将总氮纳入约束性指标，但不纳入全国总量控制约束性指标。

（7）对大气环境约束性指标的研究分析表明，$SO_2$ 在我国仍是主要污染物，仍需继续进行约束性控制，重点加强冶金、有色、建材等行业控制，同时体现区域差异，结合区域特点，实施质量控制与总量控制。将 $NO_x$ 纳入约束性指标，电力行业作为 $NO_x$ 总量控制的重点行业，划定环首都圈、长江三角洲地区和珠江三角洲地区为 3 个重点控制区域。将温室气体排放作为约束性指标。分省份进行排放总量控制，制定重点行业排放标准，完善源清单和统计、监测审核体系。将 $PM_{10}$ 作为约束性指标，实施质量控制，考核内容包括 $PM_{10}$ 可控达标率，对重点行业实施工艺烟尘/粉尘排放总量。

本书共分 9 章。第 1 章、第 2 章由赵智杰、郑钰编写，第 3 章由李新编写，第 4 章由冯恺、赵喜亮编写，第 5 章由于雷编写，第 6 章由逯元堂编写，第 7 章由杜鹏飞、郑钰编写，第 8 章由谢绍东、赵智杰编写；第 9 章由贾杰林、冯恺编写，全书由吴舜泽、逯元堂、冯恺统稿。

本研究受到环保公益性行业科研专项资助，同时得到了环境保护部环境规划院张治忠，北京大学王雯雯，清华大学肖劲松等有关专家和领导的大力支持和悉心指导，在此表示诚挚的感谢！本书之中难免存在不当之处，希望各位同仁和读者不吝赐教。

作者

2013 年 2 月

# 目 录

# 第**1**章

## 我国环境形势演变回顾

## 1.1 水环境形势

### 1.1.1 不同发展阶段划分

#### 1.1.1.1 第一阶段（1949—1978 年）

新中国成立伊始，我国各项事业都处在一个起步的初级阶段。由于当时的国情和所处的国际环境，我国做出了优先发展重工业的决定，各项政策和措施都向重工业倾斜，重工业取得了较快发展。从 20 世纪 70 年代开始，我国的经济建设开始以对外引进为中心，投资方向主要转向电力工业，以解决极为紧张的原材料和电力供应问题。此外，为了解决轻重工业比例严重不协调问题，轻纺工业的投资有了明显提高。经过近 30 年的建设，我国建立起门类比较齐全、具有相当生产规模和一定技术水平的比较完整的工业体系。

但是，随着工业的发展，环境污染问题日益凸显。我国工业布局极不合理，70%以上的工厂集中在沿海城市，这是造成我国环境污染的一个主要原因。此外，由于我国科学技术比较落后，技术装备差，能源和原料消耗高，也成为环境污染的一个主要原因。

在水环境方面，这一时期我国大多数江河水质基本良好，但是流经城市的河段出现一定程度的污染。水体污染主要以工业污染为主，主要污染物是酸、悬浮物、耗氧有机物和挥发酚（表 1-1）。此外，生活污水、农业生产等也对水体造成一定程度的污染。

#### 1.1.1.2 第二阶段（1979—1999 年）

进入 20 世纪 80 年代，为了适应改革开放的需要，我国实行了重视沿海地区发展的非均衡发展战略，对原有部分工业企业进行了大规模的设备更新和技术改造，电子、家用电器、机械、纺织、食品等工业有了很大的发展。经过结构调整和升级优化，产业结构日趋合理，但是，纺织、煤炭、冶金、建材、化工等高污染行业仍处于低水平发展阶段，结构性污染依然突出。因此，工业污染仍是造成水体污染的主要因素之一。

在农业方面，为促进植物生长，提高农产品的产量，人们常施用较多的氮肥和磷肥，它们极易在降雨或灌溉时发生流失，由此进入环境。除了化肥污染外，农药也大量残留于农作物表面，随着降雨或灌溉进入水体。此外，人们长期使用被污染的水灌溉农田，致使水体中氮、磷等营养物质含量过多，出现富营养化。我国湖泊、水库和江河富营养化问题的发展非常迅速。1980—1990 年，这短短 10 年间，贫、中营养状态湖泊向富营养状态过渡，富营养化湖泊所占面积比例从 5.0% 剧增到 55.01%。

表 1-1　主要工业行业排放的污染物

| 污染源 | 污染物 |
|---|---|
| 火力发电、热电 | 酸、悬浮物、硫化物、挥发性酚、砷、水温、铅、镉、铜、石油类 |
| 金属冶炼 | 酸、悬浮物、有机物、硫化物、氟化物、挥发性酚、氰化物、石油类、砷、铜、锌、铅、砷、镉、汞 |
| 机械制造 | 酸、有机物、悬浮物、挥发性酚、石油类、氰化物、六价铬、铅、铁、铜、锌、镍、镉、锡、汞 |
| 煤矿 | 酸、有机物、水温、砷、悬浮物、硫化物 |
| 焦化及煤制气 | 有机物、水温、悬浮物、硫化物、氰化物、石油类、氨氮、苯类、多环芳烃、砷 |
| 橡胶、塑料及化纤 | 酸、有机物、水温、石油类、硫化物、氰化物、砷、铜、铅、锌、汞、六价铬、悬浮物、苯类、有机氯、多环芳烃 |
| 制药 | 酸、有机物、悬浮物、石油类、硝基苯类、硝基酚类、水温 |
| 有机化工 | 酸、有机物、悬浮物、挥发性酚、氰化物、苯类、硝基苯类、有机氯、石油类、锰、油脂类、硫化物 |
| 造纸 | 碱、有机物、悬浮物、水温、挥发性酚、硫化物、铅、汞、木质素、色度 |
| 纺织、印染 | 酸、有机物、悬浮物、水温、挥发性酚、硫化物、苯胺类、色度、六价铬 |

20 世纪 90 年代以来，城市化的发展成为中国经济发展的轴心。随着工业结构的不断调整和优化，工业废水的排放量和污染负荷呈现逐年下降的趋势。但是，随着城市人口的增加和生活质量的提高，生活污水的排放数量和污染负荷正以较快的速度上升。生活污水中含许多有机物质和大量微生物（主要为腐物寄生菌，也有致病菌和寄生虫卵），故生活污水易传播疾病，严重危害了人体健康，为公众健康带来风险。

总之，20 世纪八九十年代，我国水体污染更加严重，污染物成分更加复杂。全国七大水系普遍污染，主要污染指标为氨氮、高锰酸盐指数、挥发酚和生化需氧量；湖泊水库总磷、总氮超标，富营养化严重；城市地表水污染普遍严重，呈恶化趋势，绝大多数城市河流均受到污染，主要污染物是石油类和挥发酚，其次是氨氮、生化需氧量、高锰酸盐指数和总汞；部分城市地下水水质开始变差。

### 1.1.1.3　第三阶段（2000 年至今）

进入 21 世纪，中国开始进入新一轮经济增长周期，在消费结构升级和城市化进程加快的拉动作用下，带动了重工业化、城市化、机动化和国际化进程的加快。我国水环境面临巨大的压力。

（1）地表水普遍遭受污染，污染程度未见好转。2011 年，全国地表水总体为轻度污染。长江、黄河、珠江、松花江、淮河、海河、辽河、浙闽片河流、西南诸河和内陆诸河十大水系监测的 469 个国控断面中，Ⅰ～Ⅲ类、Ⅳ～Ⅴ类和劣Ⅴ类水质断面比例分别为 61.0%、25.3% 和 13.7%（表 1-2）。主要污染指标为化学需氧量（COD）、五日生化需氧量和总磷。

表 1-2　全国七大水系水质类别比例（2011 年）

| 七大水系 | Ⅰ～Ⅲ类/% | Ⅳ～Ⅴ类/% | 劣Ⅴ类/% |
|---|---|---|---|
| 长江 | 80.9 | 13.8 | 5.3 |
| 黄河 | 69.8 | 11.6 | 18.6 |
| 珠江 | 84.8 | 12.2 | 3.0 |
| 松花江 | 45.2 | 40.5 | 14.3 |
| 淮河 | 41.9 | 43 | 15.1 |
| 海河 | 31.7 | 30.2 | 38.1 |
| 辽河 | 40.5 | 48.7 | 10.8 |
| 总体 | 61.0 | 25.3 | 13.7 |

数据来源：《中国环境状况公报》（2011 年）。

（2）湖泊（水库）富营养化问题仍然突出。我国主要湖泊已大多存在水体富营养化问题，2011 年《中国环境状况公报》中指出，监测的 26 个国控重点湖泊（水库）中，Ⅰ～Ⅲ类、Ⅳ～Ⅴ类和劣Ⅴ类水质的湖泊（水库）比例分别为 42.3%、50.0%和 7.7%。主要污染指标为总磷和 COD。中营养状态、轻度富营养状态和中度富营养状态的湖泊（水库）比例分别为 46.2%、46.1%和 7.7%。我国三大淡水湖泊太湖、滇池和巢湖，总氮、总磷超标严重，存在不同程度的富营养化问题。

（3）地下水污染不容忽视。2011 年，全国共 200 个城市开展了地下水水质监测，共计 4 727 个监测点。优良-良好-较好水质的监测点比例为 45.0%，较差-极差水质的监测点比例为 55.0%。其中，4 282 个监测点有连续监测数据。与上年相比，17.4%的监测点水质好转，67.4%的监测点水质保持稳定，15.2%的监测点水质变差。根据《全国城市饮用水安全保障规划（2006—2020 年）》数据，全国近 20%的城市集中式地下水水源水质劣于Ⅲ类。部分城市饮用水水源水质超标因子除常规化学指标外，甚至出现了致癌、致畸、致突变污染指标。

### 1.1.2　水污染问题回顾分析

#### 1.1.2.1　全国废水排放量居高不下，城镇生活污水已超工业废水

1999 年，全国工业废水排放量 197 亿 t，生活污水排放量 204 亿 t；生活污水排放总量首次超过工业废水。此后，生活污水和工业废水排放量逐年增加，并且生活污水排放的增长速率大于工业废水（图 1-1）。

#### 1.1.2.2　主要控制指标的排放总量仍处于较高水平

"九五"期间，我国主要污染物排放总量控制指标 COD 的排放量控制在计划之内，且 2000 年排放量与 1995 年比较，实际排放量下降 30%以上，下降幅度较大。但是，"十五"末期，COD 排放量呈现增长趋势，未完成"十五"目标。2010 年，COD 比 2005 年下降 12.45%，超额完成减排任务。

"十五"期间，全国废水中氨氮排放总量处于缓慢增长的态势。其中 2005 年增幅较大，比 2001 年增长 19.6%。总体而言，氨氮排放总量完成了国家"十五"控制目标（165 万 t）。但与 2001 年相比，2005 年工业氨氮排放量和生活氨氮排放量均处于持续增长趋势。2010 年，氨氮排放总量达到 120.3 万 t。

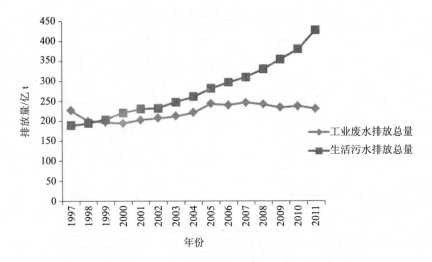

**图 1-1　全国废水排放量变化趋势**

### 1.1.2.3　全国七大重点流域地表水有机污染普遍，水质总体较差

　　"九五"以前，我国大江大河水质基本良好，只有流经城市的河段出现污染。水体污染主要来自工业废水，主要污染物是氨氮，其次是耗氧有机物和挥发酚。进入"九五"以后，全国各大重点流域普遍遭受污染。水中重金属和有毒物质基本得到控制或有所下降，有机污染物逐渐增加。从全国七大水系主要水污染指标变化来看，氨氮、高锰酸盐指数、生化需氧量（BOD）、石油类已经成为水污染主要指标（表 1-3）。

**表 1-3　全国七大水系主要水污染指标**

| 年份 | 长江 | 黄河 | 珠江 | 松花江 | 淮河 | 海河 | 辽河 |
|---|---|---|---|---|---|---|---|
| 1996 | 氨氮、高锰酸盐指数和挥发酚 | 氨氮、高锰酸盐指数、BOD和挥发酚 | 氨氮、高锰酸盐指数和砷化物 | 总汞、高锰酸盐指数、氨氮和挥发酚 | 氨氮、高锰酸盐指数 | 氨氮、高锰酸盐指数、BOD和挥发酚 | 氨氮、高锰酸盐指数和挥发酚 |
| 1998 | 悬浮物、高锰酸盐指数和氨氮 | 悬浮物和挥发酚 | 石油类、悬浮物和氨氮 | 挥发酚和石油类 | 高锰酸盐指数和溶解氧 | 石油类、高锰酸盐指数、挥发酚和氨氮 | 氨氮、高锰酸盐指数和挥发酚 |
| 2000 | 石油类和氨氮 | 氨氮、高锰酸盐指数、BOD和石油类 | — | 高锰酸盐指数和BOD | 氨氮和高锰酸盐指数 | 高锰酸盐指数、BOD和氨氮 | 高锰酸盐指数和BOD |
| 2002 | 石油类、氨氮和高锰酸盐指数 | 石油类、高锰酸盐指数和BOD | 石油类、高锰酸盐指数和BOD | 挥发酚、BOD和高锰酸盐指数 | 氨氮、BOD和高锰酸盐指数 | 汞、石油类和氨氮 | BOD、氨氮和挥发酚 |
| 2004 | 石油类、氨氮和BOD | 石油类、氨氮和高锰酸盐指数 | 石油类、BOD和氨氮 | 高锰酸盐指数、石油类和BOD | 石油类、BOD、高锰酸盐指数和氨氮 | 高锰酸盐指数、BOD和石油类 | BOD、高锰酸盐指数和石油类 |
| 2006 | 石油类、氨氮和BOD | 石油类、氨氮和BOD | 石油类和氨氮 | 高锰酸盐指数、石油类和氨氮 | 石油类、高锰酸盐指数和BOD | BOD、高锰酸盐指数和氨氮 | BOD、石油类和氨氮 |

| 年份 | 长江 | 黄河 | 珠江 | 松花江 | 淮河 | 海河 | 辽河 |
|---|---|---|---|---|---|---|---|
| 2009 | 氨氮、五日生化需氧量和石油类 | 石油类、氨氮和五日生化需氧量 | 石油类和氨氮 | 高锰酸盐指数、石油类和氨氮 | 高锰酸盐指数、五日生化需氧量和石油类 | 高锰酸盐指数、五日生化需氧量和氨氮 | 五日生化需氧量、氨氮和石油类 |
| 2011 | 总磷、氨氮和五日生化需氧量 | 氨氮、化学需氧量和五日生化需氧量 | 石油类、氨氮、总磷和五日生化需氧量 | 高锰酸盐指数、总磷和五日生化需氧量 | 化学需氧量、总磷和五日生化需氧量 | 化学需氧量、五日生化需氧量和总磷 | 五日生化需氧量、石油类和氨氮 |

数据来源：《中国环境状况公报》（1996—2011 年）。

#### 1.1.2.4　水体富营养化问题日益突出

我国湖泊水库富营养化的发展趋势非常迅速。1980—1990 年这短短 10 年间，贫、中营养状态湖泊向富营养状态过渡，富营养化湖泊所占面积比例从 5.0%剧增到 55.01%。自"九五"以来，我国湖泊水库一直普遍受到污染，总磷、总氮污染严重，有机物污染面广，个别湖泊水库出现重金属污染。与水库相比，湖泊富营养化程度更加严重。2011 年，中度富营养状态的湖泊（水库）的比例达 7.7%。

#### 1.1.2.5　全国多数城市地下水受到一定程度的点状或面状污染，局部地区水质指标超标

"九五"以前，我国城市地下水质总体较好。自"九五"开始，地下水水质污染逐渐加重，多数城市地下水受到一定程度的点状和面状污染。局部地区的部分指标超标，主要污染指标有矿化度、总硬度、硝酸盐、亚硝酸盐、氨氮、铁和锰、氯化物、硫酸盐、氟化物、pH 值等。在污染程度上，北方城市重于南方城市，尤以华北地区污染较突出。至"十五"时期，三氮污染在全国各地区均较突出，地下水主要水质污染指标基本保持不变。进入"十一五"时期，在开展地下水监测的城市中，大部分城市地下水质基本稳定，一定数量的城市呈现下降趋势，个别城市有所好转。2011 年，176 个城市有连续监测数据。与 2010 年相比，65.9%的城市地下水水质保持稳定，水质好转和变差的城市比例相当。

### 1.1.3　污染控制经验总结

#### 1.1.3.1　水环境管理

新中国成立后，党和政府采取了一系列措施来提高我国的环境质量和改善农业生态环境。政府开展了治理淮河、海河、黄河、长江的大型水利工程建设，增强了抗御自然灾害的能力。但是，当时还未注意到经济发展对自然界引起的深远影响，缺乏环保意识，大部分企业生产的废弃物，未经处理就任意排放。城市人口过度集中，市政建设远远不能满足城市发展的需要，环境污染问题凸显。

（1）起步阶段。我国的环境保护工作起步于 1972 年"联合国人类环境会议"。通过这次会议我国首次认识到环境问题的严重性。1973 年，我国召开第一次全国环境保护会议，提出"全面规划，合理布局，综合利用，化害为利，依靠群众，大家动手，保护环境，造福人民"的原则。1974 年成立国务院环境保护领导小组，此后，各省、自治区、直辖市和国务院有关部委也陆续建立环境管理机构和环境保护科研、监测机构。首先开展的工作是污染源的调查，初步摸清环境质量状况。

从第一次全国环保会议至 1978 年底党的十一届三中全会这一时期，我国的环境保护

事业发展极其缓慢。虽然我国在工业污染治理、"三废"综合利用、城市的消烟除尘等方面做了一些工作，取得了一定的成绩，但这一时期主要是简单模仿西方国家的做法，是以单纯治理污染（主要是工业污染）为主，开发性的理论研究和实用技术还很少。

（2）快速发展阶段。"六五"期间是我国环保事业开创和发展的一个良好时期，取得了很大进展。1983 年，我国召开第二次全国环境保护会议，确立环境保护为我国的基本国策之一，并提出"经济建设、城乡建设和环境建设要同步规划、同步实施、同步发展，实现经济效益、社会效益和环境效益的统一"的战略方针，强化环境管理作为环保工作的中心，实现了思想认识和工作方式上的一个重大转变。

"七五"期间，在城市污水处理方面开展了土地处理和稳定塘处理系统，大中城市共治理河流（段）和湖泊 99 条（个）。经过治理的河流、湖泊水质明显好转，有鱼虾繁衍，有的达到了国家地面水 II 级或 III 级标准。

"八五"期间，为了解决水资源短缺和防止污染，我国将污水资源化列入了国家重点科技攻关项目，水污染治理技术和方法的研究，取得了很大进展。

在水环境管理方面，国家非常重视环保法制建设。1979 年颁布了《中华人民共和国环境保护法（试行）》，结束了中国环境保护无法可依的局面，开始走上法制轨道。1982 年，新宪法对环保提出更高的要求："国家保护和改善生活环境和生态环境，防治污染和其他公害"；1982 年开始施行《征收排污费暂行办法》；1984 年施行《中华人民共和国水污染防治法》，1988 年施行《水污染物排放许可证管理办法》等，这些基本法律法规组成了我国水环境保护的法制体系。另外，针对水体的不同用途，不同用水行业的排污性质，国家颁布了与水污染物控制相关的环境标准。

1989 年，我国召开第三次全国环保会议，形成了"预防为主、防治结合""谁污染谁治理（1999 年调整为谁污染谁付费）"和"强化环境管理"三大政策体系和八项环境管理制度，把不同的管理目标、不同的控制局面和不同的操作方式组成了一个比较完整的体系，基本上把主要的环境问题置于这个管理体系的覆盖之下，这为解决环境问题提供了政策保证。

进入 20 世纪 90 年代，政府开始将水污染防治工作与水环境质量的改善紧密联系在一起，使水污染防治工作走上了一个新的台阶。1994 年我国开始重点流域治理，1996 年修订并实行了《中华人民共和国水污染防治法》，并制定了《水污染防治法实施细则》，并在新修订的《刑法》中增加了"破坏环境资源保护罪"的规定。

1992 年在巴西里约热内卢召开世界环境与发展大会以后，世界上大多数国家包括中国努力实现传统发展战略向可持续发展战略的转变，我国的环境保护面临着发展的新机遇和新挑战。我国总结了环境保护工作 20 年来的经验，也吸取了国际社会的新经验，提出了环境与发展的十大对策，集中反映了当前和今后相当长一个时期的环境政策；环境保护工作的范畴已不仅局限于环境污染的防治、生态环境的恢复等领域，而是要扩展到经济发展、社会进步等更广泛的范围。1996 年 7 月我国召开了第四次全国环境保护会议。为了确保跨世纪环境目标的实现，编制出台了《污染物排放总量控制计划》和《跨世纪绿色工程规划》，同时出台的还有一系列保证措施。这标志着我国的环境保护工作已经进入逐渐成熟的时期。

（3）成熟阶段。进入 21 世纪，我国的水环境管理集中在重点流域治理、城市污水处理和污染物总量控制等方面，出台了《中华人民共和国水污染防治法实施细则》《淮河和太湖流域排放重点水污染物许可证管理办法（试行）》《关于进一步加大对医疗废水和医疗垃圾监管力度的紧急通知》，原国家环保总局办公厅《关于防止汛期发生水污染事故的通知》，国务院办公厅《关于加强淮河流域水污染防治工作的通知》，《中华人民共和国防治船舶污染内河水域环境管理规定》等相关法律法规与规章制度。发布了《城市污水处理及污染防治技术政策》《城镇污水处理厂污泥处理处置最佳可行技术指南》《人工湿地污水处理工程技术规范》等相关技术规范。国家政府和相关部门针对淮河、松花江、太湖、三峡库区等重点区域分别制定了《水污染物防治规划》，进一步加强了对城市污水防治的技术研究，对主要水污染物排放总量的分配进一步细化。

### 1.1.3.2　水污染治理

20 世纪 80 年代，随着城市化进程的加快和城市水污染问题日益严重，城市排水设施建设有了较快发展。我国第一座大型城市污水处理厂——天津市纪庄子污水处理厂于 1982 年破土动工，1984 年 4 月 28 日竣工投产运行，处理规模为 26 万 $m^3/d$。随后，北京、上海、广东、广西、陕西、山西、河北、江苏、浙江、湖北、湖南等省市区根据各自的具体情况分别建设了不同规模的污水处理厂。

国家"七五"、"八五"、"九五"科技攻关课题的建立，使我国污水处理的新技术、污泥处理的新技术、再生水回用的新技术都取得了可喜的科研成果，某些项目达到国际先进水平，我国的污水处理事业也得到了快速的发展。到 2000 年年底，全国已经有 310 个城市建有污水处理设施，建设污水处理厂 427 座，年污水处理量 113.6 亿 $m^3$，城市污水处理率 34.23%。截至 2010 年，全国已建成运行污水处理厂 1 444 座，污水处理能力达 10 436 万 t/d，污水处理率达到 82.31%（图 1-2）。

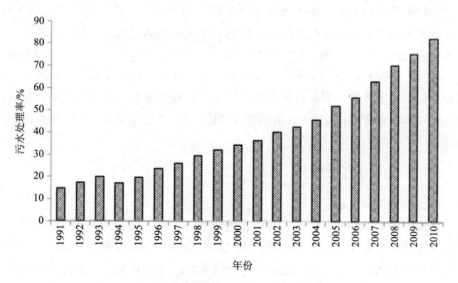

**图 1-2　全国城镇污水处理厂污水处理率**

此外，我国还加大了工业废水的治理力度，工业废水的排放达标率增长速度较快。"十五"以来，全国工业废水的排放达标率稳中有升，基本维持在 90% 左右（图 1-3）。由此可见，工业废水治理在我国已达到较高的水平。

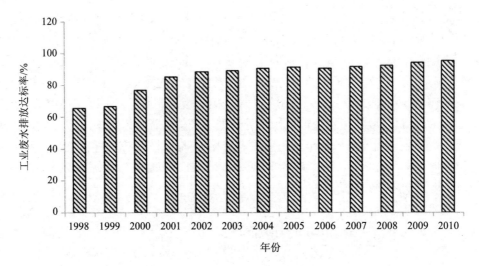

图 1-3　全国工业废水排放达标率

## 1.2　大气环境形势

### 1.2.1　不同发展阶段划分

中国城市化和工业化的快速发展与能源消耗的迅速增加，给中国城市带来了很多空气污染问题。20 世纪 70 年代，煤烟型污染排放成为中国工业城市的主要特点；80 年代，许多城市遭受严重的酸雨危害，南方地区尤为严重；20 世纪末，汽车尾气排放的 $NO_x$、CO 及随后形成的光化学烟雾等复合型污染，使得许多大城市的空气质量恶化。进入 21 世纪，温室气体引起的气候变化问题、臭氧空洞以及颗粒物污染等成为新的大气环境问题。

自 20 世纪 70 年代以来，中国政府加强了环保工作的力度，采取了一系列大气污染政策和措施，收到一定效果。但从总体来看，环境污染和破坏尚未完全被控制。中国已是世界少数大气污染最严重的国家之一，治理任务艰巨，21 世纪我国的大气污染防控工作依然任重道远。

### 1.2.2　大气污染问题回顾分析

#### 1.2.2.1　整体大气质量回顾

我国当前大气污染物总量控制工作包括削减现有存量和控制污染物增量两个方面，大气污染物类型多样且转化机制复杂，当前大气环境质量不仅取决于当前的污染排放量，还受以往排放的污染物影响。因此，在评价环境质量时应该从环境中污染物质量浓度指标和污染物排放量两方面对全国大气质量的现状进行考察。

2002—2011 年，全国 113 个大气污染重点城市空气质量达标率情况见图 1-4。从图中可以看出，自 2002 年以来，中国城市的空气质量整体呈好转趋势，空气质量达到二级标准的城市比例呈增加趋势，2007 年后由达到三级标准提升至达到二级标准的城市显著增加。至 2011 年，城市空气质量达到二级及以上的为 89.0%，超标城市比例为 11.0%。

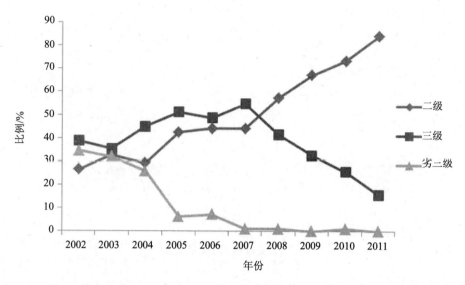

**图 1-4 2002—2011 年我国 113 个大气污染重点城市空气质量达标情况**

如图 1-5 所示，从排污总量看，全国烟尘、工业粉尘排放量呈逐年下降趋势，自 2005 年逐年下降，$SO_2$ 排放总量自 2006 年以来呈下降趋势，国家控制的污染物排放增长趋势得到初步遏制。2010 年全国 $SO_2$ 排放量为 2 185.1 万 t，比上年减少 1.3%，烟尘排放量为 829.1 万 t，比上年减少 2.1%，工业粉尘排放量为 448.7 万 t，比上年减少 14.3%。

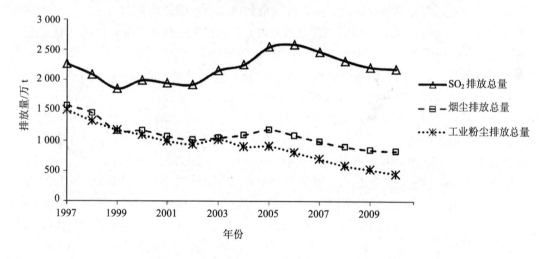

**图 1-5 1997—2010 年我国主要污染物排放情况**

### 1.2.2.2 $SO_2$ 污染回顾

从 2001—2011 年我国 $SO_2$ 质量浓度达标情况看（图 1-6），全国地级以上城市 $SO_2$ 污染有很大改善，$SO_2$ 二级达标城市比例自 2004 年后呈上升趋势，三级和劣三级城市比例持续下降，这说明我国的 $SO_2$ 污染控制过程已取得了一定成果。2011 年，地级及以上城市环境空气中 $PM_{10}$ 年均质量浓度达到或优于二级标准的城市占 96%，没有低于三级标准的城市。

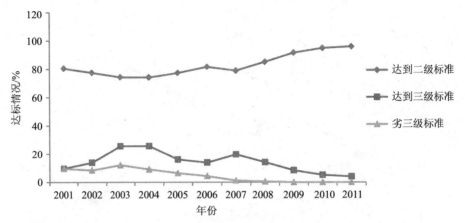

数据来源：《中国环境状况公报》（2001—2011 年）。

图 1-6　2001—2011 年全国地级以上城市 $SO_2$ 达标趋势图

　　图 1-7 中（a）（b）（c）分别为京津冀、长三角、珠三角三大城市群 2001—2011 年 11 年间城市空气中 $SO_2$ 年日均质量浓度的整体变化趋势。从图 1-7（a）可见，环首都地区北京市和天津市的大气 $SO_2$ 平均质量浓度变化不大，基本维持在 0.08 mg/m³ 以下，且呈现稳步下降的趋势。但天津市在 2002—2007 年并未达到《环境空气质量标准》（GB 3095—1996）规定的二级标准 0.06 mg/m³，而北京市自 2003 年后均达到二级标准。石家庄的 $SO_2$ 质量浓度在 2002—2005 年呈现显著下降的过程，自 2005 年后年日均值即达到国家二级标准，这与国家对 $SO_2$ 污染控制的关注度有关。在城市化进程中以燃煤为主的石家庄，产业结构严重不合理，以钢铁、化工、冶炼等第二产业为主，$SO_2$ 质量浓度超标，但随着石家庄产业结构及能源结构的调整、"十一五"计划的推进等 $SO_2$ 控制措施的加强，石家庄 $SO_2$ 质量浓度明显降低。但从图中也可以看出，2009—2011 年，石家庄市 $SO_2$ 年日均质量浓度又有小幅回升的迹象，需要引起关注。2008 年奥运会的到来，对环京都圈大气进行了一系列的治理，二级和好于二级的天数所占全年比重明显增大，到 2008 年北京市空气质量二级和好于二级的天数已达到 274 天，占全年总天数的 74.9%。整体来看，自 2005 年以来京津冀城市群中北京、天津、石家庄三市 $SO_2$ 年日均质量浓度保持在良好的范围内。

　　从图 1-7（b）可见，长江三角洲城市群中上海、南京、杭州三个城市 $SO_2$ 年日均值均较低，除个别年份外均能达到《环境空气质量标准》（GB 3095—1996）规定的二级标准 0.06 mg/m³。在经历了 2001—2006 年的上升趋势后，在 2006—2011 年整体呈下降趋势，且下降趋势明显，在 2009—2011 年三市的 $SO_2$ 年日均质量浓度值保持在 0.04 mg/m³。人口的逐年增加以及经济的高速增长给环境带来一定的压力，尤其长三角地区石化产业发达，会导致大气 $SO_2$ 质量浓度增加。

　　从图 1-7（c）可见，珠江三角洲城市群中广州、深圳、佛山三个城市大气 $SO_2$ 年日均质量浓度整体维持在较低水平，除个别年份外，维持在《环境空气质量标准》（GB 3095—1996）规定的二级标准 0.06 mg/m³ 以下。三市中广州市的 $SO_2$ 年日均值较高，在 2001—2005 年高于深圳市和佛山市，自 2006 年后，三市 $SO_2$ 年日均值均呈现稳步下降趋势，三市中深圳市大气 $SO_2$ 年日均质量浓度值一直保持在较低水平，在 0.03 mg/m³ 以下。珠三角地区经济迅速发展，大量高排放、高耗能的重工业导致 $SO_2$ 排放量居高不下，其中火电行业的贡献率最大。随着国家调整产业结构政策的推行，从"十一五"开始有一定的改善，呈一定的递减趋势。

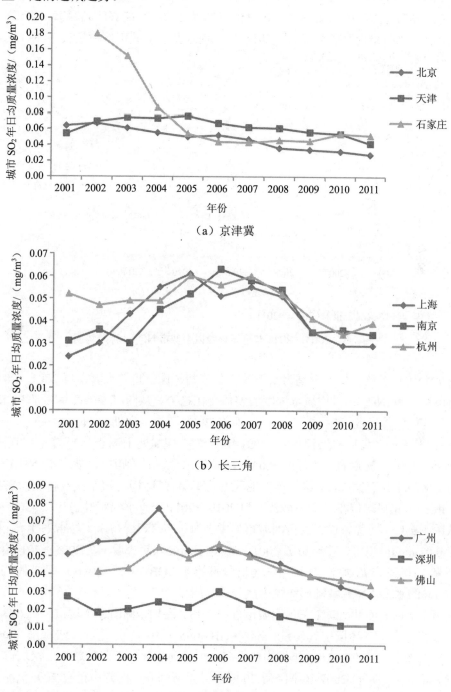

（a）京津冀

（b）长三角

（c）珠三角

数据来源：《中国统计年鉴》（2003—2011 年）；《北京市环境状况公报》（2001—2002 年）；《天津市环境状况公报》（2001—2002 年）；《石家庄市环境状况公报》（2001 年）；《上海市环境状况公报》（2001—2002 年）；《南京市环境状况公报》（2001—2002 年）；《杭州市环境状况公报》（2001—2002 年）；《广州市环境状况通报》（2001—2002 年）；《深圳市环境状况公报》（2001—2011 年）；《佛山市环境状况公报》（2002—2011 年）。

**图 1-7 2001—2011 年三大城市群重点城市 SO$_2$ 排放质量浓度**

### 1.2.2.3 NO$_x$污染回顾

从 2000—2011 年我国 NO$_2$ 质量浓度达标情况看（图 1-8），全国地级以上城市空气中 NO$_2$ 质量浓度均达到国家二级标准，其中有 80%以上的城市能够达到国家一级标准。说明我国的氮氧化物污染控制成果显著。2011 年，地级及以上城市环境空气中 NO$_2$ 年均质量浓度达到国家一级标准的占 84%。

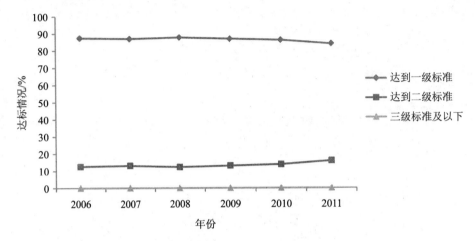

数据来源：《中国环境状况公报》（2001—2011 年）。

**图 1-8　2001　2011 年全国地级以上城市 NO$_2$ 达标趋势图**

图 1-9 中（a）（b）（c）分别为京津冀、长三角、珠三角三大城市群 2001—2011 年 11 年间城市空气中 NO$_2$ 年日均质量浓度的整体变化趋势。从图 1-9（a）可见，三市大气中 NO$_2$ 年日均值整体呈现稳步下降的趋势，且在 2008 年奥运会期间 NO$_2$ 均值达到最低。但是除石家庄市外，北京和天津两市 NO$_2$ 年日均值基本处于高于《环境空气质量标准》（GB 3095—1996）规定的二级标准 0.04 mg/m$^3$ 的水平，且三市中，北京市 NO$_2$ 年日均值明显高于天津市和石家庄市，这与首都地区机动车保有量巨大、汽车尾气排放的影响有关。石家庄市 NO$_2$ 年日均值在三市中最低，但 2010—2011 年有小幅回升趋势。

从图 1-9（b）可见，长江三角洲城市群中上海、南京、杭州 3 个城市 NO$_2$ 年日均值均维持在 0.07 mg/m$^3$ 以下，在经历了 2001—2006 年的上升趋势后，在 2006—2011 年整体呈下降趋势。但三市都高于《环境空气质量标准》（GB 3095—1996）规定的二级标准 0.04 mg/m$^3$ 的水平，NO$_2$ 减排形势较为严峻。

从图 1-9（c）可见，珠江三角洲城市群中广州、深圳、佛山 3 个城市大气 NO$_2$ 年日均质量浓度整体高于《环境空气质量标准》（GB 3095—1996）规定的二级标准 0.04 mg/m$^3$ 的水平。三市中广州市的 NO$_2$ 年日均值较高，但呈现出逐年下降的趋势。深圳市 NO$_2$ 年日均值呈波动趋势，自 2007 年下降后 2009 年又重新回升，而佛山市自 2006 年后 NO$_2$ 均值一直处于较高水平。城市化进程的加快，人口规模、机动车规模的增长以及工业企业的发展，都会加重空气中 NO$_2$ 排放负担，在珠三角城市群的城市化进程中控制 NO$_2$ 排放已变得非常重要。

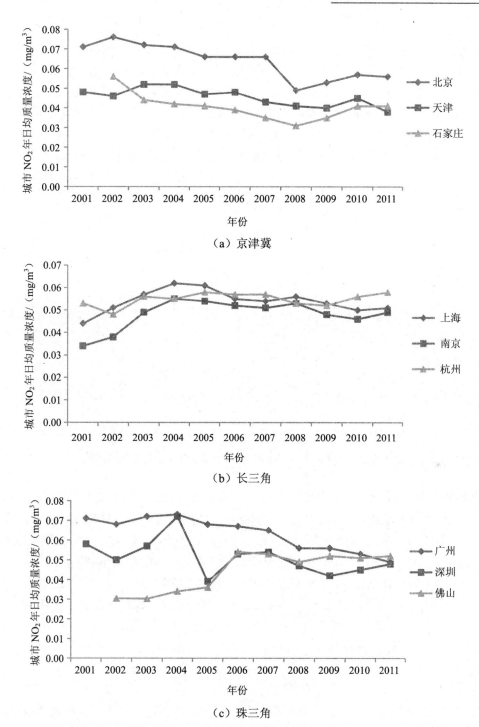

（a）京津冀

（b）长三角

（c）珠三角

数据来源：《中国统计年鉴》（2003—2011 年）；《北京市环境状况公报》（2001—2002 年）；《天津市环境状况公报》（2001—2002 年）；《石家庄市环境状况公报》（2001 年）；《上海市环境状况公报》（2001—2002 年）；《南京市环境状况公报》（2001—2002 年）；《杭州市环境状况公报》（2001—2002 年）；《广州市环境状况通报》（2001—2002 年）；《深圳市环境状况公报》（2001—2011 年）；《佛山市环境状况公报》（2002—2011 年）。

**图 1-9 2001—2011 年三大城市群重点城市 $NO_2$ 排放质量浓度**

### 1.2.2.4  PM₁₀污染回顾

从 2000—2011 年我国可吸入颗粒物（PM₁₀）质量浓度达标情况看（图 1-10），我国城市环境质量空气污染物中 PM₁₀ 污染有很大改善，PM₁₀ 二级达标城市比例自 2004 年后呈上升趋势，由二级、三级城市比例较大逐渐转变为二级城市占较大比例，三级和劣三级城市比例持续下降，这说明我国的 PM₁₀ 污染控制过程已取得了一定成果。2008 年 PM₁₀ 年均质量浓度达到二级标准及以上的城市占 81.5%，劣于三级标准的占 0.6%。2011 年，地级及以上城市环境空气中 PM₁₀ 年均质量浓度达到或优于二级标准的城市占 90.8%，劣于三级标准的城市占 1.2%。

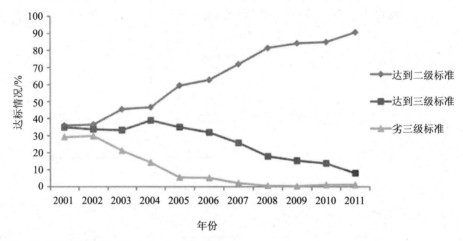

数据来源：《中国环境状况公报》（2001—2011 年）。

**图 1-10  2001—2011 年全国地级以上城市 PM₁₀ 达标趋势图**

图 1-11 中（a）（b）（c）分别为京津冀、长三角、珠三角三大城市群 2001—2011 年 11 年间城市空气中 PM₁₀ 年日均质量浓度的整体变化趋势。从图 1-11（a）可见，三市大气中 PM₁₀ 年日均值呈现波动中稳步下降的趋势，但整体仍高于《环境空气质量标准》（GB 3095—1996）规定的二级标准 0.10 mg/m³ 的水平。三市中北京市 PM₁₀ 年日均值最高，2008 年后基本稳定在 0.12 mg/m³，石家庄市和天津市自 2009 年后日均值已达到二级标准。

从图 1-11（b）可见，长江三角洲城市群中上海、南京、杭州 3 个城市 PM₁₀ 年日均值整体呈现稳步下降的趋势，其中上海市大气中 PM₁₀ 年日均值最低，自 2003 年后一直达到《环境空气质量标准》（GB 3095—1996）规定的二级标准 0.10 mg/m³，杭州市自 2009 年后年日均值已达到二级标准，南京市 PM₁₀ 年日均值则存在一定波动。但整体来看，长三角城市群空气中可吸入颗粒物质量浓度要好于京津冀地区。

从图 1-11（c）可见，珠江三角洲城市群中广州、深圳、佛山 3 个城市大气 PM₁₀ 年日均质量浓度整体满足《环境空气质量标准》（GB 3095—1996）规定的二级标准 0.10 mg/m³ 的水平，并且呈现稳步下降的趋势。三市中深圳市 PM₁₀ 年日均质量浓度最小，自 2005 年后保持在 0.06 mg/m³，广州市与佛山市 PM₁₀ 年日均质量浓度水平相当，佛山市自 2006 年后下降趋势更为明显。整体来看，珠三角城市群空气中 PM₁₀ 质量浓度水平明显好于京津冀和长三角地区，稳定在二级标准以上。

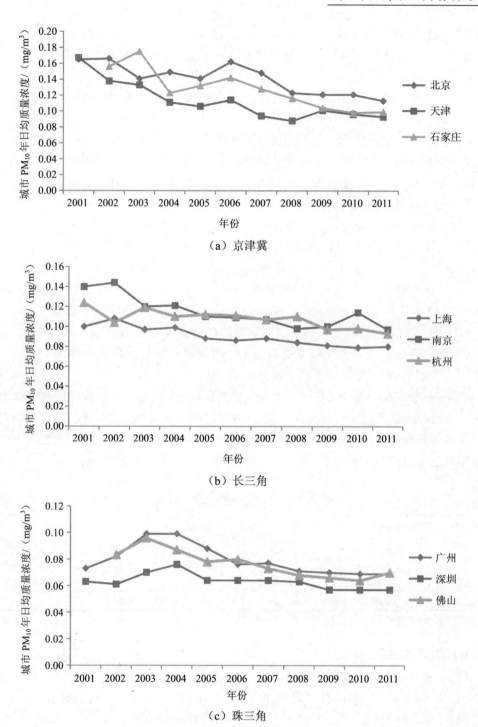

（a）京津冀

（b）长三角

（c）珠三角

数据来源：《中国统计年鉴》（2003—2011 年）；《北京市环境状况公报》（2001—2002 年）；《天津市环境状况公报》（2001—2002 年）；《石家庄市环境状况公报》（2001 年）；《上海市环境状况公报》（2001—2002 年）；《南京市环境状况公报》（2001—2002 年）；《杭州市环境状况公报》（2001—2002 年）；《广州市环境状况通报》（2001—2002 年）；《深圳市环境状况公报》（2001—2011 年）；《佛山市环境状况公报》（2002—2011 年）。

**图 1-11　2001—2011 年三大城市群重点城市 $PM_{10}$ 排放质量浓度**

#### 1.2.2.5 温室气体污染回顾

20 世纪以来，随着气候变暖成为全球关注的焦点，温室气体的控制和减排已成为全球面临的重要课题。中国虽然没有在《京都议定书》中承担减排份额，但中国作为快速工业化的发展中大国，在近年已成为最大的温室气体排放国之一，温室气体污染也日益引起全球的关注。

中国气象局已初步建立了受国际认可、国内领先、由 7 个大气本底站和 1 个分析标校中心实验室构成的温室气体质量浓度监测分析平台，2012 年 12 月，中国气象局发布《2011 年中国温室气体公报（第 1 期）》，公报表明，截至 2011 年，中国气象局 7 个大气本底站的观测数据分析显示，大气 $CO_2$、$CH_4$ 和 $N_2O$ 平均含量在 2011 年亦创出新高，其中青海瓦里关站 $CO_2$ 为 392.2 ml/m$^3$，$CH_4$ 为 1 861 μl/m$^3$，$N_2O$ 为 324.7 μl/m$^3$。这与北半球中纬度地区平均质量浓度大体相当，但都略高于同期全球平均值（390.9 ml/m$^3$、1 813 μl/m$^3$ 和 324.2 μl/m$^3$），也均创下自 1990 年开始观测以来的新高。黑龙江龙凤山、北京上甸子和浙江临安 3 站观测的大气 $CO_2$ 年平均质量浓度分别为 395.8 ml/m$^3$、393.3 ml/m$^3$ 和 400.8 ml/m$^3$，$CH_4$ 分别为 1 942 μl/m$^3$、1 887 μl/m$^3$ 和 1 942 μl/m$^3$，$N_2O$ 分别为 325.5 μl/m$^3$、324.8 μl/m$^3$ 和 326.0 μl/m$^3$，都高于青海瓦里关站同期观测值（392.2 ml/m$^3$、1 861 μl/m$^3$ 和 324.7 μl/m$^3$），由以上观测结果可见，我国 $CO_2$、$CH_4$ 和 $N_2O$ 3 种温室气体在 2011 年的年均值已高出全球平均值，温室气体排放现状应予以重视。

有学者根据《2006 年 IPCC 国家温室气体清单指南》的参考方法及我国政府部门统计年鉴，对全国 1992 年、1997 年、2002 年、2007 年的温室气体排放量进行估算，结果见表 1-4。可见，我国 $CO_2$、$CH_4$ 和 $N_2O$ 3 种温室气体排放量呈现持续升高的趋势，2007 年相对于 2002 年合计排放量增长了 62.7%。

表 1-4  中国温室气体排放量　　　　　　　　单位（以 $CO_2$ 当量计）：Mt

| 年份 | $CO_2$ | $CH_4$ | $N_2O$ | 合计 | 生产相关排放 |
|------|--------|--------|--------|------|--------------|
| 1992 | 2 620.9 | 691.1 | 252.7 | 3 564.7 | 3 287.9 |
| 1997 | 3 372.3 | 813.6 | 271.6 | 4 457.5 | 4 253.4 |
| 2002 | 3 984.8 | 816.2 | 292.1 | 5 093.1 | 4 897.9 |
| 2007 | 6 993.3 | 987.8 | 306.5 | 8 287.5 | 7 990.2 |

数据来源：计军平，马晓明. 中国温室气体排放增长的结构分解分析[J]. 中国环境科学，2011（12）。

#### 1.2.2.6 $O_3$ 污染回顾

我国许多城市的空气质量监测数据显示 $O_3$ 质量浓度呈上升趋势。青岛市 $O_3$ 质量浓度年均值由 1991 年的 11μg/m$^3$ 升高到 2000 年的 40μg/m$^3$；兰州 $O_3$ 年均质量浓度由 1990 年的 33μg/m$^3$ 增长到 1996 年的 90μg/m$^3$；上海市监测 $O_3$ 年均值由 1997 年的 53μg/m$^3$ 升高到 2005 年的 60μg/m$^3$。

近年来我国各城市普遍出现 $O_3$ 质量浓度超标现象，见表 1-5、表 1-6。北京、上海、广州、成都和济南等城市都出现了 $O_3$ 质量浓度超过国家二级标准的情况。1998—2011 年北京市环保局统计结果显示，北京市每年都有超过 10% 的天数 $O_3$ 超标，2000—2004 年，北京市全年 $O_3$ 超标天数均在 60 天以上，2010 年全年空气中 $O_3$ 存在局地超标现象，各监测点 $O_3$ 小时质量浓度值分别超标 50～318 h，共分布在 70 天中，2011 年各监测点 $O_3$

小时质量浓度值分别超标 33～249 h，共分布在 54 天中。1993 年北京市 $O_3$ 最大小时值为 315 $\mu g/m^3$，2000 年为 353 $\mu g/m^3$，要远远高于洛杉矶（265 $\mu g/m^3$）、中国香港（196 $\mu g/m^3$）和伦敦（177 $\mu g/m^3$）三城市，2005 年在北京监测到了 572 $\mu g/m^3$ 的 $O_3$ 小时质量浓度。

表 1-5 我国各城市监测 $O_3$ 小时质量浓度和超标率

| 地区 | 年份 | $O_3$ 均值/（$\mu g/m^3$） | $O_3$ 峰值/（$\mu g/m^3$） | 超标率/% |
|---|---|---|---|---|
| 北京 | 2000 | | 351 | 25 |
| 兰州 | 1996 | 90 | | |
| 成都 | 2001 | 40 | 185 | 0.15 |
| 上海 | 2005 | 60 | 350 | 2.9 |
| 广州 | 2004 | | 253 | |
| 济南 | 2004 | 59.9 | 299.1 | 2.5 |

表 1-6 1998—2010 年北京市年度 $O_3$ 超标天数统计

| 年份 | 1998 | 1999 | 2000 | 2001 | 2002 | 2003 | 2004 | 2010 | 2011 |
|---|---|---|---|---|---|---|---|---|---|
| 超标天数/d | 101 | 119 | 90 | 77 | 45 | 57 | 67 | 70 | 54 |
| 全年超标率/% | 28 | 33 | 25 | 21 | 12 | 16 | 18 | 19 | 15 |

珠三角地区的 $O_3$ 污染比较严重。2004 年 10 月的加强观测期间的资料显示，除惠州市站以外，其他站点都出现了 $O_3$ 小时质量浓度超标，超标的天数所占的比例为 5.7%～85.7%，平均值 43%。光化学污染不是个别城市的现象，而是普遍的区域性问题。以香港地区为例，1998—2004 年，香港地区 $O_3$ 污染质量浓度水平较高，且呈现出不断增长的趋势；当前，$O_3$ 已经成为对空气污染指数贡献最大的污染物。

长江三角洲的上海市同样是 $O_3$ 污染的严重地区，1994 年该市 $O_3$ 最大小时值为 195 $\mu g/m^3$，到 2005 年 $O_3$ 最大小时值升高到了 350 $\mu g/m^3$，超标率达到了 2.9%。长江三角洲 1995 年 5 月至 2000 年 10 月的地面观测表明，所有观测站点 5 月 $O_3$ 小时平均质量浓度超过 120 $\mu g/m^3$ 的百分比均高于 20%，常熟站甚至高于 50%。可见，我国已经出现 $O_3$ 污染问题并呈恶化趋势。

### 1.2.2.7 VOCs 污染回顾

随着中国城市发展和城市化的加快，大气中挥发性有机污染问题已经在城市出现，城市环境空气中 VOCs 的组成越来越复杂，质量浓度大幅度上升，它们在大气环境中的时空分布规律正受到人们的关注。

大多数 VOCs 化合物（如低碳数的烯烃、烷烃）具有大气化学反应活泼性，是形成光化学烟雾污染的重要前体物。许多研究表明，大气环境中 VOCs 的时间和空间分布与其污染源的排放特征、气象条件和大气化学反应特征密切相关。各种污染源具有自己的 VOCs 特征组分，源不同或源变化将明显导致大气中 VOCs 组成发生变化，另外化学反应及迁移转化作用（大气光化学反应、干沉降和湿沉降等）也较大地影响着大气环境中有机污染物组成。

VOCs 质量浓度还会随高度的变化而变化。近地面主要受地面机动车排放的影响，表现出 VOCs 质量浓度主要与交通流量日变化一致的特征。但是，越往高空，受地面一次污染物直接的影响就越小,主要靠向上扩散和传输影响上层空气;同时,高空存在更加强烈的大气光化学反应,一次污染物的转化与二次污染物生成的作用更加突出和显著。

### 1.2.3 污染控制经验总结

#### 1.2.3.1 污染控制措施

(1)$SO_2$控制措施。为遏制酸雨和$SO_2$污染的发展趋势,我国从20世纪70年代末开始了酸雨监测,80年代中期开展了典型区域酸雨攻关研究,90年代初开展了全国酸雨沉降研究。1995年8月,2000年4月,全国人大常委会两次修订了《中华人民共和国大气污染防治法》,要求到2010年,"两控区"(指酸雨控制区或者$SO_2$污染控制区的简称)内$SO_2$排放量在2000年基础上减少10%,所有城市环境空气$SO_2$质量浓度都达到《国家环境质量标准》,酸雨控制区降水pH≤4.5地区的面积明显减少。2002年,由原国家环保总局、原国家经贸委和科技部联合制定的《燃煤$SO_2$排放污染防治技术政策》已公布实施,"十五"期间,大气污染治理方面的投资主要用于煤炭洗选加工、火电厂脱硫、城市清洁能源以及工业废气治理等。在近十年中,我国在执行已有的环境管理法律、法规和政策的基础上,实施了多项有利于控制$SO_2$污染的政策与措施。

"十五"以来,全国酸雨和$SO_2$污染防治工作取得了一定进展。2002年9月,国务院批准了《"两控区"酸雨和二氧化硫污染防治"十五"计划》;2003年1月国务院发布《排污费征收使用管理条例》;12月,颁布了新修订的《火电厂大气污染物排放标准》。全面开征了$SO_2$、$NO_x$排污费。2007年,国家发展改革委、原国家环保总局为实现"十一五"$SO_2$总量削减目标,推动现有燃煤电厂烟气脱硫工程建设,颁布了《现有燃煤电厂二氧化硫治理"十一五"规划》。这些法律、法规、政策和标准的实施,对酸雨和$SO_2$污染的控制起到了重要作用。

"两控区"各省市和电力等重点行业制定了酸雨和$SO_2$污染综合防治规划,"十五"规划重点火电脱硫项目基本建成或开工建设,淘汰了一批小火电机组,对一批重污染的排放源实施了限期治理,新上火电项目大部分建设了脱硫设施并全部采用了低氮燃烧技术,采取了关闭高硫煤矿、在大中城市市区禁烧原煤、推广使用低硫煤和清洁能源等综合防治措施。部分省市颁布了地方$SO_2$和$NO_x$排放标准,开展了采用绩效方法分配火电厂$SO_2$总量控制指标和$SO_2$排污交易试点工作,进行了"清洁能源行动"示范工作。部分省市落实了现役机组脱硫电价。

(2)$NO_x$控制措施。我国目前对$NO_x$排放采取的是命令控制型手段,如《大气污染防治法》《火电厂大气污染物的排放标准》(GB 13223—2003)等,规定了对$NO_x$的排放采取控制措施以及对第3时段机组预留脱硝空间等。为进一步控制和减少火电厂$NO_x$排放,推动火电厂$NO_x$防治技术进步,2010年1月,环保部颁布《火电厂氮氧化物防治技术政策》,控制重点为全国范围内200MW及以上燃煤发电机组和热电联产机组以及大气污染重点控制区域内的所有燃煤发电机组和热电联产机组,加强电源结构调整力度,加速淘汰100MW及以下燃煤凝汽机组,积极发展大容量、高参数的大型燃煤机组和以热定电的热电联产项目,以提高能源利用率。规定低氮燃烧技术应作为燃煤电厂$NO_x$控制的首选技术,当采用低氮燃烧技术后,$NO_x$排放质量浓度不达标或不满足总量控制要求时,应建设烟气脱硝设施。

目前对 $NO_x$ 控制所采取的经济手段是排污收费制度，为 0.6 元/污染当量。2005 年环境保护工作会议上就强调"实施排污申报登记，足额征收排污费，全面征收火电厂 $SO_2$ 和 $NO_x$ 排污费"。《排污费征收使用管理条例》中规定，2005 年 7 月起，对 $NO_x$ 执行与 $SO_2$ 相同的排污费征收标准。$NO_x$ 排污收费工作已纳入地方政府年度环境执法考核的重要内容。并且已有部分省市开始排污收费的改革试点，广东省环保厅正积极推进氨氮、$NO_x$、油气等污染因子排污费征收标准改革，在全省 2010 年 $SO_2$、COD 征收标准翻倍并试点实行差别收费。

2012 年 9 月起，环境保护部开展全国范围内的对全国火电等行业 $NO_x$ 排污费进行专项稽查和抽查，为进一步推进 $NO_x$ 治理设施的建设和稳定运行，实现 $NO_x$ 减排目标，促进排污费依法、全面、足额征收起到了积极作用。

（3）颗粒物控制措施。随着对大气颗粒物研究的深入，人们认识到粒径在 10 μm 以下的颗粒物是大气颗粒物中对环境和人体健康危害最大的一类，美国国家环保局（EPA）于 1985 年将原始颗粒物指示物质由 TSP 项目修改为 $PM_{10}$，我国也在 1996 年颁布的《环境空气质量标准》（GB 3095—1996）中规定了 $PM_{10}$ 的标准，并统一在空气质量日报中采用 $PM_{10}$ 指标。

2000 年我国部分城市把 $PM_{10}$ 纳入环境监测的常规项目，《环境空气质量标准》（GB 3095—1996）中规定了 $PM_{10}$ 在 3 个标准级别中分别对应于不同取值时间的质量浓度限值。2012 年我国公布了新修订的《环境空气质量标准》（GB 3095—2012），其中对颗粒物的质量浓度限值、采样时间等重新做出了规定，并增加了 $PM_{2.5}$ 的 24 h 平均与年平均质量浓度限值要求。该标准将于 2016 年 1 月 1 日在全国执行，目前国家重点城市已经要求于 2012 年开始进行 $PM_{2.5}$ 监测和信息公开。

不同地区由于污染源特征不同，可吸入颗物粒径分布也各不相同。在广州、武汉、兰州、重庆等地的研究表明，广州城区 $PM_{2.5}$ 占 $PM_{10}$ 的百分比为 64.7%～66.1%，武汉城区 $PM_{2.5}$ 占 $PM_{10}$ 的百分比为 52.6%～60.5%，兰州城区 $PM_{2.5}$ 占 $PM_{10}$ 的百分比为 51.6%～51.9%，重庆城区 $PM_{2.5}$ 占 $PM_{10}$ 百分比为 61.8%～65.1%。《环境空气质量标准》（GB 3095—2012）中 $PM_{2.5}$ 质量浓度限值采取的是世界卫生组织第一阶段标准。以上地区的监测结果表明，在实施新的《环境空气质量标准》后，各大城市的空气质量超标率将提高，如何控制空气污染，保障居民健康任重道远。

（4）温室气体控制措施。2008 年 4 月国家环保总局改制为环境保护部以后发布了第一批国家环保标准，在温室气体控制措施方面，对煤矿高质量浓度瓦斯提出"禁止排放"的强制性要求，这是在国际上首次提出控制温室气体排放的强制措施。《煤层气（煤矿瓦斯）排放标准（暂行）》要求"禁止排放" $CH_4$ 比例超过三成的高质量浓度瓦斯，是世界上第一个强制执行的控制温室气体排放的国家标准。研究表明，如果现有矿井 80% 的高质量浓度瓦斯被利用，年瓦斯利用量将为 8.2 亿 $m^3$，相当于 463 万 t 标准煤，按目前交易价格估计，可获得收益约 20.8 亿元。同时，通过排放标准限制，增加煤矿瓦斯利用，不仅可以产生经济效益和安全效益，还可以促进我国的节能减排工作，每年预计瓦斯减排量将达到 25 亿 $m^3$，$CO_2$ 当量为 3 700 万 t。目前受安全、技术等方面因素制约，只有高质量浓度瓦斯（$CH_4$ 含量大于 30%）才能在符合安全要求的情况下被利用，因此该排放标准暂时对高质量浓度瓦斯要求"禁排"，在利用技术和安全系数提高后可对标准适时修订。

2012 年 1 月，国务院颁布《"十二五"控制温室气体排放工作方案》，强调"控制温室气体排放是我国积极应对全球气候变化的重要任务，对于加快转变经济发展方式、促进经济社会可持续发展、推进新的产业革命具有重要意义"。方案确定了温室气体的减排目标：大幅度降低单位国内生产总值 $CO_2$ 排放，到 2015 年全国单位国内生产总值 $CO_2$ 排放比 2010 年下降 17%。控制非能源活动 $CO_2$ 排放和 $CH_4$、$N_2O$、氢氟碳化物、全氟化碳、$SF_6$ 等温室气体排放取得成效，并颁布了"十二五"各地区单位国内生产总值 $CO_2$ 排放下降指标。

工作方案中强调，各级政府应"进一步完善应对气候变化政策体系、体制机制，建立温室气体排放统计核算体系，促进碳排放交易市场逐步形成。并通过低碳试验试点，形成一批各具特色的低碳省区和城市，建成一批具有典型示范意义的低碳园区和低碳社区，推广一批具有良好减排效果的低碳技术和产品，控制温室气体排放能力得到全面提升"。

方案提出应"综合运用多种温室气体控制措施"，包括：

➤ 加快调整产业结构。抑制高耗能产业过快增长，加快淘汰落后产能，加快运用高新技术和先进实用技术改造提升传统产业，大力发展服务业和战略性新兴产业。

➤ 大力推进节能降耗。完善节能法规和标准，实施节能重点工程，加快节能技术开发和推广应用，健全节能市场化机制，完善能效标识、节能产品认证和节能产品政府强制采购制度，大力发展循环经济，加强节能能力建设。

➤ 积极发展低碳能源。调整和优化能源结构，推进煤炭清洁利用，鼓励开发利用煤层气和天然气，在确保安全的基础上发展核电，在做好生态保护和移民安置的前提下积极发展水电，因地制宜大力发展风电、太阳能、生物质能、地热能等非化石能源。促进分布式能源系统的推广应用。

➤ 努力增加碳汇。加快植树造林，深入开展城市绿化，加强森林抚育经营和可持续管理，完善生态补偿机制，积极增加农田、草地等生态系统碳汇，加强滨海湿地修复恢复，在火电、煤化工、水泥和钢铁行业中开展碳捕集试验项目，建设 $CO_2$ 捕集、驱油、封存一体化示范工程。

➤ 控制非能源活动温室气体排放。控制工业生产过程温室气体排放，通过改良作物品种、改进种植技术，努力控制农业领域温室气体排放，加强畜牧业和城市废弃物处理和综合利用。

➤ 加强高排放产品节约与替代。广泛应用高强度、高韧性建筑用钢材和高性能混凝土，提高建设工程质量，延长使用寿命，实施水泥、钢铁、石灰、电石等高耗能、高排放产品替代工程，鼓励开发和使用高性能、低成本、低消耗的新型材料替代传统钢材，鼓励使用缓释肥、有机肥等替代传统化肥，选择具有重要推广价值的替代产品或工艺，进行推广示范等。

### 1.2.3.2 污染控制成果

党中央、国务院高度重视大气污染防治工作。党的十七大从战略和全局的高度，指出我国经济增长的资源环境代价过大，强调要全面推进社会主义经济建设、政治建设、文化建设、社会建设以及生态文明建设，确定了新时期环保工作思路。各级政府及有关部门认真贯彻落实《大气污染防治法》，扎实推进环境保护工作，全民环境意识进一步提高，大气污染防治工作取得了积极进展。到 2009 年我国大气污染治理情况已经取得了很大的进展，全国大气环境质量基本稳定，部分城市有所好转，具体表现在以下方面。

（1）主要大气污染物排放总量得到有效控制。到 2008 年年底，全国已建成脱硫设施的火电装机累计 3.63 亿 kW，形成年脱硫能力约 1 000 万 t。"十一五"期间，$SO_2$ 污染治理设施快速发展，火电脱硫装机比重由 12%提高到 82.6%。"十一五"末期，火电机组脱硫设施投运率达到 95%以上，56 台共 2 370 万 kW 火电机组脱硫设施取消烟气旁路，火电行业综合脱硫效率由 68.7%提高至 73.2%。"十一五"期间，全国废气中 $SO_2$ 排放总量、工业废气中 $SO_2$ 排放量和生活废气中 $SO_2$ 排放量均呈现逐年下降趋势。2010 年全国 $SO_2$ 排放总量较 2005 年下降了 14.3%，超额完成了"十一五"总量减排任务。

（2）城市大气环境综合整治不断加强。各地区优化城市产业布局，一大批重污染企业实施了搬迁改造。积极推动燃煤锅炉清洁能源改造，鼓励发展热电联产、集中供热，较好地解决了面源污染问题。截至 2011 年，全国集中供热面积达到 47.38 亿 $m^2$。鼓励发展城市公共交通，全国大中城市普遍设立了公共交通专用线，北京、上海、广州等城市轨道交通建设取得较大进展。国家先后颁布实施 83 项机动车环保标准，出台补贴政策加速老旧车辆淘汰进程，彻底禁用含铅汽油。与 2000 年相比，2008 年我国新生产轻型汽车的单车污染物排放量下降了 90%以上。城市园林绿化工作得到加强，城市人均公园绿地面积由 2005 年的 6.5 $m^2$ 增加到 2011 年的 11.8 $m^2$，有效抑制了城市扬尘污染。为切实解决与百姓日常生活息息相关的大气污染问题，有关部门出台了餐饮油烟管理规定和排放标准，启动了加油站油气污染治理工作，环首都地区有 1 976 座加油站已完成治理。2011 年，地级及以上城市环境空气中可吸入颗粒物年均质量浓度达到或优于二级标准的城市占 90.8%，$SO_2$ 年均质量浓度达到或优于二级标准的城市占 96.0%，$NO_2$ 年均质量浓度均达到二级标准，其中达到一级标准的城市占 84.0%。与 2000 年相比，2011 年全国空气质量达到国家二级以上标准的城市比例由 35.6%提高到 89.0%，增长了 53.4 个百分点。

（3）积极探索大气污染区域联防新机制。为确保北京奥运会空气质量达标，环境保护部与北京、天津、河北、山西、内蒙古、山东 6 省（区、市）以及各协办城市建立了大气污染区域联防联控机制，实行统一规划、统一治理、统一监管，取得了很好的效果。奥运会和残奥会期间，北京市空气质量达标率为 100%（其中 12 天达到一级标准），创造了近 10 年来北京市和华北地区空气质量最好水平，完全兑现了奥运会空气质量承诺。除上海市出现一天轻微污染外，天津、沈阳、青岛和秦皇岛等奥运协办城市空气质量全部优良，满足了奥运会空气质量的要求。北京奥运会空气质量保障工作为我国环境空气质量全面改善积累了宝贵经验。

（4）产业结构调整力度进一步加大。有关部门先后出台了《促进产业结构调整暂行规定》《产业结构调整指导目录》，限制高排放、高耗能行业盲目扩张。建立更加严格的环境准入制度，提高了铁合金、焦化、电石等 10 多个行业的环境准入条件。建立了落后产能退出机制，实施经济补偿政策，进一步加大淘汰落后生产能力工作力度。"十一五"期间，全国关停小火电机组 7 200 万 kW，淘汰落后炼铁产能 12 172 万 t、炼钢产能 6 969 万 t、水泥产能 3.3 亿 t，有力地促进了产业结构优化，工业大气污染物排放强度持续下降。与 2000 年相比，2008 年单位 GDP $SO_2$、烟尘、工业粉尘排放量分别下降了 57%、76%和 82.8%。为应对国际金融危机，国务院先后批准了汽车、钢铁等 10 个行业的产业调整和振兴规划，明确提出严格环境准入要求，严防"两高一资"项目的盲目扩张和低水平重复建设，在保增长的同时，坚持环境保护的基本国策不动摇。

（5）清洁能源利用和节能工作扎实推进。发展清洁能源、提高能源使用效率是改善大气环境质量的重要措施。国家制定了可再生能源中长期发展规划，出台了可再生能源电价补贴和配额交易方案，先后实施了"西气东输"、"西电东送"等清洁能源重点工程，积极鼓励核电发展。与 2005 年相比，2011 年全国水电、核电和风电的使用量增长了 73.5%，天然气的使用量增长了 183.6%，新增的清洁能源替代了约 2.3 亿 t 标煤。能源节约工作取得阶段性进展，全国单位 GDP 能耗逐年下降。与 2005 年相比，2011 年全国单位 GDP 能耗（以标煤计）由 1.2 t/万元下降至 1.01 t/万元。2006 年以来，国家已安排 170 亿元支持农村沼气建设，建成农村户用沼气达 3 050 万户，农村居住环境有所改善。

（6）大气污染防治法制建设和执法工作不断深入。1987 年，全国人大颁布了《大气污染防治法》，先后于 1995 年和 2000 年进行了两次修订，全面推动了我国大气污染防治工作。国务院及其有关部门制定了一系列配套法规，实施了 200 多项大气环境标准，初步形成了较为完备的大气污染防治法规标准体系。有关部门已连续五年开展了整治违法排污企业保障群众健康环保专项行动，查处环境违法企业 12 万多家（次），取缔关闭违法排污企业 2 万多家，维护了人民群众的环境权益。严格实施"区域限批"政策，集中解决了一批突出环境问题，促进了区域产业结构调整和环境质量改善。对脱硫设施运行不正常的违法企业给予严厉处罚，确保减排工程真正发挥减排作用。

（7）污染防治基础能力建设力度不断加大。2010 年，全国环境污染治理投资为 6 654.2 亿元，比上年增加 47.0%，占当年 GDP 的 1.67%。其中，城市环境基础设施建设投资 4 224.2 亿元，比上年增加 68.2%；工业污染源治理投资 397.0 亿元，比上年减少 10.3%；建设项目"三同时"环保投资 2 033.0 亿元，比上年增加 47.0%。全国环境空气质量监测网络基本形成，地级以上城市共建成 911 套空气质量自动监测系统，配备主要环境监测仪器设备 4.5 万台（套），648 个环境监察机构通过了标准化建设验收，3 000 多家重点企业安装了在线自动监控设备。沙尘暴监测网络初步建成，基本实现沙尘暴实时预报。2008 年，我国成功发射了两颗环境与灾害监测卫星，为大区域高精度开展大气环境监测奠定了基础。

（8）奥运会期间严格的大气治理措施使北京大气环境质量显著改善。在奥运会筹备及举办期间，北京制定并实施了 14 个阶段控制大气污染的措施。1998—2007 年，北京市先后实施了 13 个阶段、200 多项控制大气污染的措施，前三阶段采取经济调控措施同时加大监察力度，着重治理煤烟型和机动车排放污染，控制工业和扬尘污染。四到九阶段在巩固前三阶段工作的同时，落实并完善目标责任制，加大宣传力度，发挥公众监督作用，切实实现污染物的总量削减。从第十阶段开始，采取严格环境准入、强化环境监督管理、加强科研和公众参与等综合防治措施，控制污染物排放总量。在这期间，北京市空气质量连续 9 年得到改善，二级和好于二级天数由 100 天增加到 246 天。

2008 年北京市开始实施第 14 阶段控制措施。一方面，明确实施煤烟型污染治理、机动车污染治理、工业污染治理、扬尘污染治理工程，执行更加严格的排放标准；同时，加快对"黄标车"的淘汰治理，淘汰 1 500 辆老旧公交车、2 000 辆老旧出租车，完成全市范围加油站等油气回收治理工作。此外，还淘汰治理一批污染企业和设施。另一方面，通过 7 项保障措施保证各项治理任务的完成。

由图 1-12 可见，北京市执行的第十四阶段空气污染治理措施取得了显著成果，二级和好于二级的天数所占全年比重明显增大，到 2008 年北京市空气质量二级和好于二级的天数已达到 274 天，占全年总天数的 74.9%。尤其是奥运会和残奥会举办的 8 月、9 月份期间，全市空气质量天天达标，二级和好于二级的天数已达到 96% 以上，大气中主要污染物质量浓度下降 50% 左右，为北京成功举办奥运会提供了优良的环境。

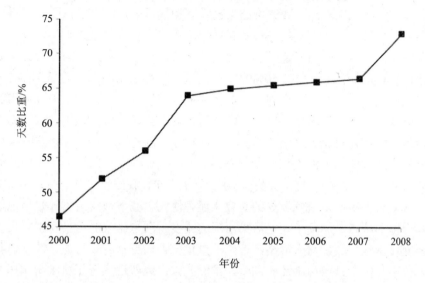

**图 1-12 2000—2008 年北京空气质量达到二级或好于二级天数的比重**

由以上分析可以了解到，从 1998 年开始北京市以及周边地区全面进行大气污染控制工作，北京市空气质量得到了明显的改善。这说明通过借鉴奥运会空气质量改善的经验，巩固前 14 个阶段大气污染控制措施的成果，采用正确的整治措施，有计划进行，改善我国大气环境质量是可行的。

### 1.2.3.3 污染控制存在问题分析

随着国民经济的持续快速发展，能源消费的不断攀升，发达国家历经近百年出现的环境问题在我国近二三十年集中出现，呈现区域性和复合型特征，存在发生大气严重污染事件的隐患，大气环境形势非常严峻。

（1）以煤为主的能源结构导致大气污染物排放总量居高不下。长期以来，以煤为主的能源结构是影响我国大气环境质量的主要因素，煤炭在我国能源消费中的比例占 68% 左右，是大气环境中 $SO_2$、$NO_x$、烟尘的主要来源，煤烟型污染仍将是我国大气污染的重要特征。2010 年，全国环境统计的煤炭消费总量 35.6 亿 t，比上年增加 13.3%。工业煤炭消费量 33.8 亿 t，比上年增加 14.5%。生活煤炭消费量 1.8 亿 t，比上年减少 5.7%。"十一五"期间，全国废气中 $SO_2$ 排放总量、工业废气中 $SO_2$ 排放量和生活废气中 $SO_2$ 排放量均呈现逐年下降趋势，但 2010 年全国 $SO_2$ 排放量仍达到了 2 185.1 万 t。

（2）城市大气环境形势依然严峻。2011 年，全国 11.0% 的城市空气质量未达到国家二级标准；113 个环保重点城市中，有 18 个城市空气质量达不到二级标准，城市空气中的 $PM_{10}$、$SO_2$、$NO_2$ 年均质量浓度分别为 0.085 $mg/m^3$、0.041 $mg/m^3$、0.035 $mg/m^3$，$PM_{10}$ 并未达到二级空气质量标准。另据部分城市灰霾和 $O_3$ 污染监测试点表明，灰霾和 $O_3$ 污染已成为东部城市空气污染的突出问题。上海、广州、天津、深圳等城市的灰霾天数已占全年总天数的 30%～50%。灰霾和 $O_3$ 污染不仅直接危害人体健康，而且造成大气能见度下降，看不见蓝天，使公众对大气环境不满。2012 年 3 月，国家颁布了《环境空气质量标准》（GB 3095—2012），同时颁布了《环境空气质量指数（AQI）技术规定（试行）》，参与评价的污染物包括 $PM_{2.5}$、$PM_{10}$、$SO_2$、$NO_2$、$O_3$、CO 6 项指标，AQI 采用的标准更严、污染物指标更多、发布频次更高，其评价结果也将更加接近公众的真实感受。新标准新指标在全国范围的逐步推行对城市大气环境质量的保障提出了更高的要求。

（3）区域性大气污染问题日趋明显。我国长三角、珠三角和京津冀三大城市群占全国6.3%的国土面积，但却消耗了全国 40%的煤炭、生产了 50%的钢铁，大气污染物排放集中，重污染天气在区域内大范围同时出现，呈现明显的区域性特征。在辽宁中部城市群、湖南长株潭地区以及成渝地区等城市密度大、能源消费集中的区域也出现了区域性大气污染问题。但目前城市大气污染治理"各自为政"，尚未建立有效的区域空气联防联控机制，难以从根本上解决区域和城市的大气环境问题。

（4）机动车污染问题更加突出。截至 2012 年上半年，我国汽车保有量已有 1.14 亿辆，汽车尾气排放成为大中城市空气污染的重要来源，使大中城市空气污染开始呈现煤烟型和汽车尾气复合型的特点，加剧了大气污染治理的难度。汽车排放的污染物主要集中在城市道路两侧和交通密集区域，与人群距离近，严重危害人民群众身体健康。此外，我国目前的车用燃油标准与汽车排放标准还不同步，虽然全国已经普遍实施了机动车国Ⅲ标准，北京、上海提前实施了国Ⅳ标准，但汽车燃油品质明显落后于汽车技术进步，制约了我国机动车污染防治工作的开展。

（5）环境法规和保障体系有待进一步加强。现行的大气污染防治法规在排污许可证、机动车污染防治、区域性大气污染防治等方面尚不能满足工作需要。环境违法成本低、守法成本高的问题仍然存在。相关经济激励政策体系不完善，排污收费标准偏低，企业开展污染治理缺乏主动性。大气环境监管能力相对薄弱，环境管理人员不足、能力不强的问题依然突出。环保执法权威尚未有效树立，执法难的问题较为严重。有法不依、执法不严、违法不究的现象仍然存在。

# 第2章

## 国外不同阶段污染控制经验

## 2.1 水污染防治经验

### 2.1.1 不同阶段水环境问题分析

在世界范围内，水污染成为重大社会问题是 18 世纪后期工业革命引起的。随着工业革命的发生和发展，污水排放量急剧增加，伦敦泰晤士河、巴黎塞纳河等著名河流，气味四溢，鱼迹不见。因此，一些发达国家认识到水污染问题的严重性。

#### 2.1.1.1 第一次工业革命至 20 世纪 20 年代

这一时期，资本主义国家的产业革命从纺织业开始，以建立煤炭、钢铁、化工等重工业宣告完成。煤的大规模应用，产生大量烟尘、$SO_2$ 和其他污染物；冶炼业生产排放 $SO_2$ 和有毒有害物质；化学工业发展迅速，种类繁多，新工艺的出现往往带来新的污染，如焦油蒸馏产生的 $H_2S$，硫酸铅室法产生的 $SO_2$，制造过磷酸肥料排出的 HF 等。随着矿冶工业的发展，除排放大量 $SO_2$ 外，还排出许多重金属，如铅、锌、镉、铜和砷化物，污染水域，有的还在生物体内长期积累造成慢性中毒。在这一时期，工业发展所带来的污染问题尚未得到重视。

#### 2.1.1.2 20 世纪三四十年代

进入 20 世纪 30 年代以来，石油和天然气的生产急剧增长，石油在燃料中的比重大幅度上升。随后，内燃机在世界各国普遍使用。与此同时，汽车、拖拉机、各种动力机和机车用油消费量激增，重油在锅炉燃烧中广泛使用，由此引发的污染问题日趋严重。

这一时期，有机化学工业有了很大发展。煤焦油的化工利用不仅数量日益扩大，而且产品品种也越来越多。随之而来的，有机毒物的污染问题变得突出起来。

#### 2.1.1.3 20 世纪五六十年代

这一时期，公害事件不断发生。例如，日本的氯碱厂排放的含汞废水造成水俣病；石油化工企业排放的废气造成四日市气喘病；工矿排放的含镉废水造成骨痛病。日本三大公害病的出现标志着环境污染的发展又进入了一个新阶段。此外，这一时期还出现了两种新的污染源：①由原子能利用和核动力发展带来的放射性污染；②由农药等有机合成化学物的大量生产和使用带来的有机氯化物的污染，如滴滴涕、六六六、多氯联苯等。

#### 2.1.1.4  20 世纪七八十年代

随着各行业规模的扩大，污水的排放量也随之加大，工业废水和生活污水对水体的污染已十分严重。进入 20 世纪 80 年代，工业污水的污染问题得到一定缓解，但仍是造成水污染的主要原因。生活垃圾的堆积开始污染地下水，同时，生活污水的污染不断加剧，许多发达国家水体中氮和磷的质量浓度增大，造成严重的富营养化。形成水体富营养化的污染物主要来自面源（非点源污染），如农业施肥中农田渗漏水、家禽畜养殖污水、塘河水产养殖中过量施肥、大气沉降的尘埃及其生活污水、工业废水等进入水体中的氮、磷和矿质盐类等，以及水体内源自身底泥等沉积物经厌氧分解释放进入水中的氮、磷。

#### 2.1.1.5  20 世纪 90 年代至今

许多发达国家开始不断增加环境保护投资，制定各种法律、标准，积极开展环境科学研究工作，发展了很多先进而又切实可行的污染治理技术。因此，尽管这些国家的工业发展速度增长很快，但环境质量都在明显地改善。例如，日本目前已基本看不到发黑和恶臭的水体，对镉、氰化物等其他有毒物质的测定，90%以上的水样达到人体健康环境水质标准；美国的水污染状况也有了明显好转，大多数河流都已恢复成清洁河流；英国目前全国河流总长度的 90%已无重大污染，河水重现生机。

水环境整体质量提高，水质清洁，标志着水环境污染的宏观问题已基本得到解决。因此，许多发达国家开始关注水环境中的新型微量污染物。例如，最近 10 年来，一些研究指出，在不同国家和地区的水体中检测到了药品和个人护理用品（pharmaceutical and personal care products，PPcPs）。目前水环境中所检测出的药品种类已超过 80 种，甚至个别地方的饮用水中也检测到药品剩余物。

### 2.1.2  控制政策措施分析

#### 2.1.2.1  污染控制初期（第一次工业革命至 20 世纪 60 年代）

至 20 世纪中期，随着工业革命的产生和发展，水环境污染问题日益严重。许多发达国家认识到水污染防治的必要性和重要性，开始对主要的河流、湖泊进行综合治理。这一时期，大多数国家都经历了"先污染后治理"的发展阶段。

水污染治理初期，大多数国家采取的措施是建立污水沉淀和排放系统，降低排入河流的水体中污染物含量。例如，英国建设污水排放系统，将排入泰晤士河的污水通过导流渠稀释后进入水管，在排水厂修建水库，污水在水库中停留 6 小时后，退潮时排放。为了对付已经出现的水污染问题，各国每年都投入大量资金用于污水处理。这些控制方法虽然可以改善污染状况，但是单纯依靠这种排出口处理技术，不仅耗资巨大，经济效益低，甚至可能陷入恶性循环，不能从根本上解决水污染问题。

这一时期在环境管理方面，大多数国家的环境政策都是针对业已形成的环境问题制定相关的环境管理法律法规。例如，美国政府曾于 1948 年制订了《联邦水污染控制法》，1955年又制订了《清洁空气法》。这两个法标志着在污染控制方面进入了单项治理阶段。日本在 20 世纪 60 年代末相继出现了因水污染而造成的水俣病、骨痛病等公害病，引起人民强烈不满，反公害运动此起彼伏，因此政府于 1967 年制定了"公害对策基本法"。

此外，一些国家还成立了国际性的水污染管理机构。例如：针对莱茵河的水污染问题，在荷兰政府的倡议下，荷兰、西德、卢森堡、法国和瑞士共同成立了"保护莱茵河免受污染国际委员会"，共同保护莱茵河的水环境。

　　总之，这一时期，通过对水污染的高度重视和积极治理，许多发达国家的水环境状况有了一定程度的改善。

#### 2.1.2.2　综合防治新阶段（20 世纪七八十年代）

　　从 20 世纪 70 年代开始，水污染治理进入了一个比较高级的阶段——综合防治新阶段。在这个阶段，除继续研究和发展各种控制污染的新技术、新方法外，更注重于研究和发展综合防治的措施。

　　许多发达国家开始成立专门的环保机构，制定环境保护的基本法律和环境质量标准。大多数国家的环境管理机构都经历了从分散到集中的演变过程，为了集中处理环境问题，一些国家开始建立专门的环境保护部门，如英国的环境保护部、日本的环境厅、美国的环境保护局等。政府赋予这些部门的权力也愈来愈大，有些监督权力甚至超过了一个部的正常权限。环境立法在这些国家也日趋完善，立法的内容已由最初的污染源单项治理转变为以预防和水环境质量综合治理为主（表 2-1）。

表 2-1　典型发达国家水污染控制政策和法律

| 国家 | 政策（法令） | 颁布机构 | 作用及意义 |
| --- | --- | --- | --- |
| 美国 | 1948 年制定了《联邦水污染控制法》 | 联邦政府 | 污染源单项治理 |
| | 1955 年制定了《清洁空气法》 | 联邦政府 | 污染源单项治理 |
| | 1969 年制定了《国家环境政策法》 | 联邦政府 | 进入污染控制综合防治阶段 |
| | 1972 年开始在全国施行水污染排污许可证制度 | 联邦政府 | 控制污染物排放总量 |
| | 1972 年修正《联邦水污染控制法》，《清洁水法》颁布（提出 TMDL 计划） | 联邦政府 | 治理沉积物、富营养化及有毒微生物 |
| | 1977 年、1981 年、1987 年 3 次修订《联邦水污染控制法》 | 联邦政府 | |
| 日本 | 1958 年就开始实施《水质保护法》《工业污水限制法》 | 政府 | 早期污染限制，单一治理 |
| | 1970 年《废水处理和公共污染清洁法》 | 政府 | |
| | 1971 年《水污染防治法》 | 政府 | |
| | 1973 年《濑户内海环境保护临时措施法》，1978 年修正为《濑户内海环境保护特别措施法》 | 政府 | 富营养化问题 |
| | 1978 年提出"水质污染总量控制" | 环境厅 | 进入水污染综合防治时期 |
| | 1983 年《净化槽法》 | 环境厅 | |
| | 1983 年《结合家庭废水处理设施法》 | 政府 | |
| | 1984 年《保护湖泊水质临时措施法》 | 政府 | |

　　与此同时，各国的环保投资也呈现出逐年递增的趋势。在各国总的污染治理费用中，水污染治理费用一般占 1/3 左右，如日本的水污染治理费用占 24%（1976 年），美国的占 35%（1975 年），德国的占 33%（1973 年）。污染治理费用的用途也由最初的设备投资占主导转变为运行费用占主导。

　　随着环保投资的增加，各国也积极开展环境污染治理的科学研究工作。进入 20 世纪 70 年代以后，很多国家认识到只有采取措施预防污染发生，才能从根本上解决问题，因此，环保研究与整个工业技术改造结合进行，多发展综合治理、无害工艺、用水闭路循环等。进入 80 年代以后，环保研究转向以区域管理和预测性研究为重点，污染防治技术由"硬件"时代向"软件"时代转化。例如，水处理技术已从为了实现达标排放向河川获得更多再利用洁净水的方向发展，并在清除超过标准规定之外的盐类、氮、磷等方面展开工作。此外，还明确提出发展节省能源和资源的技术。

### 2.1.2.3 流域整体治理阶段（20 世纪 90 年代至今）

严重的水污染问题迫使各国纷纷采取措施，治理水污染，许多发达国家通过努力，水体质量有了明显改善。但是，以往的水污染控制忽略了水体的整体生态功能，一些流域被人为分割为多段进行治理，整体性受到了严重影响。因此，实施流域管理成为解决水污染问题的有效途径之一。

发达国家流域水污染治理主要有 3 种不同的模式：以美国、加拿大、澳大利亚为代表的行政区域分层治理和流域一体化治理相结合模式；以英国、法国等欧洲国家为代表的流域一体化治理模式；以日本为代表的多部门共同治理模式。

尽管各国流域水污染治理模式存在差异，但基于流域的自然特性和经济特性的相似性，各国在流域水污染治理中形成了如下五种机制：①建立符合流域特性的水污染治理机构和协调机制；②构建流域综合开发机制，实行流域水污染的有效防治；③按照市场化、产业化经营原则，建立有效的资金和技术保障机制；④注重流域水污染治理的科学论证与公众参与，形成了社会共同治理机制；⑤政府为流域水污染治理制定了严格、完善的法律、法规和规划，形成了健全的法制机制。

在注重水环境宏观整体治理的同时，一些发达国家也开始积极探索新技术，开展新型污染物的微观治理。以新型微污染物 PPCPs 为例，污水中微量 PPCPs 的现代分析方法是以气相色谱（GC）和高效液相色谱（HPLC）为基础的，可将目标物从复杂的基质中分离出来。PPCPs 分析方法的研究目前主要集中在特定母体化合物的分析。但是，由于母体化合物在人体代谢及污水中受到微生物分解代谢作用下，常产生多种代谢产物，这些代谢产物是否对人体及生态环境产生影响，也应是环境风险评价的一个重要方面。因此，未来的研究重点将是开发出能分析多种污染物（已知或未知的）及其代谢物的广谱性分析方法。

## 2.1.3 经验借鉴

### 2.1.3.1 欧盟水环境管理政策的启示

根据欧盟水框架指令环境管理的主要思想和主要任务，结合我国水环境管理实践和社会经济发展水平，未来我国的水环境管理应该重点加强以下内容：

（1）逐渐将优先物质纳入监测体系和评价体系。我国目前只有 Hg、氰化物、氟化物等少数物质纳入基本监测项目，而欧盟国家早在 20 世纪七八十年代就已经非常重视所谓的"优先物质"的控制，以后又不断完善这类物质的列表，在欧盟水框架指令中强调的是对这些物质的最终淘汰。我们可以通过资料收集、专家论证、毒性、污染波及范围、涉及人群等几个指标的逐步筛选将其逐渐纳入环境规划和环境监测体系中，对这些污染物质编制优先控制列表，再根据我国的经济发展水平和监测方面的条件逐渐将这些物质编入国家级的、省级的环境规划。这方面主要是要求监测体系要尽快完善。

（2）制定我国的水环境保护总体规划。目前我国水环境保护着力于重点流域。"九五"

"十五"到"十一五",重点流域范围越来越大,"重点"越来越多。到目前为止,长江流域被人为分割为多段进行规划,规划的整体性受到严重影响。受欧盟水框架指令的"流域管理计划"的启示,我国应建立国家的水环境保护总体规划,在此基础上规范流域管理规划与污染控制实施计划的程序和技术路线,并编制出相应的执行计划。

(3)划分水生态区,尽快将水生态指标纳入水环境质量标准。欧盟环境目标的设立、环境标准的制定、措施规划的编制等都以水生态区划分为基础。欧盟水环境管理框架指令中的生态状态分级明确要求必须根据生态区划分来进行,并将生态质量指标纳入水环境质量目标,各种水体必须达到相应的生态质量指标。目前我国只有全国统一性的环境质量标准,存在"不保护"和"过保护"问题,使得根据标准评价结论采取的防治措施不是很理想,影响后续的环境规划、环境管理等一系列工作。我国的经济发展水平决定了将水生态指标纳入水环境质量标准必须分阶段实施才有可操作性。现阶段可以进行水生态指标纳入环境规划目标的前期准备工作,为将来真正纳入奠定基础。

### 2.1.3.2　美国水污染控制法的借鉴

加强立法是水污染防治的法制条件。美国作为法制健全的国家,在水环境管理方面高度重视立法,并依法设立相应的执法机构。水环境管理的法律比较完备,执法机构依法设立,管理范围和标准依法界定,执法手段依法规范,使得美国从联邦政府到州、市、县地方政府均能较好地承担起水环境管理职能。我国在立法方面应学习和借鉴以下内容:

(1)立法目的应从环境保护角度提升到生态建设高度,以自然生态的平衡来促进经济与社会、人与自然的和谐发展。将"维护水生态安全"、"促进可持续发展"纳入水污染防治立法的指导思想,并以此指导立法。

(2)我国对污染物排放标准、总量控制、排污许可证法律性质的规定不明确,制约了排污许可证制度的实施。因此,必须明确排污许可证的法律性质,确立以质量浓度标准控制和总量控制相结合的行政管理法律规范。

(3)加强对非点源污染控制的立法,尤其是农业面源污染。在立法中就农业面源污染问题作系统规定,以法律的形式确定农业面源污染综合控制机制。

(4)美国有效的水环境管理体系得益于强有力的法律保障。在污染源违法时,法律为管理部门行使警告、罚款、诉讼等执法权力提供了充分保障。在我国立法修订中建议明确有关主体对侵犯公益的行为提起诉讼的权利。另外,在诉讼程序中设置相应的环境公益诉讼内容,对环境公益诉讼案件的诉讼主体、受理条件、诉讼范围、审判程序等作出具体规定,形成完整规范的环境公益诉讼制度。

## 2.2　大气污染防治经验

### 2.2.1　不同阶段大气环境问题分析

工业革命以来,随着工业化进程的不断加快,欧美发达国家最先出现了大气污染问题。

从 20 世纪 20 年代到 40 年代,石油和天然气的生产和消费迅速增加,同时各种汽车和机动车的出现使得汽油和柴油消费量也相应增加。此时,占能源比重最大的煤炭随着炼焦工业和城市煤气的发展占能源消耗比例也逐步扩大。于是,$SO_2$ 和烟尘的排放量大幅上升。在此时期除了著名的伦敦烟雾事件外，30 年代在比利时的马斯河谷和 1943 年在美国的多诺拉，也都相继发生了烟雾事件。烟雾事件促成了发达国家居民对环境问题的重视以及发达国家的环境立法。

在烟雾事件之后，酸雨于 20 世纪 60 年代出现在挪威、瑞典等欧洲国家，随后由北欧扩展到中欧和东欧，直至覆盖整个欧洲和北美，成为影响人类大气环境的又一重要因素。80 年代初，整个欧洲的降水 pH 值在 4.0～5.0，雨水中的硫酸盐含量明显升高。在美国的中东部，酸雨在 80 年代也成为影响人类生存环境和生产设施的重要污染形式，美国和加拿大接壤的湖泊酸化问题也引起了两国政府的高度关注。

20 世纪 80 年代后期，$O_3$ 层空洞问题被提上国际合作日程。研究表明，人类排放的大量氯氟烷烃化学物质对 $O_3$ 层造成了巨大的破坏，而 $O_3$ 层的变薄甚至形成"空洞"导致其对强烈太阳光中紫外辐射的反射能力急剧下降，从而可能引发人类的多种疾病，危害人类和其他物种的生存。

进入 21 世纪，温室气体引起的气候变暖等其他大气污染问题逐渐凸显，成为人类应对环境污染的重要课题。

### 2.2.2 控制政策措施分析

#### 2.2.2.1 欧盟大气环境控制政策措施分析

从 20 世纪 50 年代到 70 年代，石油、煤炭等燃料的消费量大幅度增加，汽车产量增加，而汽车排气引起的光化学烟雾波及世界各地许多城市，CO 和铅对大气的污染日益加重。1967 年，欧共体颁布了第一项环保指令《70/220 号指令》制定了 CO、碳氢化合物、$NO_x$ 三种废气的排放限值。当时包括欧共体在内的西方发达国家的"末端治理"主要是进行污染治理的立法。如 1956 年英国的《清洁大气法》、1967 年的《生活环境舒适法》等；1962 年荷兰的《公害法》、1972 年的《大气污染法》等；1966 年意大利的《大气清洁法》；联邦德国从 60 年代末到 70 年代初颁布了《空气污染控制法》等三十多部法律和法规。西欧国家从五六十年代开始的末端治理在 70 年代初已见到了成效。

1972—1987 年，欧盟及世界所有发达国家都意识到了环境污染问题的严重性，于是环境法律、环境政策从此走上了历史的舞台。《70/220 指令》历经 74/290、77/102、78/665、83/351、88/76、88/436 等指令 16 次的修改，把适用范围扩大到了以柴油为燃料的车种，后来包括了对除轿车以外的其他轻型车排放要求。由于《70/220 号指令》强有力的影响，自 1970 年以来，汽油车和柴油车的污染物排放削减了 95%以上，取得了显著效果。

从 1987 年《单一欧洲法》生效之日起至 1992 年《欧洲联盟条约》缔结之日，欧盟环境政策通过不断地积累，通过欧盟国家的大力支持，1987—1992 年，共颁布了 100 多项环境政策法令，使欧盟环境政策得到了进一步的发展。有关空气的一般性立法，主要有：有关成员国空气污染监测站信息和数据交换网络的第 82/459 决定；有关通过提高能源效率限制 $CO_2$ 排放的第 93/76 号指令；有关 $O_3$ 层空气污染的第 92/72 号指令，规定了 $O_3$ 层污染监测、交换信息和告知公众的统一程序。规定空气质量标准的立法包括有关空气质量标准和 $SO_2$、悬浮颗粒指导限值的第 80/779 号指令；有关空气中含铅量限值的第 82/8 号指令；有关 $NO_2$ 空气质量标准的第 85/203 号指令。为机动车辆和其他污染源确立排放标准，如机动车辆油料质量标准、机动车辆发动机标准，特别是对 $CO_2$ 和酸性物质的油料采取治理措施，如降低燃油的含硫量和含铅量、征收 $CO_2$ 税等。

欧盟还通过环境税和交通管理来控制大气污染。在环境税的逐步发展中对含硫燃料征收硫税、对含碳燃料征收碳税等，以解决气候变化、酸雨等问题。丹麦、芬兰、荷兰、瑞典和德国从 1990 年开始征收碳税。碳税的征收对减少这些国家的 $CO_2$ 排放量具有积极作用，明显起到了鼓励使用低硫燃料和总体上削减能源使用的效果，带来了大规模的燃料更新。

### 2.2.2.2　美国大气环境控制政策措施分析

1900—1970 年，美国 6 种空气污染物的排放量显著增加。出现了一系列的环境公害事件，如美国宾夕法尼亚州的多诺拉事件（1948 年）和洛杉矶烟雾事件。20 世纪五六十年代，随着发达国家机动车拥有量的迅速增加，$NO_x$ 和碳氢化合物排放量日趋增长，在美国洛杉矶就发生了多起由空气中的 $NO_x$、有机污染物导致的光化学烟雾事件，进入了机动车污染（或石油型污染）时代，然而直至今日，$NO_x$ 和碳氢化合物的排放引起的石油型污染仍未得到有效遏制。1967 年美国国会通过了第一部综合性的空气污染控制法律，设立了空气质量标准，但由于各种原因执行缓慢，并未达到污染控制的目标。

20 世纪 70 年代以"治"或"止"为主。此时环境污染防止的对象主要是工厂排放的污染物，在污染源上增加一些设备，如在工厂和发电行业使用的烟道除尘器等。这种在污染源头减少或消除污染物排放的技术比较成功地得到了应用，但这种环境技术对当时高能耗、高损耗、低效率的工业生产现状未起到显著的改观作用。需要指出的是，美国当时颁布的一系列环境法规、政策起了决定性的作用。

20 世纪 80 年代初期，环境保护向以"防"为主转移。很多企业采取措施改进环境管理，以环境行为和能源效果为目标重新设计整个环保设施。1970 年通过了 CAA，之后又历经几次修正而日趋完善。1977 年国会增加了对于新排放源在建设前应该做环境评价等一些要求。

20 世纪 80 年代中期，将生态概念引入工业生产中，开展了"工业生态"活动，改变了企业对自身环境责任的认识，度量出企业对其供应商、顾客和同行的影响及其相互作用。

20 世纪 90 年代初，出现了全球气候变暖、臭氧层破坏、生物多样性减少等环境问题，解决这些问题需要新的环境政策，包含经济、社会、法律等要素，提出了从污染的源头来防治，对生产全过程进行控制的新观念。自 1970 年实施《净化空气法》以来，除 $NO_x$ 外，其余 5 种空气污染物都在逐年下降，但 1999 年全美国仍有 1.5 亿 t 的空气污染物排入大气。近 20 年来，$NO_x$ 的排放量不但没有下降，反而增长了 17%，其主要原因是重柴油车的增多和火电厂的增加。此外，空气中有害污染物的排放量也呈下降趋势。据统计，1990—1996年，全美国大气有害物的排放量下降了 23%。在美国，64% 的 $SO_2$ 年排放量和 26% 的 $NO_x$排放量都是由火力电厂排放的。

美国大气污染控制有其自身的特点，尤其值得提出的是排污权交易。20 世纪 70 年代以来，美国环保局尝试将排污权交易用于大气污染源管理，逐步建立起以气泡、补偿、银行、容量节余为核心内容的排污权交易体系。这一时期，排污交易只在部分地区进行，涉及 $SO_2$、$NO_x$、颗粒物、CO 和消耗臭氧层物质等多种大气污染物，交易形式也是多样的，为后来全面实施排污权交易奠定了基础。1990 年《清洁大气法修正案》通过后，联邦政府开始实施酸雨控制计划，排污交易主要集中于 $SO_2$，在全美国范围的电力行业实施，有可靠的法律依据和详细的实施方案，成为迄今为止最广泛的排污权交易实践。美国 $SO_2$ 排放权交易的实践表明，排污交易具有显著的环境和经济效果：$SO_2$ 排放削减量大大超过预定目标，排污许可的市场价格远远低于预期水平，充分体现了排污权交易能够保证环境质量和降低达标费用的两大优势。

多年来，美国强调从整个工业技术改造入手，推行清洁工艺，预防和减少污染物的产生。注重废弃物的资源化，积极发展高效、低费、少废、无跨介质污染的防治技术，使环境污染防治技术已由"硬件"技术过渡到"硬件—软件"结合的时代。美国政府鼓励原来主要从事军事科研的单位转向研究开发军民两用技术。美国在环境技术的研究开发上已逐步采用以综合性、多部门、跨学科为主的研究计划。

### 2.2.2.3　日本大气环境控制政策措施分析

日本控制大气污染大体经历了 3 个阶段。第一阶段解决降尘，第二段解决 $SO_2$ 污染，第三阶段解决 $NO_x$ 污染问题，光化学氧化剂、飘尘及其他大气污染物。

1960 年以前，煤炭是日本经济发展的主要能源，占 40%～50%。由于大量地燃用煤炭，缺乏相应的环保设施，大量的 $SO_2$ 和粉尘排向大气，使得日本各大工业城市都不同程度地出现伦敦型烟雾，即煤烟型大气污染，造成了公害。这与现阶段我国大气污染的类型及形势相似。1962 年通过的《煤烟控制法》，作为日本第一部全国性大气污染防治法规，在促使日本能源革命（以石油代替煤）和主要污染源采用除尘设备方面，对控制烟尘污染起到了积极作用，主要工业城市的降尘得到了明显改善。20 世纪 60 年代，石油成了日本主要的能源，减少了粉尘排放，但由于燃烧高含硫量的石油，产生了以硫化物等为主的大规模大气污染，即四日市型烟雾。此阶段的公害事件很严重，主要以公害控制为主。这个时期，日本政府主要的对策是通过制定、完善与环境相关的法律对企业进行排污限制。1968 年日本国会通过了《大气污染防治法》，并于 1970 年进行了修订，在全国范围内从污染预防角度实施大气污染控制。其中极为重要的措施就是确定了合理的排放标准，$SO_2$：排放的 $K$ 值控制就是范例。通过 $K$ 值控制不断强化排放标准，推动了低硫燃料和大厂脱硫设施的使用。

进入 20 世纪 70 年代以后，由于大量的汽车排放尾气，产生高质量浓度的 $NO_x$，经紫外线照射或高温作用与大气中的碳氢化合物发生复杂的反应，即光化学反应，生成氧化力非常强的化合物，污染大气，即洛杉矶型烟雾在日本各大都市频繁发生，这是日本当前最主要的大气污染问题。制定的法律明确了企业的公害责任。分别制定了《环境标准》，对企业排气实施了《浓度限制》。1974 年《大气污染防止法》再次修订，正式导入总量控制策略，在工业集中的指定地区对 $SO_2$ 和 $NO_x$ 实施总量控制。1992 年日本制定了《尾气 $NO_x$ 法》，要求在特定地区基于总量削减计划普及低排放车，并进一步强化汽车尾气排放标准，力求控制 $NO_x$，光化学氧化剂和飘尘污染。

## 2.2.3　经验借鉴

### 2.2.3.1　$SO_2$ 控制经验

（1）日本。日本在经济高速发展阶段（1950—1970 年）遭遇到严重的污染问题，$SO_2$ 排放量在 20 世纪 60 年代中期达到峰值，约 500 万 t。随着各种政策措施的实施，$SO_2$ 排放量逐年下降，稳定在目前的不足几十万吨水平。工业结构的改善、能源效率（节能）的提高、能源结构的改善和烟气脱硫设施（FGD）的普及为 $SO_2$ 的减排作出了巨大贡献。在 1955—1965 年的 10 年间，日本基本上完成了能源结构的转换：煤炭在一次能源结构中的比例由 50%下降到 27%，同时石油的比例从 19%提高到 58%。除了尽可能进口低硫油，1967 年开始在原油精炼过程中加入脱硫技术，使得重油中硫含量从 2.6%（1966 年）下降到 1.43%（1973 年）。随着能源消费的急剧增长，燃料脱硫技术已经不足以满足减排需求，日本开始加大对 FGD 的投资。事实证明，巨额的污染控制投资不仅没有影响经济的发展，污染物排放削减的同时还极大地促进了环保产业的发展，使得日本的污染控制技术一直处于世界领先地位，在国内和国际市场出售这些技术和设备为日本经济带来了很大活力。

（2）欧盟。1990—2000 年，虽然欧盟十五国的人口、能源消费和 GDP 分别增长了 2.5%、10%和 23%，$SO_2$ 排放却下降了 60%，同时，$SO_2$ 的减排还带来了颗粒物排放的降低。这主要取决于欧盟的成功措施：

欧盟非常重视大点源（主要指电厂）的 $SO_2$ 排放，先后出台多项法令严格控制电厂的 $SO_2$ 排放。1990—1999 年，尽管电力生产增长了 16%，电厂 $SO_2$ 的排放却下降了 60%左右。其中，FGD 以及低硫煤和低硫油的推广对 $SO_2$ 减排的贡献率达到 60%以上，能源结构优化的贡献率为 20%，能源效率的提高贡献率为 10%，核电和水电的贡献率达到 10%。

欧盟还非常重视机动车的 $SO_2$ 排放。催化剂在汽油轻型车中的普遍应用以及柴油含硫量的下降在很大程度上降低了机动车的 $SO_2$ 排放。欧洲排放标准系列对油品含硫量有严格限制，以柴油为例，20 世纪 90 年代初实施的 EU-II 对柴油最大含硫量的限制为 500 mg/kg，目前正在实施的 EU-IV 已经降低为 50 mg/kg，未来几年将要实施的 EU-V 排放标准要求硫含量接近于零。

（3）美国。与欧盟类似，美国也非常关注占全国 $SO_2$ 排放量 67%（2002 年）的火电厂的排放。1990 年出台的《清洁空气法修正案》第四条规定了对火电厂的总量控制目标：2010 年的 $SO_2$ 排放量降低为 1980 年的一半（895 万 t）。到 2003 年，火电厂的 $SO_2$ 排放量已经降低为 1 060 万 t，比 1980 年降低了 38%。除了基于市场机制的总量控制措施，美国还广泛采用了 $SO_2$ 排放权交易制度，给予污染排放企业充分的灵活性来选择减排方式。1995—2003 年，$SO_2$ 排放权价格呈波浪起伏状，这种排放交易制度可以大大降低减排成本。此政策已经达到较好的效果。

综上所述，日本治理 $SO_2$ 污染的经验主要在于巨额环境投资、环保产业的发展和技术进步，而后者又得益于前两者的保障。美国则主要依靠排污权交易，欧盟则加强投资和相关政策来进行控制，都收到了较好的成果。

### 2.2.3.2 $NO_x$ 控制经验

（1）日本。目前，$NO_x$ 和光化学烟雾问题已上升为日本大气污染的主要问题。针对 $NO_x$ 不同的发生源，日本分别采取了相应的控制对策。

对于固定源，实施全国统一的排放标准。对于那些 $NO_x$ 排放量较多，严重产生大气污染的设备，则作为限制对象进行追加排放标准的修正，$NO_x$ 排放限值也按陡斜线趋势逐年收紧。实施总量控制，日本对于工厂、事业单位较为集中，仅按排放标准进行限制难以确保 $NO_2$ 环境质量标准的地区，从 1982 年起开始对 $NO_x$ 实施总量限制标准。实施降低 $NO_2$ 排放的技术措施，日本降低 $NO_2$ 排放的技术措施主要有改进燃烧方式和排烟脱硝。

对于流动源，进一步强化排放标准，改进车辆的行驶状态并对车种进行限制，促进低公害车的普及，利用樟树及栀子等植物及新型路面材料——$NO_x$ 来吸收汽车行驶时所排放出的 $NO_x$。

（2）瑞士。1994 年 8 月，瑞士政府组织了一个工作小组制定降低 $NO_x$ 排放的政策，并于 1996 年 9 月完成这项工作。这些措施包括：现有的污水处理厂被用来将氨转化为 $N_2$，此方法还可以降低磷排放和 COD；使用 $NO_x$ 排放量小的燃烧器，燃油和燃气的加热系统用 $NO_x$ 排放量小的燃烧器取代；安装气体清除系统降低废物焚化炉的 $NO_x$ 排放量；采用新的 WTO 规则，降低生产价格，改变农业结构；建立一种等营养平衡复合生产的激励机制；针对 $CO_2$ 收费，提高汽油和其他化石燃料的价格。其中，低 $NO_x$ 排放量的农业生产和使用排放量小的燃烧器经济效益最高。

（3）美国。美国的相关排放法规于 2002 年开始生效，与 1998 年法规相比，$NO_x$ 限值又向前跨了一大步，由 3.35 g/（kW·h）降至 2007 年实施的 0.27 g/（kW·h）这一更低排放限值。美国环保局规定了各个州在 2007 年前必须实现的 $NO_x$ 排放总量，并开展了一项 $NO_x$ 排放量交易计划，各州必须通过以切实措施降低 $NO_x$ 排放或向该体系中已达标的州购买排放权等手段实现 $NO_x$ 排放的减少。根据 EPA 的排放量计算，各州发电厂 $NO_x$ 的排放量平均需要降低 64%。提高能量使用率和使用清洁能源被认为是更简单且有效地降低发电过程 $NO_x$ 排放量的方法，而且可以降低各个州实现 $NO_x$ 排放量的成本。

### 2.2.3.3 $PM_{10}$ 控制经验

目前各国对颗粒物的控制主要是针对本国国情制定环境标准和污染物排放标准。美国对颗粒物的控制经历了从重点控制总悬浮物到重点控制 $PM_{10}$ 和 $PM_{2.5}$ 再向超细颗粒物控制的转变，从点源控制到区域控制的转变。美国在控制颗粒物过程中，以《清洁空气法》作为重要的法律管理依据，建立了严格的环境空气质量标准和污染源排放标准，制定了专项管理条例规范颗粒物区域控制，形成了覆盖全国的世界上最完善的大气颗粒物监测网络体系。美国早在 1987 年就用 $PM_{10}$ 取代 TSP 作为大气颗粒物监测标准，并于 1996 年制定出的 24 h 和年平均限值环境质量标准，该标准规定 $PM_{2.5}$ 的日均质量浓度和年均质量浓度的限值分别是 65 $\mu g/m^3$ 和 15 $\mu g/m^3$。

### 2.2.3.4 温室气体控制经验

为了 21 世纪的地球免受气候变暖的威胁，1992 年各国政府通过了《联合国气候变化框架公约》（UNFCCC）。公约旨在避免"危险的气候变化"。1997 年 12 月，149 个国家和地区的代表在日本东京召开《联合国气候变化框架公约》缔约方第 3 次会议，经过紧张而艰难的谈判，会议通过了旨在限制发达国家温室气体排放量以抑制全球变暖的《京都议定书》。

中国于 1998 年签署《京都议定书》，并于 2002 年核准了议定书。作为一个发展中国家，中国的排放量不受条约的法律性约束。不过，中国对议定书的支持以及其在国内的努力，表明中国作为一个负责任的大国对该问题的重视。

2005 年《京都议定书》正式生效，成为具有法律约束力的国际条约。《京都议定书》规定，到 2010 年，所有发达国家排放的 $CO_2$ 等 6 种温室气体的数量要比 1990 年减少 5.2%，发展中国家没有减排义务。对各发达国家来说，2008—2012 年必须完成的削减目标是：与 1990 年相比，欧盟削减 8%，美国削减 7%，日本削减 6%，加拿大削减 6%，东欧各国削减 5%~8%。新西兰、俄罗斯和乌克兰则不必削减，可以将排放量稳定在 1990 年的水平上。《京都议定书》同时允许爱尔兰、澳大利亚和挪威的排放量分别比 1990 年增加 10%、8%、1%。基于这个原因,《京都议定书》纳入了 3 个合作减排机制——国际排放贸易(IET)、联合履行机制(JI)和清洁发展机制(CDM)。

目前,各国都在积极进行温室气体减排。英国颁布第一部《气候变化法》,将温室气体减排纳入法律范畴。欧洲碳排放交易市场、芝加哥气候交易所在通过市场机制解决减排问题方面正在进行积极的探索。太阳能、风能、生物质能等清洁能源发展达到空前的高度。

### 2.2.3.5　$O_3$ 控制经验

我国对 $O_3$ 的控制还处于起步阶段,欧洲和美国在 $O_3$ 控制的研究方面取得了一定的成果。通过对国外 $O_3$ 控制的学习,可以为我国 $O_3$ 控制提供参考。

欧洲 $O_3$ 控制研究发现:$NO_x$ 削减量与 $O_3$ 质量浓度的变化并不是简单的线性关系。$NO_x$ 削减后 $O_3$ 质量浓度并没有得到控制,欧洲年均 $O_3$ 质量浓度甚至有所升高。

美国 $O_3$ 控制发现:首先,单纯控制 VOCs 无法实现 $O_3$ 的环境质量目标。以美国南部为例(图 2-1),即使 100% 控制 VOCs 人为源,$O_3$ 质量浓度由 176 $\mu l/m^3$ 降至 144 $\mu l/m^3$,仍未达到 $O_3$ 质量标准的要求;其次,虽然当前削减 $NO_x$ 会导致 $O_3$ 质量浓度升高,但在此基础上继续削减会大幅度降低 $O_3$ 质量浓度水平,最终实现达标目标。虽然 $NO_x$ 削减低于 37% 时,$O_3$ 最大质量浓度可上升 25%,但削减达到 90% 可使 $O_3$ 达标。

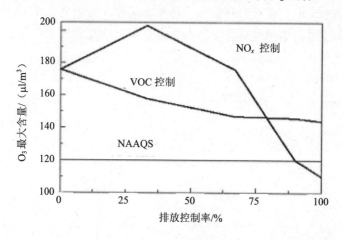

图 2-1　$O_3$ 控制质量浓度范围

根据欧美对 $O_3$ 控制的研究可以发现,$O_3$ 的控制将是一个较长时间需要面临的问题,与一次污染物不同的是,其质量的改善不是受一种污染物排放的影响,而应该及早从控制 $NO_x$、VOCs 等方面着手开始控制的准备工作。

### 2.2.3.6　VOCs 控制经验

20 世纪 70 年代以来,欧美发达国家在科学研究持续深入、管理经验日益积累的基础上,不断制(修)订相关法规标准,形成了一套相当成熟的 VOCs 污染控制管理体系。

(1)欧盟。欧盟的管理思路是:首先确定环境政策的总体目标,其次根据目标与实测结果对污染物总体减排量进行量化,再次根据各成员国的污染来源和经济技术水平确定每一成员国、每一行业的减排目标。这一管理思路既能全面把握欧盟各国各行业的污染物排放管理,又能优先控制最具减排潜力的行业和项目。

欧盟的 VOCs 控制由通用指令和行业指令构成。通用指令中最主要的是针对相关生产安装活动中有机溶剂使用的《1999/13/EC 指令》，其中对 20 个行业的 VOCs 排放进行控制，它们是涂胶、涂装（汽车、皮革、金属表面、木器、纺织品和纸张）、干洗、涂料油墨生产、制药、印刷、炼油、汽车修补等。并且基于物质平衡对 VOCs 的有组织排放和无组织排放（排放量或者逸散率）均做出限制，有组织排放限值因不同行业为 20～150 mg/m³。

（2）美国。美国环保局（EPA）认为 VOCs 是除 CO、$CO_2$、$H_2CO_3$、金属碳化物、金属碳酸盐和碳酸铵外，任何参加大气光化学反应的有机物化合物，所以 VOCs 控制的目标是达到 $O_3$ 环境标准。美国的 VOCs 污染物控制思路类似欧盟，控制方式主要是技术强制结合排放（泄漏）限值，横向实施行业控制，纵向实施类型控制。

主要控制行业有涂装（金属、木器、塑料涂层，汽车涂装，标签涂装，工业设备涂装，金属罐装涂层等）、油墨印刷、石油天然气行业、化工行业（合成纤维，聚合物，轮胎制造等）、有机干洗业。

在每类行业控制中又穿插着类型控制，主要从工艺排气（新源执行标准 NSPS 要求 TOC 削减 98%或 20 μl/L）、设备与管线组件泄漏、挥发性有机液体储罐、装卸设施、废水挥发这几个层面加以控制。当地有关环保官员用便携的 VOCs 检测仪定时检测设备与管线组件 VOCs 泄漏，不合格者责令维修，记录良好者可延长检测期。还有对化工行业的共同生产环节如反应器、蒸馏、空气氧化等分别作出技术要求和排放限值。在 NSPS 控制新源的基础上还辅以《有害空气污染物法》优先控制有毒有害污染物。

# 第3章

## 中长期环境变化趋势和特征

## 3.1 经济社会发展态势

### 3.1.1 我国中长期发展预测情景分析

　　根据党的十八大提出的目标，至 2020 年，中国将全面建成小康社会，实现国内生产总值比 2010 年翻一番，届时 GDP 总值将突破 80 万亿元人民币，约合 12 万亿美元左右（按2010 年美元不变价）。预期达到这一目标，"十二五"及"十三五"时期，我国能源需求量、工业产值、汽车保有量等仍将保持快速增长，给资源和环境带来巨大压力。在对社会经济发展趋势预测成果总结的基础上，分析未来 10 年我国环境发展的大趋势，有利于"十二五"污染减排目标的制定。

#### 3.1.1.1 经济发展预测

　　国内许多学者对我国未来 10 年的经济发展形势进行了预测。如国务院发展研究中心主任王梦奎、国家信息中心经济学家梁优彩等。经济预测成果见表 3-1。

表 3-1　未来 10 年我国经济预测成果

| 预测专家 | 2010 年 | | 2020 年 | |
|---|---|---|---|---|
| | GDP/<br>万亿美元 | 人均 GDP/<br>美元 | GDP/<br>万亿美元 | 人均 GDP/<br>美元 |
| 王梦奎 | >2.6 | 1 900 | >5 | 3 500 |
| 梁优彩 | 2 | >1 429 | 4 | 3 150 |
| 贾文瑞等 | 2.19 | 1 608 | 4.10 | 2 778 |
| 曹东等 | 3.26 | 2 433 | 6.56 | 3 150 |
| 崔民选 | 2.23 | 1 641 | 4.27 | 2 900 |

　　由表 3-1 可见，各学者的预测结果不一致，但我国未来经济持续快速增长的总体趋势得到各位学者的一致认可。总体来看，未来 10 年我国经济年均增长率将保持在 7%～8%。党的十八大报告中提出实现城乡居民人均收入到 2020 年比 2010 年翻一番的目标。2011年，我国人均国内生产总值达到 5 432 美元。估算 2020 年我国人均 GDP 将达到 8 000～11 000 美元。

从产业结构看，2011 年，我国三次产业结构比为 10.1：46.8：43.1，第二产业仍是我国的支柱产业，经济发展与工业发展紧密相关，钱纳里等将经济增长理解为经济结构的全面转变。由表 3-2 可知，目前中国仍处于工业化的第 2 个时期，到 2020 年中国将基本进入后工业化的经济增长阶段，进入发达经济的第 1 个阶段。

表 3-2　人均收入增长阶段的划分

| 收入水平<br>（人均美元　1979 年美元） | 时期 | 阶段 |
| --- | --- | --- |
| 140～280 | 1 | 第 1 阶段　初级产品生产 |
| 280～560 | 2 | |
| 560～1 120 | 3 | 第 2 阶段　工业化 |
| 1 120～2 100 | 4 | |
| 2 100～3 360 | 5 | 第 3 阶段　发达经济 |
| 3 360～5 040 | 6 | |

### 3.1.1.2　能源发展预测

我国的能源结构尚处于调整阶段，目前经济的发展仍以巨大的能源消耗为代价，截至 2011 年，我国能源消费总量达 34 亿 t 标煤，同比增长 7%。图 3-1 展示了近年来我国的能源消耗情况，由图可以看出，我国能源消耗量呈明显的上升趋势，且增长率呈逐年加快的趋势。

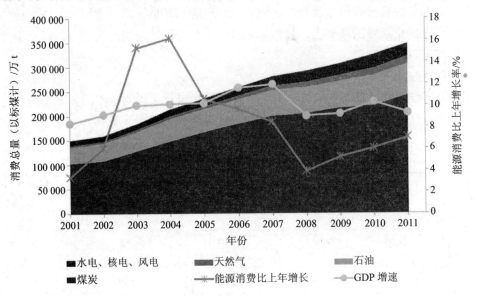

数据来源：由历年国家能源统计年鉴整理而得。

图 3-1　近年来我国能源消费总量及结构变化情况

从能源消耗结构看出，能源消耗中煤炭是主要能源，至 2011 年比例仍占 1/2 以上，高达 69.7%，显示了我国能耗高、污染重的工业发展现状。我国近年来煤炭能源消耗比重见图 3-2。由图可得，步入 21 世纪之后，煤炭在我国能源消耗中的比重不断加大，至 2006 年之后，由于各种清洁能源的开发和利用，煤炭消耗比重的增幅已得到明显的减缓。

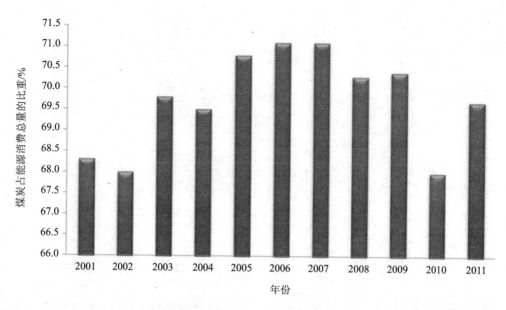

数据来源：由历年国家能源统计年鉴整理而得。

**图 3-2　近年来煤炭消费比重**

　　结合图 3-1 和图 3-2 可得，2010 年以后，为满足经济发展的需求，我国能源消耗总量仍呈逐年增加的趋势。但随着天然气、水电、火电、核电等清洁能源在总能源消耗中比重的增加，未来我国煤炭消耗比重将会有所降低。

　　针对能源发展情况，许多专家学者都做了大量的预测工作，也提出了许多关于能源结构调整的建议。如中国石油勘探开发研究院贾文瑞、能源经济学家崔民选等，针对目前我国的能源结构以及能源消耗情况做了如下预测，见表 3-3。

　　由于我国未来的能源需求受诸多因素的共同作用，有相当的不确定性：不同的学者采取的研究方法不尽相同、相同的方法预测基础年限的选取不尽不同，各种预测的结果也略有差别。但从学者总体的预测结果仍可看出我国未来 10 年能源发展的态势：2010—2020 年我国煤炭消耗量仍将占能源消费总量的 1/2 以上，这说明我国以煤炭为主的能源消耗结构将长期存在，但不否认未来 10 年石油和天然气等清洁能源的需求量增加，且在能源消费结构中的比重稳步上升的可能。

　　从煤炭需求的行业构成来看，2002 年，电力、黑色金属冶炼、石油加工、水泥制造等行业的煤炭消耗量为 9.31 亿 t，这四大行业占煤炭消耗量的 66.84%。曹东等预测未来 15 年，上述四大行业依然是煤炭消耗的主要行业。2010 年，上述四大行业的煤炭需求量将达到 17.05 亿 t，占整个煤炭需求量的 77.06%；到 2020 年，四大行业的煤炭需求量将达到 21.66 亿 t，占整个行业的比例高达 85.07%。而在四大行业中，又以电力行业的煤耗量最大，曹东等预测未来 10 年我国的电力耗煤仍呈现增加的趋势，2010 年电力行业煤炭需求量达到 12.32 亿 t，2020 年将达到 16.75 亿 t，分别占整个煤炭消耗量的 55.7% 和 65.8%。可见，以煤炭为主的能源结构仍将持续，因此燃煤高污染的特点将使我国未来的大气污染形势更加严峻。

表3-3　能源需求预测成果

单位（以标煤计）：Mt

| 预测专家 | 2010年 | | | | | 2020年 | | | | | 备注 |
|---|---|---|---|---|---|---|---|---|---|---|---|
| | 能源消费总量 | 煤炭 | 石油 | 天然气 | 一次电力 | 能源消费总量 | 煤炭 | 石油 | 天然气 | 一次电力 | |
| 崔民选 | 2 547 | 1 556 (61.1%)* | 642 (25.2%) | 135 (5.3%) | 211 (8.3%) | 3 357 | 1 813 (54.0%) | 906 (27.0%) | 329 (9.8%) | 309 (9.2%) | 弹性系数法和 |
| | 2 169~2 544 | 1 345~1 557 (61%~62%) | 564~641 (25%~26%) | 86~135 (4%~5.3%) | 174~211 (8%~9%) | 2 762~2 921 | 1 519~1 577 (54%~55%) | 732~789 (26%~27%) | 207~286 (7%~10%) | 269~304 (9.7%~10.4%) | 情景分析法 |
| 周大地等 | 2 169.1 | 1 509.4 (69.6%) | 471.5 (21.7%) | 80.4 (3.7%) | 107.8 (5%) | 3 100.2 | 2 007.9 (64.8%) | 752.4 (24.3%) | 155.4 (5%) | 184.6 (6%) | 三种情景的分析研究 |
| | 2 033.5 | 1 367.6 (67.3%) | 449.7 (22.1%) | 106.7 (7.8%) | 109.5 (5.4%) | 2 761.8 | 1 648.3 (60%) | 690.2 (25%) | 225.1 (8.2%) | 198.2 (7.2%) | |
| | 1 860.3 | 1 193.3 (64.1%) | 420 (22.6%) | 129.6 (7%) | 117.4 (6.3%) | 2 318.7 | 1 261 (54.4%) | 573.3 (24.7%) | 248.5 (10.7%) | 235.8 (10.2%) | |
| 高广阔等 | 2 349.52 | 1 626.01 (66.7%) | 530.75 (22.58%) | 81.13 (3.5%) | 361.93 (15.4%) | 3 180.62 | 2 201.19 (69.2%) | 718.51 (22.59%) | 147.36 (4.6%) | 657.38 (20.7%) | 能源消耗弹性系数法、回归预测法和间接预测法 |
| | 2 109.74 | 1 242.72 (58.9%) | 560.41 (26.6%) | 65.84 (3.1%) | 362.33 (17.2%) | 3 150.66 | 1 655.62 (52.5%) | 731.50 (23.2%) | 113.58 (3.6%) | 645.67 (20.5%) | |
| | | 1 626.66 | 522.17 | 110.52 | 324.26 | | 2 221.54 | 668.43 | 286.75 | 561.01 | |
| 周大地 | — | | | | | 3 600 | 3 000 | 650 | | | |
| 曹东等 | 2300 | 1 580.08 (68.7%) | 500.05 (21.7%) | 91.24 (4%) | 401.42 (17.5%) | 3 000 | 1 818.83 (60.6%) | 876.75 (29.2%) | 150.82 (5%) | 584.12 (19.5%) | |
| 贾文瑞等 | 1 910.89 | 1 007.04 (52.7%) | — | — | 263.70 (13.8%) | 2 607.39 | 1 209.83 (46.4%) | 571.44~642.87 (21.9%~24.7%) | 399~465.50 (15.3%~17.9%) | 461.51 (17.7%) | |

*括号内为该能源占总量的比例。

#### 3.1.1.3　人口发展预测

人口是制约我国经济发展、导致环境恶化的首要因素。2011 年，我国的人口总数达到 13.47 亿，约占世界总人口的 20%，尽管增速有所降低，但基数大，每年仍以几百万的数量增长，近年来我国人口总量见图 3-3。

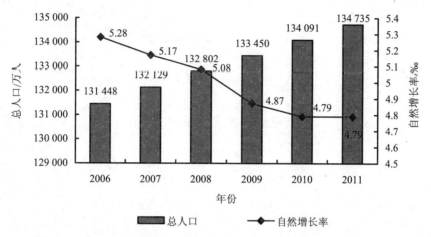

数据来源：《国家统计年鉴》（2011 年）。

**图 3-3　近年来我国人口数量**

从图 3-3 可知，我国人口总量呈逐年增加趋势，但过去 20 年我国的年平均自然增长率由"八五"期间的 11.60‰降至"十一五"期间的 5.2‰。尽管我国的人口自然增长率在逐年下降，但巨大的人口基数、不断增加的人口数量，依然对环境造成越来越大的压力。许多学者对未来人口总量进行了预测，预测结果见表 3-4。

**表 3-4　人口总数预测**　　　　　　　　　　　　单位：亿人

| 预测专家 | 2010 年 | 2015 年 | 2020 年 | 2025 年 |
|---|---|---|---|---|
| 曹东等 | 13.4 左右 | — | 14.5 左右 | — |
| 门可佩 | 13.31 | 13.48 | 13.60 | 13.68 |
| 曹桂英 | 13.62 | 13.99 | 14.29 | 14.48 |
| 曾小雨 | 13.5 | 13.8 | 14.2 | 14.6 |
| 姜克隽 | 13.6 | — | 14.4 | — |
| 贾文瑞等 | 13.63 | — | 14.76 | — |

注：—表示文中未做预测。

由国家发展和改革委员会同科技部、外交部、教育部、民政部等有关部门制定的《中国 21 世纪初可持续发展行动纲要》指出，到 2010 年全国人口数量控制在 14 亿以内，年平均自然增长率控制 9‰以内。该目标已实现。2020 年人口将达到 14 亿～15 亿。

此外，我国城市化进程步伐正逐年加快，尤其是 20 世纪 90 年代中期以来，对环境造成了较大的压力。城镇化是经济发展的重要力量，城镇化程度每增长 1%，会带来 0.5%～0.9%的 GDP 增长和 25%～43%的投资住房需求。由于城镇化过程中需要大规模的基础设施建设，并带动居民消费结构的巨大转变，它也成为影响我国环境质量变化的重要因素之一，历年来我国的城市化水平见图 3-4。

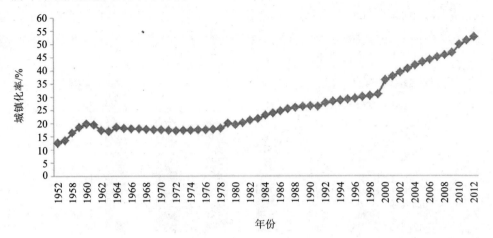

图 3-4　我国城镇化水平

从图 3-4 可知，我国城镇化水平呈现逐年上升的趋势，2011 年，我国的城镇化率达到
51.3%，2012 年中央经济工作会议提出要积极稳妥推进城镇化，着力提高城镇化质量，预
期未来几十年城镇化进程仍将保持稳步增长势头。国际经验表明，美国、法国、日本等国
家城市化进程一般有几十年的持续上升期，达到 70% 左右开始基本稳定。根据国务院发展
研究中心预测，中国城市化率 2020 年将达到 60% 左右，2030 年将达到 67% 左右。综合分
析，中国大体上在 2030 年前后基本完成城市化。因此，在 2030 年之前，我国城镇化的较
快发展仍将给环境和资源造成巨大压力。

### 3.1.1.4　机动车保有量发展变化

随着我国社会经济的持续较快发展、人口增加以及城市化进程的加快，汽车保有量也
在迅速增加。2011 年，我国机动车保有量达到 2.08 亿辆（图 3-5），比 1980 年增加了 30
倍，其中，汽车保有量达到 1.06 亿辆，汽车产、销量分别达到 1 841.9 万辆和 1 850.5 万辆。
机动车保有量的迅速增加，导致汽车尾气排放量逐年增加，大量尾气的排放造成了严重的
环境污染，已开始影响公众的身体健康，$PM_{2.5}$、$O_3$ 等环境空气质量成为社会关注的热点。
2011 年，我国机动车排放污染物 4 607.9 万 t，比 2010 年增加 3.5%。汽车是机动车污染物
总量的主要贡献者，其排放的氮氧化物和细颗粒物超过 90%，碳氢化合物和 CO 超过 70%。

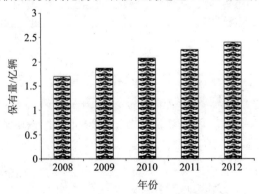

图 3-5　我国机动车保有量增长趋势

"十二五"时期，我国汽车市场体系的建设进一步加快，汽车需求量和保有量将保持持续增长，全社会汽车化水平得到不断提高。按照 5% 的低增长速度预测，到 2015 年，我国的汽车年产量也将超过 2 300 万辆，汽车保有量达到 1.5 亿辆；到 2020 年，我国汽车保有量增至 2 亿辆左右。随着汽车数量的不断增加，交通拥堵、能源安全和环境问题将更加突出。汽车尾气污染成为大气污染的主要源头之一，尤其在我国大型城市，如：北京、上海、广州等，汽车尾气已经成为 $CO$、$NO_x$ 和 $CH_x$ 等污染物的首要排放源。此外，汽车保有量的增加，不仅会引起环境污染排放增加和环境的恶化，还将引起土地占有、能源消耗等诸多问题。许多专家学者对我国汽车保有量进行了预测，为合理解决汽车保有量增加带来的问题提供依据，见表 3-5。

表 3-5　汽车保有量预测　　　　　　　　　　单位：万辆

| 预测专家 | 2010 年 | 2020 年 | 备注 |
|---|---|---|---|
| 程赐胜等（2005） | 5 068 | — | 遗传 BP 法 |
| 马艳丽等（2007） | 5 039～5 609 | 11 929～15 926 | 对经济各个发展阶段进行情景分析，考虑经济、人口、汽车保有量增长速度以及不同地区人均 GDP 人群分布等因素，运用趋势外推、弹性系数、国内外情景类比及运输工作量计算等方法对我国未来的汽车保有量进行了综合预测 |

据专家（交通部规划司副司长李兴华，2004）预测，我国未来汽车拥有水平的饱和度大约是每千人 150 辆，由此推算，我国汽车保有量的极限将达到 2.4 亿～2.5 亿辆。汽车保有量的急剧增加，会对资源和环境产生越来越大的压力。一方面，由于资源的有限性，资源的约束将成为我国未来道路运输发展必须面对的重大课题；另一方面，汽车数量的快速增长，将大幅度增加有害气体的排放量，这就要求我国交通运输必须走可持续发展道路，加快推广使用低污染、低能耗的交通工具，最大限度地节约资源，提高资源使用效率，减少污染物排放，保护生态环境。

由以上预测分析可得，"十二五"期间，我国经济将呈现持续增长的趋势，而经济的增长会给环境带来巨大压力。能源结构方面，煤炭消耗量仍占能源消费总量的一半以上，我国以煤炭为主的能源结构仍不会改变；人口快速增长仍是这一时期的重要特点，并且伴随着城镇化速度的加快，将给资源和环境带来巨大压力；经济的发展以及人口数量的增加，促进了汽车保有量的增长，进一步加重了资源和环境的压力。因此，借鉴国外经验调整产业及经济结构对缓解环境压力具有重要意义。

### 3.1.2　未来经济发展下环境趋势和特征判断

坚持以人为本，落实科学发展观是环境保护工作的基本出发点和理论基础；统筹人与自然和谐发展，建设生态文明，建设美丽中国已成为我国经济社会发展的主要目标之一，为环境保护工作提供了新的历史机遇；综合国力增强为环境保护提供财力保障，三大需求结构变化，有利于环境保护压力缓解，为环境保护工作奠定了重要基础，我国环境保护面临有利机遇。但未来一段时期，我国将基本完成工业化、城市化，到 2020 年，我国 GDP

总量将达到 79 万亿元，人均 GDP 将超过 10 000 美元，城市化率将达到 60%，人口总量将超过 14.1 亿，能源消耗预期控制在 41 亿 t 标煤。在工业化和城市化仍将处于加快发展，经济结构调整的效应和粗放型经济增长方式的根本转变还需要较长时间，环境容量相对不足、环境风险不断加大、环境问题日趋复杂的情况下，我国未来的环境压力将继续加大。

### 3.1.2.1　发展的资源环境代价还将在一定时期内居高不下

有相关预测表明，2020 年之后，我国将基本完成工业化，进入到后工业化的经济增长阶段。2030 年，我国的城镇化进程将基本完成，有可能建成以创造力和思想推动经济增长的国家经济。因此，我国来自经济增长、城镇化的环境压力在 2030 年左右将处于高峰阶段。

可见，未来 20 年我国仍将处于工业化和城市化"双轮驱动"的重要发展阶段，预期仍将保持较长时期的平稳持续发展。以住房、汽车为主的居民消费结构升级带动产业结构优化升级，但工业尤其是重工业产品产量仍保持上升趋势。未来 5～10 年，黑色金属冶炼、有色金属冶炼行业增长速度将在 6%～10%，与国内生产总值增速相当；由于城镇化进程的机动车、住房需求上升，石油加工业与冶炼，煤炭、化工、建材等行业增长速度也将略高于国内生产总值增速，而水污染排放、大气污染排放、固体废物排放，主要集中在电力、钢铁、有色、化工、建材、造纸、纺织等少数几个高耗能、高污染行业，结构性污染特征仍十分明显。

### 3.1.2.2　资源能源问题突出，对生态环境的压力仍然较大

近几十年来，我国人口与资源、经济增长与资源供需矛盾越来越突出，已经深刻地影响了全球的资源和发展。由于部分资源使用方式不当和多数资源的利用效率低下，不仅造成资源巨大浪费，同时产生一系列严重的生态环境问题。

水资源总量不足且利用效率较低。我国属于缺水型国家且分布不均匀，占国土总面积 63.5% 的长江以北地区的地表水、地下水仅分别为全国总量的 19% 和 32.2%；而占国土总面积 36.5% 的长江以南地区地表水、地下水虽分别为全国总量的 81% 和 67.7%，但由于各行业需求量逐年飙升，不少地方也出现资源性缺水。2011 年总用水量为 6 080 亿 $m^3$，预测表明，到 2020 年总用水量到达高峰值，达到 6 830 亿 $m^3$，缺水量预计将达到 500 亿～700 亿 $m^3$。而我国农田灌溉水利用系数约为 0.4，与发达国家相差近一倍；工业用水的重复利用率为 0%～30%，而发达国家为 5%～75%。

未来能源需求总量仍居高不下，能源利用效率较低。我国的能源利用效率与国外相比仍存在较大差距，包括大型合成氨综合能耗、火电供电煤耗、铜冶炼综合能耗等在内 8 个高耗能行业主要产品的单位能耗比国际先进水平平均高 40%。由于我国重化工业比重未来仍较高，能源消费增长速度大大超过 GDP 的增长速度，能源供需矛盾日益突出。"十二五"时期，我国开始实行能源消费总量控制，预期到 2015 年，能源消费量将会达到约 41 亿 t 标准煤，预期到 2020 年前后，将是我国能源消耗总量顶峰时期，达到约 50 亿 t。

土地退化严重，土壤侵蚀、污染问题显现。中下等耕地比例约占 59%，退化草地面积比例超过 90%，37% 的国土面积经受土壤侵蚀和荒漠化。山地多平原少，山地高差起伏大、坡度陡、土层薄，旱地绝大多数为坡地与风沙地，耕种极易造成水土流失。随着工业化、城市化发展及农业结构调整，耕地大量流失、浪费严重。由于耕地面积小（占国土面积的 10.4%）与增加粮食产量的矛盾，倾向于大量使用化肥、农药，造成严重的土壤污染和耕地质量下降。全国遭受工业"三废"污染的农田达 700 万 $hm^2$，使粮食每年减产 100 亿 kg，并潜伏着严峻的农产品质量危机。

矿产资源综合利用水平低，矿区的生态问题严重。我国共生、伴生矿产资源综合利用率不足 20%，矿产资源总回收率约 30%，而国外先进水平均在 50% 以上。长期以来我国对矿业采取粗放式经营，盲目开采，对于共（伴）生矿物不利用或利用率很低，采富弃贫的现象十分普遍。更为严重的是，一些小企业无证违规经营，进行破坏性开采，导致了严重的资源浪费和生态环境问题。

### 3.1.2.3　人口增长产生空前的环境压力

我国人口总数仍呈上升态势，预计 2020 年我国人口将达到 14 亿～15 亿，比合理人口承载能力下人口多了 1 倍；2030 年前后将达到最高峰（15 亿～16 亿），此后将缓慢减少，到 2050 年将下降到 14 亿左右，即未来 20 年我国人口规模要比目前增加 2 亿～3 亿，这一增量将会非线性地放大未来我国人口与资源环境的矛盾，使人口增长导致的环境压力在 2030 年左右达到高峰。人口的增长带来人均生活消费用能逐年增长，预期到 2020 年城镇居民生活用能达到 3 亿 t 标煤。同时，随着我国人口的快速增长和人均生活垃圾产生量的不断增加，在未来 10 多年的时间里，加大城镇及农村生活垃圾治理设施的建设投入、提高生活垃圾的处理率，特别是无害化处理率对未来环保工作提出了重大挑战。

### 3.1.2.4　城市化进程加速对环境造成较大的冲击负荷

快速城镇化导致环境问题与压力将持续加大。1978—2011 年的 34 年间，我国城镇化率由 17.9% 上升至 51.3%，上升了 33.4 个百分点，城镇人口首次超过农村，年平均上升约 1 个百分点。在国家推进城镇化的宏观决策下，预测今后一段时间，我国城镇化水平将保持在每年提高 1 个百分点左右的水平上，到 2020 年将达到 60% 左右。城镇化带来了水体污染、机动车污染、土壤污染、生态失衡等一系列城市环境问题，并且呈现出不断加剧的迹象。预计未来 10 年，城市大气污染暴露人口（PEP）将达 4 亿多，而且大部分集中在中小城镇地区。到 2020 年，城市生活污水和垃圾产生量将比 2000 年分别增长约 1.3 倍和 2 倍。而目前，我国大城市的环境基础设施建设依然处于历史"欠账"时期，绝大部分中小城市和城镇的基础设施建设严重滞后，若不能加快建设步伐，环境质量有可能进一步恶化。

消费结构的升级引致城市环境问题转型的趋势明显，新型及复合型环境问题更加凸显。随着扩大内需战略的实施，国民收入分配结构将得到优化，居民收入和生活保障水平将得到进一步提高，消费需求将进一步增加，由于消费转型带来的新的环境问题将进一步加大。未来 10 年乃至更长一段时间，高档耐用工业产品、肉蛋奶等畜禽产品的消费总量不断增加，电器、房屋以及汽车等家用消费品的增长速度还要加快。废旧家用电器、建筑废弃材料、报废汽车和轮胎等的回收和安全处置将成为较长一段时间内重要的环境问题。在氮、磷造成的水污染问题日益突出，大城市汽车尾气污染趋势加重，加上其他能源消耗过程，$NO_x$ 将成为一些城市的主要污染物之一，而且也会加重一些地区的酸雨危害。当前，颗粒物（$PM_{10}$、$PM_{2.5}$）等环境污染问题成为保障环境民生的重要内容，北京、上海等大城市及重点区域短期内环境空气质量改善难度大与群众日益提高的环境需求将形成较强反差，因环境问题引发群体性事件预期将呈升高趋势。

### 3.1.2.5　区域、城乡发展不均衡带来的环境问题仍亟待解决

我国地区经济社会发展水平差距大，地区地理自然条件差距大。当前，各地区在科学发展观、建设生态文明和促进区域协调发展战略指引下，更加注重生态建设和环境保护，区域经济发展呈现结构优化、协调性增强的良好态势，但区域发展绝对差距仍然较大，因

贫困引致生态环境恶化，使这些区域资源环境问题日益突出，对我国环境保护提出严峻挑战。同时，我国区域之间发展不平衡导致发达地区一些污染严重的产业向欠发达地区转移，由此造成经济欠发达地区生态环境破坏有加重趋势，而且这一问题越来越严重。

同时，随着城市环境准入门槛的提高，近年来，产业转移呈现一些新的特征，许多污染企业从城市向农村搬迁的现象日益严重，城市产业的升级伴随着农村工业跃进的现象凸显，如果这些搬迁企业不能很好地结合技术升级，这种做法在减轻城市环境污染的同时，只能造成新的农村污染。而同时随着我国对城镇环境保护力度的加大，城乡环境保护差距呈加大趋势。近年来，我国农业和农村的环境保护问题日益凸显。随着党中央、国务院对"三农"问题的进一步重视，农村和农业现代化将进一步加快，在播种面积变化幅度不大的情况下，化肥使用量的逐年提升使种植业的污染物产生量也随之提高，畜禽养殖业的发展引致的污染物产生总量逐年上升，农业面源污染问题突出，农村环境问题仍将成为"十二五"及未来较长时期环境保护关注的重点领域。

## 3.2 水环境压力与态势分析

### 3.2.1 水环境压力分析

目前我国 GDP 仍在高速增长，绝大多数省市的 GDP 增长率为 13%～17%，个别市高达 21%。在这种经济发展速度下，预测 2015 年、2020 年废水产生总量将分别达到 886.29 亿 t、1 113.60 亿 t。按照《"十一五"主要污染物减排统计办法》中新增量核算体系测算，"十二五"期间 COD 新增排放量约 390 万 t，氨氮新增排放量约 50 万 t。而目前在 GDP 增长率为 7%情景下制定的污染物减排 10%目标尚存在巨大压力的状况下，新一轮污染将给不堪重负的水环境及其保护工作带来巨大挑战。

根据中国环境宏观战略研究环境要素保护课题组的分析和预测，2020 年全国城市生活污水产生量将比 2000 年增长约 1.3 倍，到 2030 年，中国工业用水的需求将增至 5 倍以上。2050 年我国人口将从 2000 年的 12.67 亿上升到 16 亿，工业废水排放量稳定平缓下降，而生活污水排放量呈显著增长趋势，全国的污水排放总量基本翻一番，从 $640.56 \times 10^4$ 万 t 上升到 $1\ 180.48 \times 10^4$ 万 t。生活污水 COD 排放总量 3 079.37 万 t 是工业废水排放量 859.93 万 t 的 3 倍多。未来 40 多年内污染物总量仍然保持较高数量，对水环境压力巨大。在未来的几十年，不仅要解决城市化滞后于工业化、环境基础设施欠账多等造成的传统环境问题，而且要及时处理更为复杂的新出现的众多环境问题。

### 3.2.2 水污染发展态势

随着中国经济的快速增长，经济发展造成的资源环境压力也越来越大。如果按照目前的经济增长与资源环境消耗的趋势外推，我国中长期的水环境污染治理将面临严峻挑战。

（1）饮用水安全问题更加突出。以目前的水体污染速度，饮用水水源地的备用水源将不断减少；各种新型有毒有害污染物进入水源；水源水质和供水水质不达标现象将越来越严重，危及人体健康。

（2）积极关注新型污染物和特征污染物。工业水污染防治目前主要以常规污染物的总量控制为重点，对新型工业污染物持久性有机污染物（POPs）和持久性有毒污染物（PTS）关注较少。但是，随着经济的发展，新型污染物的种类和数量不断增加。以 POPs 为例，最初的 POPs 有 12 种（类）有机物，最近又新增加了 15 种有毒物质。有毒有害污染物不同于常规污染物，对环境和人体健康的影响具有潜伏性和累积性。一旦发生重大污染事件或主线恶性病变，往往会发生灾难性后果，从而威胁到经济和社会的稳定。

（3）水污染事故进入高发期。2005 年，全国共爆发水污染事故 41 起，占各类污染事故总数的 53.9%。跨行政区域的流域污染问题及纠纷更是层出不穷，2007 年堪称蓝藻之年，南水北调、三峡工程对生态环境的影响需要更加重视。

## 3.3 大气环境压力与态势分析

### 3.3.1 大气环境压力分析

我国大气污染主要呈现为煤烟型向复合型污染转变的特征。城市大气环境中总悬浮颗粒物质量浓度普遍超标；$SO_2$ 污染保持在较高水平；机动车尾气污染物排放总量迅速增加；$NO_x$ 污染呈加重趋势；全国形成华中、西南、华东、华南多个酸雨区，以华中酸雨区情况最严重。

中国正处于快速城市化和工业化发展阶段、产业结构仍以第二产业为主、能源需求持续增加，这些都使我国大气环境质量面对巨大压力。

#### 3.3.1.1 快速发展的城市化引发的大气污染问题不容忽视

2000 年以来，全国各地普遍在自己发展战略中大大强化了城市化的位置，在编制地区的发展规划时，绝大多数地区把大力推进城市化进程作为经济发展的重要战略甚至首选战略。我国城市化率平均每年以 1 个百分点的速度增长（表 3-6）。未来中国将有 2/3 以上人口成为城市人口，并且向着 70% 的城市化加速期的上限挺进。我国目前的城市化率为 45%，根据城市化 S 型曲线规律，我国的城市化正处于加速发展期。

表 3-6 我国 50 多年来的城市化进程

| 年份 | 城市人口/万人 | 全国人口/万人 | 城市化率/% |
|---|---|---|---|
| 1958 | 7 726 | 58 260 | 13.76 |
| 1964 | 12 710 | 69 458 | 18.30 |
| 1978 | 17 245 | 96 259 | 17.92 |
| 1982 | 20 651 | 100 394 | 20.60 |
| 1990 | 29 651 | 113 048 | 26.23 |
| 2000 | 45 906 | 126 743 | 36.22 |
| 2001 | 48 064 | 127 627 | 37.66 |
| 2002 | 50 212 | 128 453 | 39.09 |
| 2003 | 52 376 | 129 227 | 40.53 |
| 2004 | 54 283 | 129 988 | 41.76 |
| 2005 | 56 212 | 130 756 | 42.99 |
| 2006 | 57 706 | 131 448 | 43.90 |
| 2007 | 59 379 | 132 129 | 44.94 |

随着城市化进程的推进，大量人口涌入城市，城市数量增多，城市规模不断扩大，城市吞噬农村，把周围的一切都变成工厂、道路和住宅群。当城市人口增多、城市规模膨胀到与城市经济发展水平不相适应时，城市环境问题便凸显出来。城市人口密度增大，产业高度集中，交通不发达，管理不善，垃圾、废气不能及时处理，造成空气污染严重。

#### 3.3.1.2 工业化发展加速了大气环境质量的恶化

工业化和经济增长极大地提高了发达国家人民的生活水平。但是，伴随经济增长和工业化进程也出现了严重的环境问题。人类从环境中开发越来越多的资源，也产生越来越多的废物排放到环境中去。特别是 20 世纪中叶以来，随着第二次世界大战的结束，世界主要国家普遍经历了快速的经济增长和工业化，随之而来的是资源消耗和环境污染问题也严重起来。

中国工业化的发展对于环境质量的恶化在一定程度上具有推动作用，这种作用是不能被忽视的。因为中国环境质量已不再是外生变量，而是受工业化发展水平影响的内生变量。因此，要改善环境质量不能仅仅从环境保护的角度考虑，还应考虑到工业化的发展状况，包括经济增长速度、产业结构、出口结构等。特别是对于我们这个发展中国家来说，应发挥其后发优势，通过引进先进的生物技术和信息技术并与自主创新相结合，推进产业结构的优化。

#### 3.3.1.3 第二产业为主的产业结构给城市大气环境带来巨大压力

根据 1996 年和 2007 年环境统计数据（表 3-7）分析：我国的城市大部分处于工业化阶段，其中，以第二产业（Ⅱ）＞第三产业（Ⅲ）＞第一产业（Ⅰ）型城市为最多，占工业化阶段城市总数由 1996 年的 57%上升到 2007 年的 77%，是我国城市产业结构的主要类型；处在农业化阶段的城市占全国城市总数的比例由 16%下降到不足 1%，这也说明我国的工业化发展迅速；我国也有相当数量的城市进入后工业化（信息化）阶段，占全国城市总数由 1999 年的 10%上升到 2007 年的 15%。Ⅲ中的大部分行业是为Ⅱ服务的，Ⅲ的发展离不开Ⅱ这一巨大的市场需求，必须以强大的Ⅱ作为其发展的基础。从Ⅱ在 GDP 中所占比重来看，我国已处于现代工业化阶段。

表 3-7 我国 1996 年和 2007 年产业结构

| 产业结构类型 | 1996 年 | | 2007 年 | |
|---|---|---|---|---|
| | 城市数 | 所占比例 | 城市数 | 所占比例 |
| Ⅱ＞Ⅲ＞Ⅰ | 364 | 0.57 | 214 | 0.77 |
| Ⅲ＞Ⅱ＞Ⅰ | 65 | 0.10 | 42 | 0.15 |
| Ⅱ＞Ⅰ＞Ⅲ | 76 | 0.12 | 12 | 0.04 |
| Ⅲ＞Ⅰ＞Ⅱ | 25 | 0.04 | 9 | 0.03 |
| Ⅰ＞Ⅲ＞Ⅱ | 53 | 0.08 | 1 | 二者总计 0.01 |
| Ⅰ＞Ⅱ＞Ⅲ | 54 | 0.08 | 1 | |

总的来说，我国城市产业结构存在以下特点：城市产业结构类型齐全；城市产业结构整体处于工业化阶段，Ⅱ＞Ⅲ＞Ⅰ型最多；城市产业结构的地带性明显，东部经济发展水平最高，中部次之，西部最低；城市产业分工与城市规模的对应关系滞后。

#### 3.3.1.4 煤炭占主导的产业结构是大气环境压力的根源

我国正处于能源消耗关键时期，然而，我国的一次能源消费中，煤炭占绝对的主导地位，长期以来一直占能源消费总量的 70%左右。统计显示，中国城市空气污染中 90%的 $SO_2$、85%的 $CO_2$、70%的烟尘和 60%的 $NO_x$ 都来自煤的燃烧。近年来煤炭虽然在中国总能源消费中略有下降，但主导地位仍不可动摇。历经 20 多年经济高速增长后，同其他工业化国家曾经历的过程一样，中国能源结构也随着经济发展和能源政策的实施开始呈现煤炭比重下降而石油、天然气、水电比重不断提高的态势。煤炭在能源消费中的比重，从 1990年的 76.2%降低至 69.5%；石油在能源消费中的比重，从 1990 年的 16.6%提高到 2004 年的 19.7%，上升了 3.1%。能源结构的这种变化，一定程度上缓解了对环境的压力，保证了经济高速增长对能源的需求。虽然能源结构有所变化，但煤炭仍占主导地位，这就导致我国的煤烟型污染很严重，$SO_2$、颗粒物等污染控制迫在眉睫。因此，改变能源结构，提高能源利用率是中国空气污染综合治理的一项主要任务。

随着经济社会持续发展和人民生活水平不断提高，能源需求还会继续增长，供需矛盾和资源环境制约将长期存在。通过世界分地区能源需求展望，我国在未来 20 多年里能源需求仍将处于上升趋势，但较其他发展中国家幅度较小。这也反映出我国需要加强环境保护，防止环境质量恶化，维持经济、社会、环境的和谐可持续发展。

总之，随着国民经济的持续快速发展，能源消费的不断攀升，发达国家历经近百年出现的环境问题在我国近二三十年集中出现，呈现区域性和复合型特征，存在发生大气严重污染事件的隐患，大气环境形势非常严峻。

### 3.3.2 大气污染发展态势

《国民经济和社会发展第十一个五年规划纲要》明确规定，2010 年，在 GDP 年增长7.5%的同时，主要污染物排放总量减少 10%。同时，"十一五"期间节能减排是全国人大批准的指导性意见。"十一五"以来，各地区、各部门认真落实党中央、国务院的决策部署，把节能减排作为调整经济结构、转变发展方式的重要抓手，综合运用了法律、经济、技术和必要的行政措施，加大了工作力度。节能减排取得了积极进展。主要采取了如下措施：实行节能减排目标责任制；建立了统计监测考核体系；进行了严格的目标责任考核和问责；淘汰了落后产能；在工业、建筑、交通等领域实施了十大重点节能工程；开展了千家企业节能行动和节能减排全民行动；实施了节能产品惠民工程。"十二五"期间，全国将加快调整经济结构，转变发展方式，努力减少能源消耗，保障大气环境质量。

（1）$SO_2$ 污染预测。2008 年，全国工业 $SO_2$ 去除率达到 45.6%，影响全国工业去除率的为火电行业，"十一五"规划要求增加现有燃煤电厂脱硫能力，使 90%的现有电厂达标排放。同时，伴随国家宏观调控措施的施行及小火电的关停，在全国脱硫机组正常运行的情况下，每年减少的排放量呈递增趋势。$SO_2$ 已经作为约束性指标进行总量控制，在"十一五"期间达到预期质量浓度，但是 $SO_2$ 在我国仍是主要污染物，仍需继续采取控制措施，但是对于特殊区域，可以适度放宽标准。

利用弹性系数法对我国 2020 年、2030 年 $SO_2$ 排放量进行预测，分析结果如下：在弹性系数 $\alpha=0.25$ 的情况下，计算不同 GDP 增长率条件下 2020 年、2030 年我国 $SO_2$ 排放量（表 3-8）。

表 3-8 不同 GDP 增长率条件下 2020 年、2030 年我国 $SO_2$ 排放量　　　　单位：万 t

| GDP 年均<br>增长率/% | $SO_2$<br>年均增长率/% | 2020 年排放量 | 2030 年排放量 |
|---|---|---|---|
| 6 | 1.50 | 2 816.898 | 3 269.125 |
| 7 | 1.75 | 2 908.439 | 3 459.427 |
| 8 | 2.00 | 3 002.720 | 3 660.299 |
| 9 | 2.25 | 3 099.814 | 3 872.299 |
| 10 | 2.50 | 3 199.800 | 4 096.014 |

从表 3-9 可以看出，煤炭比例年均增长率下降 2%得到的排放量最少，我国应加紧清洁能源的开发利用，更好地降低 $SO_2$ 排放量。

表 3-9 不同能源结构下我国 2020 年、2030 年 $SO_2$ 排放量预测值　　　　单位：万 t

| 煤炭占能源比例<br>年均增长率/% | $SO_2$<br>年均增长率/% | 2020 年排放量 | 2030 年排放量 |
|---|---|---|---|
| 约 1 | 约 1.05 | 2 009 | 1 799 |
| 约 2 | 约 2.10 | 1 737 | 1 390 |
| 1 | 1.05 | 2 676 | 2 987 |
| 2 | 2.10 | 3 082 | 3 833 |
| 3 | 3.15 | 3 543 | 4 906 |

（2） $NO_x$ 污染预测。根据国际上空气污染与控制的经验和历程，未来几年，我国应该进入大规模控制 $NO_x$ 排放的重要阶段。目前我国 $NO_x$ 排放研究刚刚起步，控制手段落后。由于 $NO_x$ 主要来自于煤炭的直接燃烧，火电行业仍是主要的排放源。有关数据表明，近年酸雨中硝酸根离子的质量浓度呈上升趋势。据专家预测，未来酸雨污染可能由硫酸型向硫酸/硝酸复合型发展。虽然 GB 13223—2003 作出了排放标准要求，但没有强制性要求火电厂安装脱硝设施，而大部分电厂对 $NO_x$ 排放未采取有效控制措施；其他各工业部门，如钢铁、建材也没有采取控制措施，原国家环保总局发布的历年环境统计年报中也没有公布 $NO_x$ 的排放量。虽然一些研究人员或组织对 $NO_x$ 的排放量进行了估算，但都不能准确地表明 $NO_x$ 的污染现状。因此，在"十二五"规划中，我们建议选定特殊行业、特定区域进行总量控制与质量控制，并在"十二五"期间将 $NO_x$ 纳入约束性指标行列，未来我国对 $NO_x$ 的控制会更加关注，$NO_x$ 污染将逐步解决。

目前我国 $NO_x$ 污染控制法规和政策尚不完善。以排放标准为例，仅在火电厂和机动车的大气污染物排放标准中规定了 $NO_x$ 排放质量浓度限值，对锅炉、工业炉窑、炼焦炉等污染源的排放未规定 $NO_x$ 排放限值。由于没有相应的控制政策和法规，不能从根本上控制其排放量，造成 $NO_x$ 排放量逐年增加。卫星观测表明，1996—2004 年中国东部工业区上空下层大气中 $NO_x$ 质量浓度增加了约 50%，并且年增长速度还有加速趋势。如果不采取进一步的 $NO_x$ 减排措施，随着国民经济继续发展、人口增长和城市化进程的加快，未来中国 $NO_x$ 排放量将继续增长。按照目前的发展趋势，到 2030 年我国 $NO_x$ 排放量将达到 $35.4 \times 10^6$ t，势必造成严重的环境影响，因此，必须切实加强 $NO_x$ 排放控制。

（3）PM$_{10}$污染预测。随着电除尘器和袋式除尘器更加广泛的应用，烟尘治理在未来几年内将进一步得到加强，2004 年烟尘去除率达到 95%以上，作为烟尘主要排放源的火电行业，烟尘去除率更是达到 97.5%，比其他工业高出 2.1 个百分点。新建燃煤电厂的除尘效率已经达到 99%以上。已有一批新建机组的烟尘排放质量浓度按照 GB 13223—2003 中 50 mg/m$^3$ 标准或更低的水平设计和建造，达到相关减排限值要求。

有专家研究表明，在现有政策情景下，我国 2010—2030 年 TSP 和 PM$_{2.5}$ 的排放量将逐年下降，工业过程和民用排放量逐渐降低，但工业锅炉成为最大的颗粒物排放源，电厂的排放量也有所升高；PM$_{2.5}$ 的排放量逐年上升，且民用和工业锅炉排放最大，电厂排放也在逐年增加，工业过程排放明显减少。因此，在"十二五"期间，颗粒物的综合控制措施应覆盖电厂、工业、民用等各个领域，从提高能效、保证执法、强化政策 3 个方面着手，尤其注意对 PM$_{2.5}$ 控制的研究。

（4）温室气体污染预测。《2009 中国可持续发展战略报告》提出了 2020 年我国低碳经济的发展目标：单位 GDP 能耗比 2005 年降低 40%～60%，单位 GDP 的 CO$_2$ 排放降低 50% 左右。

我国多位专家对 2020 年的能源结构及 CO$_2$ 排放量进行了预测（表 3-10），未来数年内，我国的 CO$_2$ 排放量将继续上升，甚至能达到 70 亿 t 的排放量。

表 3-10　2020 年我国一次能源 CO$_2$ 排放量　　　　单位（以标煤计）：Mt

| 预测专家 | 能源消费总量 | 煤炭 | 石油 | 天然气 | 一次电力 | CO$_2$排放量 |
|---|---|---|---|---|---|---|
| 崔民选 | 3 357 | 1 813 | 906 | 329 | 309 | 743 986.9 |
| 周大地等 | 3 100.2 | 2 007.9 | 752.4 | 155.4 | 184.6 | 736 376.3 |
| | 2 761.8 | 1 648.3 | 690.2 | 225.1 | 198.2 | 635 852.2 |
| | 2 318.7 | 1 261 | 573.3 | 248.5 | 235.8 | 508 522.9 |
| | 3 180.62 | 2 201.19 | 718.51 | 147.36 | 657.38 | 780 815.2 |
| 高广阔等 | 3 150.66 | 1 655.62 | 731.5 | 113.58 | 645.67 | 628 544.8 |
| | 3 737.73 | 2 221.54 | 668.43 | 286.75 | 561.01 | 798 364.4 |
| | 3 000 | 1 818.83 | 876.75 | 150.82 | 584.12 | 710 362.7 |

我国要想实现减排目标，需要采取较为严格的节能减排技术和相应的政策措施，争取在 2030—2040 年达到碳排放顶点，之后进入稳定和下降期。

## 3.4　中长期环境保护战略路线

### 3.4.1　中长期发展阶段性分析

据研究，我国人口在 2020 年将达到 14.4 亿左右，2030 年前后达到高峰（15 亿～16 亿），到 2050 年下降到 14 亿左右。2020 年和 2030 年城镇化率将分别超过 55%和 60%，到 2050 年我国城镇化率将超过 70%，达到中等发达国家目前的水平。按照党的十六大提出的目标，到 2020 年实现 GDP 总量比 2000 年翻两番（7%左右增速），达到 5.1 万亿美元（1990 年不变价），人均 GDP 将达到约 3 500 美元（1990 年不变价），跻身世界中等收入国家之列。

到 2030 年，我国 GDP 总量将超过 9 万亿美元（1990 年不变价），人均 GDP 将在 2030 年达到 6 000 美元左右（1990 年不变价），在中等收入国家中处于较高水平。到 2050 年我国 GDP 总量将达到 18.4 万亿美元（1990 年不变价），并有可能超过美国成为世界第一大经济体，人均 GDP 将超过 13 000 美元（1990 年不变价），跻身高收入国家行列。

总体来说，就发展阶段而言，2020 年左右我国工业化阶段基本完成，第二产业仍是经济主导产业，但其对 GDP 的贡献率已经下降到 50%，城市化发展速度仍然较快。2020 年之后我国将进入完成工业化和知识经济之间的过渡期，2030 年经济发展水平达到发达国家的初期阶段。从不同因子、不同角度分析研究来看，我国将可能在 2020—2030 年出现资源能源环境高峰。到 2020 年前，以家用电器、房地产和汽车为代表的产业发展具有典型高能耗、高物耗的特征，将给中国环境带来持续增加的压力，我国经济社会发展对环境的压力总体上还将持续增加，增长的资源环境代价还将在一定时期内居高难下，人口增长和消费转型产生空前的环境压力，结构性污染和粗放型增长方式使环境资源压力持续增加，城市化进程加速和产业结构向重化工方向转变对环境造成较大的冲击负荷，经济全球化和科技发展对环境保护带来新挑战和新问题。"十二五"期间我国处于人均 GDP 3 000～4 000 美元（1990 年不变价）的工业化中期，是环境库兹涅茨曲线（Kuznet Curve）上升阶段，是经济社会发展的转型期、环境问题的高发期、资源能源环境矛盾的集中期、实现 2020 年全面建设小康社会目标的关键期、环境需求和压力的凸显期、新型环境问题不断涌现的历史期。

### 3.4.2 阶段战略路线选择

发展阶段性将直接决定我国经济和社会发展的环境特征。应深刻认识到 2020 年前我国仍然处于工业化这一历史阶段，充分认识到环境管理是整个工业化过程控制中的一环，把握环境改善的多重性和阶段性，有效处理环境与经济、全局与局部、预防与控制、成果与效益、建设与管理、发展与保护、政府主导与公众参与的关系。

今后到 2020 年，在人口、资源、能源等高峰没有到达前，在产业结构、消费结构、城乡结构尚未转型前，仍然是我国环境压力持续增大期，是污染总量的遏制和控制阶段。以保障人体健康和环境安全作为环境管理的首要目标，重点控制主要污染物的排放增长，避免因环境污染带来的食品安全、饮用水安全和公共安全问题，避免大规模、恶性的环境损害造成的健康问题，减少环境事故风险。

2020—2030 年，经济结构若能成功转型，在技术进步、经济结构与消费方式改变等的综合作用下，我国常规污染物产生量和排放量压力将逐步降低，压力增长放缓，伴随工业化、城镇化过程中的常规污染问题将有可能得到根本解决，环境质量在 2030 年左右有可能实现全面改善，人体健康得到有效保障。但一些具有长期累积特征的特殊污染物、新型环境问题仍然可能持续上升，但是增速会有所减缓。

### 3.4.3 中长期环境宏观战略目标

基于发展阶段特征，我国环境保护阶段中长期目标为：环境保护工作应着眼于我国环境质量的全面改善和保持生态系统的完整与稳定，促进环境保护和经济社会的高度融合，努力提高国家的可持续发展能力，使人民群众喝上干净的水、呼吸清洁的空气、吃上安全的食物，保障人民群众在良好的环境中生产生活，确保人体健康，全面实现与现代化社会主义强国相适应的环境质量目标。

（1）2020 年：主要污染物排放得到有效控制，生态环境质量明显改善。主要污染物排放得到有效控制，核和辐射安全得到有效监管，生态环境质量明显改善，基本解决城镇污染和工业污染，饮用水水源不安全因素基本消除，环境状况与全面实现小康社会相适应：80%的城市环境空气质量达到二级以上，七大水系国控断面好于Ⅲ类的比例大于 60%，危害人体健康的突出环境问题（如重金属、细粒子、持久性有机物等）得到初步遏制，生态恶化趋势得到基本控制，生态服务功能得到提升，生态文明观念在全社会牢固树立。

（2）2030 年：污染物排放总量得到全面控制，生态环境质量显著改善。污染物排放总量得到全面控制，全国水体基本消灭黑臭现象，农村污染、非点源、新型环境问题得到基本解决，饮用水水源、城市空气质量基本达到要求，生态系统结构趋于稳定，农村环境质量实现根本好转，核与辐射安全水平总体达到国际水平，人体健康得到有效保障，文明健康、资源节约、环境友好的生产生活方式在全国得到普及，环境与经济社会基本协调。

（3）2050 年：环境质量与人民群众日益提高的物质生活水平相适应，与现代化社会主义强国相适应，生态环境质量全面改善。生态环境质量全面改善，生态系统健康安全、结构稳定，人体健康得到充分保障，环境优先战略得到普遍实施，全面实现与科学发展观要求和可持续发展水平相适应的环境质量，人口、资源、环境、发展全面协调，生态文明蔚然成风，经济环境实现良性循环。

# 第 4 章

## 环境约束性指标的内涵特征分析

## 4.1 环境保护指标追溯及对比

### 4.1.1 环境保护指标的发展

我国的环境保护中长期计划（规划）的制定始于 20 世纪 80 年代，即"国民经济与社会发展第六个五年计划"时期（以下简称"六五"，其他"七五""八五"等类同），至今已经制定并实施了 6 个五年计划。"六五"环保计划作为《国民经济与社会发展五年计划》中一个章节，环保目标被列入社会经济发展规划，计划的程序和方法尚处于探索阶段。"七五"至"十一五"（1986—2010 年）是环境计划全面发展和提升阶段。环境保护作为社会经济的重要组成部分，被纳入国民经济社会总体发展计划之中，逐步建立了环保计划的方法和指标体系、主要措施及资金渠道等。

（1）"六五"期间：萌芽阶段。"六五"的环境保护规划是社会经济发展规划中的一章，未形成独立的规划文本，环境目标的设定也比较笼统：加强环境保护，制止环境污染的进一步发展，并使一些重点地区的环境状况有所改善。

（2）"七五"期间：开始制定。从"七五"计划时期开始制定国家环境保护计划。国家环境保护"七五"计划由国家计划委员会和国务院环境保护委员会联合下发，对环境保护的目标、指标和措施都作了比较明确的规定。各地区、各部门也都根据各自的情况制定了相应的环境保护五年计划。在"七五"计划中，继续列有环境保护专章，规定了"七五"期间环境保护的基本任务和主要措施。

（3）"八五"期间：逐步加强。"八五"计划中的环境保护有了加强，无论从方法和体系方面都取得了较大的发展，形成了国家、地方、行业、重点项目、重点工程、重点流域等一体的环境规划体系。①1992 年，环境保护年度计划正式纳入国民经济与社会发展计划体系；②中共中央七届三中全会上《关于国民经济和社会发展十年规划和"八五"计划的建议》将环境保护作为一个重要方面的任务纳入（第 44 节）；③环境保护计划指标纳入"八五"国民经济和社会发展计划指标体系，在总表中纳入 1 项指标，在详表中纳入 10 项 23 个指标。"八五"期间的实践为以后的环保计划工作的开展奠定了良好基础。

（4）"九五"后：逐步完善。在"九五"期间，环境保护年度计划中的环境保护指标就做过多次调整，这从指标体系的名称变化上就可看出端倪，如从"环境保护计划"变成"环境保护和资源综合利用计划"，最后再变成 2000 年的"环境（生态）保护和资源综合利用计划"，当然它们的指标构成随之也发生了一些变化，甚至是根本性的变化。

"环境保护和资源综合利用计划"指标体系实施一段时期后，越来越显露出缺陷，因此需要对其加以修改与完善，经过努力，提出了"2000 年环境（生态）保护和资源综合利用计划（草案）"。由于多方的意见，最后将该草案修改成 2000 年的"环境（生态）保护和资源综合利用计划"。

"九五"后期的环境保护指标体系相对于"八五"的而言，其变化是非常大的，无论是指标的个数数量，还是指标的总体质量，都远远超过了"八五"期间实施的指标体系，突出生态保护是其最大的特点。

*《国家环境保护"九五"计划和 2010 年远景目标》*

➤ 总体目标：到 2000 年，基本建立比较完善的环境管理体系和与社会主义市场经济体制相适应的环境法规体系，力争使环境污染和生态破坏加剧的趋势得到基本控制，部分城市和地区的环境质量有所改善，建成若干经济快速发展、环境清洁优美、生态良性循环的示范城市和示范地区。

到 2010 年，可持续发展战略得到较好贯彻，环境管理法规体系进一步完善，基本改变环境污染和生态恶化的状况，环境质量有比较明显的改善，建成一批经济快速发展、环境清洁优美、生态良性循环的城市和地区。

➤ 具体指标：水污染防治（废水排放量，工业废水处理率，城市污水集中处理率，化学需氧量排放量）；大气污染防治（烟尘排放量、$SO_2$ 排放量、工业粉尘排放量），固体废物污染防治（工业固体废弃物，工业固体废物综合利用率，工业固体废弃物排放量，城市垃圾无害化处理率）；生态保护（森林覆盖率、自然保护区、风景名胜区和森林公园占国土面积）。

*《国家环境保护"十五"计划》*

➤ 目标：

①总体目标：到 2005 年，环境污染状况有所减轻，生态环境恶化趋势得到初步遏制，城乡环境质量特别是大中城市和重点地区的环境质量得到改善，健全适应社会主义市场经济体制的环境保护法律、政策和管理体系。

②具体目标：2005 年，$SO_2$、尘（烟尘及工业粉尘）、COD、氨氮、工业固体废物等主要污染物排放量比 2000 年减少 10%；工业废水中重金属、氰化物、石油类等污染物得到有效控制；危险废物得到安全处置。

酸雨控制区和 $SO_2$ 控制区 $SO_2$ 排放量比 2000 年减少 20%，降水酸度和酸雨发生频率有所降低。

重点流域、海域的水污染防治实现规划目标，国控断面水质主要指标基本消除劣 V 类，水环境质量得到改善。

城市地下水污染加重的趋势开始减缓，集中式饮用水水源地水质达到标准，大中城市的空气、地表水、声环境质量明显改善，建成一批国家环境保护模范城市。

核安全与辐射环境监管水平有较大提高，辐射环境保持良好状态，核电站、核设施排放废物的放射性水平符合国家标准。

人为破坏生态环境的违法行为得到遏制，重要的生态功能区开始得到保护，自然保护区和生态示范区的建设与管理水平有所提高。

农村环境保护得到加强，集中式饮用水水源地水质基本达到标准，规模化畜禽养殖污染得到基本控制，农业面源污染加重的趋势有所减缓，建成一批生态农业示范县，创建一批环境优美小城镇。

环境保护法律、政策与管理体系进一步健全，环境规划、环境标准与环境影响评价得到加强，环境科研条件与监测手段明显改善，环境信息统一发布与宣传教育得到强化，环境保护统一监督管理与执法能力有较大提高。

➢ 主要计划指标：

①主要污染物排放总量控制指标：$SO_2$ 排放量控制在 1 800 万 t；尘（烟尘和工业粉尘）排放量控制在 2 000 万 t；COD 排放量控制在 1 300 万 t；氨氮排放量控制在 165 万 t；工业固体废物排放量控制在 2 900 万 t，其中危险废物得到安全贮存或处置。

②工业污染防治指标：$SO_2$ 排放量控制在 1 450 万 t；烟尘排放量控制在 850 万 t；粉尘排放量控制在 900 万 t；COD 排放量控制在 650 万 t；氨氮排放量控制在 70 万 t；工业用水重复利用率达到 60%；固体废物综合利用率达到 50%。

③城市环境保护指标：50%地级以上城市空气质量达到国家二级标准；60%地级以上城市地表水环境质量按功能区划达标；50%地级以上城市道路交通和区域环境噪声达到国家标准；城市生活污水集中处理率达到 45%；城市居民燃气普及率达到 92%；新增城市垃圾无害化处理能力 15 万 t/d；城市建成区绿化覆盖率达到 35%。

④生态环境保护指标：自然保护区面积达到陆地国土面积的 13%以上，海洋自然保护区面积达到 4 万 $km^2$；天然林和成熟林、过熟林的面积保持稳定，质量稳中有升；新的水土流失面积、"三化"草地面积和沙化土地面积的增速比 2000 年的增速降低 60%；矿山生态恢复治理率达到 25%以上。

⑤农村环境保护指标：集中式饮用水水源地水质基本达到环境质量标准；秸秆禁烧区的秸秆禁烧率达到 95%，全国秸秆综合利用率达到 80%；规模化畜禽养殖场的污水排放达标率达到 60%，粪便资源化率达到 70%；农业灌溉用水基本达到农田灌溉水质标准，农产品质量和安全水平全面提高。

⑥重点地区环境保护指标：继续推进"九五"期间确定的环境保护重点区域，三河（淮河、海河、辽河）、三湖（太湖、巢湖、滇池）、两区（酸雨控制区和 $SO_2$ 控制区）、一市（北京市）、一海（渤海）的污染防治工作，"十五"期间务必抓出成效。抓紧治理三峡库区和南水北调工程沿线的水污染，启动长江上游、黄河中游和松花江流域水污染综合治理。

淮河流域 2005 年 COD 入河量控制在 46.6 万 t/a、排放量控制在 64.3 万 t/a，氨氮入河量控制在 9.2 万 t/a、排放量控制在 11.3 万 t/a，在淮河干流和主要支流不断流的情况下，淮河干流水质进一步好转。

海河流域 2005 年 COD 入河量控制在 77.6 万 t/a、排放量控制在 106.5 万 t/a，氨氮入河量控制在 14.9 万 t/a、排放量控制在 20.5 万 t/a，海河干流及主要支流水质有明显改善，饮用水水源地控制断面水质达到饮用水标准。

辽河流域 2005 年 COD 入河量控制在 29.32 万 t/a、排放量控制在 32.58 万 t/a，氨氮入河量控制在 4.69 万 t/a、排放量控制在 5.2 万 t/a，集中式地表饮用水水源地水质达标，全流域水体水质进一步改善。

太湖流域 2005 年 COD 排放量控制在 37.8 万 t/a、氨氮排放量控制在 9.9 万 t/a、总磷排放量控制在 1.24 万 t/a，2005 年 13 条主要入湖河流 COD 入湖量控制在 7.08 万 t/a、氨氮入湖量控制在 1.5 万 t/a、总磷入湖量控制在 659.6 t/a。太湖水质有所改善，梅梁湖、五里湖水质有明显改善；主要出、入湖河流断面水质高锰酸钾指数达Ⅲ类标准，总磷与氨氮分别提高一类达Ⅳ类或Ⅴ类标准。

滇池流域 2005 年 COD 入湖量控制在 35 170 t/a，总氮入湖量控制在 8 750 t/a，总磷入湖量控制在 1 060 t/a；草海高锰酸盐指数小于 15 mg/L，总氮与总磷平均质量浓度比 2000 年下降 10%，基本消除黑臭；外海高锰酸盐指数小于 8 mg/L，总氮与总磷平均质量浓度比 2000 年下降 10%。

巢湖流域 2005 年 COD 入湖量控制在 47 110 t/a、排放量控制在 59 148 t/a，总氮入湖量控制在 9 081 t/a、排放量控制在 11 351 t/a，总磷入湖量控制在 804 t/a、排放量控制在 1 072 t/a，主要出、入湖河流水质接近或达到国家地表水环境质量标准Ⅲ类，湖区高锰酸盐指数达到Ⅲ类，总氮与总磷平均质量浓度比 1999 年下降 10%。

"两控区" 2005 年 $SO_2$ 排放量控制在 1 053 万 t 以内，酸雨污染有所减轻，80%以上城市的 $SO_2$ 质量浓度达到国家空气环境质量二级标准。

北京市 2005 年水体、大气及声环境按功能区划达到国家环境质量标准，城市和郊区生态环境有较明显改善；建设包括河北、内蒙古、山西和天津有关地区在内的首都生态圈，初步形成环首都的生态屏障。

渤海 2005 年 COD 入海量控制在 102.6 万 t/a，总氮和总磷的入海量分别控制在 13 万 t/a 和 1 万 t/a。近岸海域水质按环境功能区基本达标。

三峡库区 2005 年基本遏制住人为因素造成新的水土流失，COD 入库量控制在 11 万 t/a，总氮和总磷入库量得到控制，主要水质指标达到或好于国家地表水环境质量标准Ⅲ类。

南水北调（东线）2005 年 COD 入河量控制在 10 万 t/a、排放量控制在 54.7 万 t/a，氨氮入河量控制在 0.9 万 t/a、排放量控制在 7.0 万 t/a，输水干线 39 个控制断面水质达Ⅲ类标准，6 个控制断面水质达Ⅳ类标准。

制定和实施长江、黄河和松花江流域水污染防治规划，综合治理水土流失和水污染，合理调配水资源，力争 2005 年长江上游、黄河中游和松花江流域的水质得到改善。

《"十一五" 国家环境保护规划》

➢ 总体目标：到 2010 年，$SO_2$ 和 COD 排放总量得到控制，重点地区和城市的环境质量有所改善，生态环境恶化趋势基本遏制，确保核与辐射环境安全。

➢ 具体指标："十一五" 期间，环境保护指标主要包括五项，其中总量指标两项，环境质量指标三项（表 4-1）。

表 4-1　"十一五"主要环保指标

| 序号 | 指　　标 | 2005 年 | 2010 年 | "十一五"增减率/% |
|---|---|---|---|---|
| 1 | SO₂排放总量/万 t | 2 549 | 2 295 | −10 |
| 2 | COD 排放总量/万 t | 1 414 | 1 270 | −10 |
| 3 | 地表水国控断面劣Ⅴ类水质的比例/% | 26.1 | <22 | −4.1 |
| 4 | 七大水系国控断面好于Ⅲ类的比例/% | 41 | >43 | 2 |
| 5 | 重点城市空气质量好于二级标准的天数超过292 天的比例/% | 69.4 | 75 | 5.6 |

### 4.1.2　不同时期环境保护目标指标对比

对比分析"六五"至"十一五"我国环保规划目标指标变化情况（表 4-2），以"八五"作为承前启后的分界线来看，自"九五"以来，我国环保规划目标指标逐步趋于全面化。主要表现在：①环境目标指标的可操作性逐步加强；②环境目标指标进一步明确化；③环境目标指标范围逐步增大；④环境保护目标约束性逐步加强。优化目标指标体系使之更能反映环境质量，同时确保目标指标的实际可达性是今后目标指标体系转变的主要方向。

表 4-2　"六五"至"十一五"环境保护目标指标对比

| 时期 | 层次体系 | 形式 | 目标和指标设定 |
|---|---|---|---|
| "六五"期间 | 国家 | 社会经济发展规划中的专章，未形成独立的规划文本 | 比较笼统：加强环境保护，制止环境污染的进一步发展，并使一些重点地区的环境状况有所改善 |
| "七五"期间 | 国家、地方、部门 | 社会经济发展规划中的专章；开始制定国家环境保护计划 | 逐步趋于明确化 |
| "八五"期间 | 国家、地方、行业、重点项目、重点工程、重点流域 | 作为一个重要方面纳入社会经济发展规划；各层次环境规划体系开始全面化 | 环境保护计划指标纳入"八五"国民经济和社会发展计划指标体系，在总表中纳入 1 项指标，在详表中纳入 10 项 23 个指标 |
| "九五"至"十一五"期间 | 国家、地方、行业、重点项目、重点工程、重点流域、重点区域、重点海域 | 社会经济发展规划的重要组成部分；各层次环境规划体系逐步全面化、系统化 | 指标的数量质量均远远超过了"八五"期间实施的指标体系，涵盖领域逐步全面化的同时保证了工作重点 |

## 4.2 约束性指标发展回顾

### 4.2.1 约束性指标的发展

"八五"期间邓小平在"南巡"中提出"计划多一点还是市场多一点,不是社会主义与资本主义的本质区别",这为我国后来计划中市场发挥配置资源的作用奠定了基础。不可否认,从"一五"到"九五"计划都是计划经济,各项指标基本都是指令性的,政府规定各项指标都必须完成。

"十五"计划制定以来,政府不再是资源配置的主角,市场发挥着资源配置的基础性作用。计划总体上不再具有指令的性质,而是粗线条的计划,按照发展社会主义市场经济的需要,确立以经济结构的战略性调整作为主线。生态建设、环保、经济与社会的可持续发展得到了加倍的重视,更加注意经济与社会的协调发展,以便更好地满足广大人民群众发展的需要、享受的需要。

在第十一个五年,国家制定的是《国民经济和社会发展第十一个五年规划纲要》,而不再用计划的提法。这深刻反映了我国经济社会环境的变化。"十一五"规划为了更好地体现社会主义市场经济体制条件下规划的特点,强化政府在公共服务领域和涉及公共利益领域的职责,《国民经济和社会发展第十一个五年规划纲要》按照正确区分市场与政府职责的原则,创新性地将发展目标中具体的量化指标按性质和功能属性分为预期性和约束性两类。

预期性指标是政府运用经济政策、经济杠杆引导市场主体期望实现的指标;约束性指标则明确和强化了政府的责任,是政府必保的。预期性指标 14 个,经济指标都是预期性的;约束性指标 8 个,约束性指标带有政府向人民承诺的性质,因此指标的选择必须限定在政府职责之内,主要涉及人口规模、资源消耗、环境保护、社会保障等涉及公众切身利益的指标。政府将约束性指标分解落实到有关部门,并且将指标纳入各地区、各部门经济社会发展综合评价和绩效考核体系中。

**表 4-3 "十一五"期间我国部分规划指标分类**

| | 指标分类 | 备注 |
|---|---|---|
| 《国民经济和社会发展第十一个五年规划纲要》 | 预期性指标和约束性指标(按照属性) | 指标分为经济增长指标、经济结构指标、人口资源环境指标和公共服务人民生活指标共 22 项,其中 8 项约束性指标 |
| 《全国土地利用总体规划纲要(2006—2020 年)》 | 预期性指标和约束性指标(按指标性质) | 包括总量指标、增量指标和效率指标三大类 15 项调控指标,其中 6 项约束性指标 |
| 《全国矿产资源规划(2008—2015 年)》 | 预期性指标和约束性指标(按照属性) | 共提出 29 项指标,其中 10 项约束性指标 |
| 《全国"十一五"人口和计划生育事业发展规划》 | 预期性指标和约束性指标(按照属性) | 有关人口和计划生育事业发展的指标 7 项,包括约束性指标 4 项 |
| 《广东省国民经济和社会发展第十一个五年规划纲要(草案)》 | 导向性指标、预期性指标和约束性指标(按照性质) | 包括经济发展、社会发展和人民生活等 3 个方面,共提出了 28 项目标 |

约束性指标的提出是"十一五"规划纲要的亮点。《纲要》将约束性指标定义为：在预期性基础上进一步明确并强化了政府责任的指标，是中央政府在公共服务和涉及公众利益领域对地方政府和中央政府有关部门提出的工作要求。政府要通过合理配置公共资源和有效运用行政力量，确保实现。可见，约束性指标不仅具有强制功能，而且同时具有制约功能。

约束性指标不仅可反映事物本身特征的真实性，而且可反映外部条件的真实性。对环境约束性指标而言，能够反映环境污染程度和环境变化外在驱动力（如 GDP、工业 GDP、能源、人口、汽车量等指标变化）的情况。它是政府制定环境政策和社会经济发展规划的重要依据。

### 4.2.2　环境约束性指标的发展

我国《环境保护法》规定，"国家制定的环境规划必须纳入国民经济和社会发展计划"，这个条款仅仅揭示了环境规划的定位，对规划所具有的效力，特别是环境保护专项规划的法律效力没有作出规定。在"十五"计划发布之前，可以说都是预期性指标，国内的环境规划没有明确的法律效力，环境管理目标基本只是环境主管部门的部门行政目标，对整个政府缺少约束力。"十五"提出了总量减排指标，但同前面的五年计划一样，指标没有形成强有力的约束。

"十一五"规划加大环境领域的规划指标，确定了 3 个约束性指标（单位国内生产总值能源消耗降低 20%，单位工业增加值用水量降低 30%，主要污染物排放总量减少 10%）和 1 个预期性指标（工业固体废物综合利用率达到 60%），规划明确了这些规划指标具有法律效力，其中约束力指标"具有法律效力，要纳入各地区、各部门经济社会发展综合评价和绩效考核。单位国内生产总值能源消耗降低、主要污染物排放总量减少等指标要分解落实到各省、自治区、直辖市。"然而在这 4 个指标以外，环境规划还包括了更广泛的内容和控制目标，其约束力尚待进一步明确。

"十一五"污染减排指标从预期性向约束性的转变，是在经济社会的突出矛盾已经表现为资源与环境的约束这一背景下提出的。"十一五"将污染减排确定为约束性指标，充分体现了国家加强环境保护的政治意志，体现了实施治污减排的紧迫性。在我国经济发展面临资源环境"短板"，经济发展基础受到环境恶化威胁的关键时期，推进污染减排具有重大意义和深远影响。基于对战略转型时期矛盾的清醒认识，节能减排这一约束性指标作为科学发展的重要举措应运而生。

"十一五"环境约束性指标的实施得到各级政府高度重视，环保部门统筹谋划，部门联动。以完成污染物减排约束性指标为抓手，一大批治污工程纳入环保目标责任制进行管理，一批城市污水处理及再生利用设施规划、环境监管能力建设"十一五"规划等直接催生了新的工程项目、机制、投资和工作领域，流域考核等也有力地推动了工程设施的建设。"十一五"环境约束性指标的实施为推进环境约束性指标的发展起到了重要的作用，也为环境约束性指标的调整奠定了基础，积累了经验。

## 4.3　环境约束性指标的内涵特征

### 4.3.1　约束性指标与预期性指标的异同分析

"十一五"规划纲要首次将指标分为预期性指标和约束性指标。环境约束性指标的提出，是我国宏观管理方式的一项重要创举，也是中央对建设资源节约型和环境友好型社会作出的重大部署。

《国民经济和社会发展第十一个五年规划纲要》指出，预期性指标是国家期望的发展目标，主要依靠市场主体的自主行为实现。而约束性指标与此不同，它是在预期性基础上进一步明确并强化了政府责任的指标，是中央政府在公共服务和涉及公众利益领域对地方政府和中央政府有关部门提出的工作要求。

理清约束性指标与预期性指标的异同，有助于合理选择约束性指标。两类指标既相互联系，又存在差异，主要表现为以下几个方面：

（1）约束对象。《纲要》明确指出："各地区要对所辖地区的环境质量负责，要实行严格的环保绩效考核和责任追究，环保投入要作为各级政府财政支出的重点并逐年增加。"由此可见，环境指标能否完成，接受考核的将是政府，环境指标将构成政府政绩的重要组成部分。

（2）约束效力。约束性指标，约束的是政府的行政行为，约束着政府运用多种手段去调控社会资源，合理配置公共资源，约束着政府摒弃种种不符合科学发展观的行为与做法。"十一五"规划明确指出：约束性指标具有法律效力。也就意味着完不成约束性指标任务，即构成违法，就要被问责，就要承担违法后果。与过去的主要是政府对其他市场主体的约束不同，《纲要》中的约束性指标是政府对自身的约束，是政府在公共服务和公共管理领域对社会做出的承诺。"十一五"环境约束性指标提出后，各地相继出台污染减排"新政"，推动环境保护和污染减排工作从"软约束"向"硬指标"转变。从"软约束"到"硬指标"的转变，这不仅是对"十一五"期间国家定量考核主要污染物减排指标的回应，更是各地积极探索生态文明发展道路、实现和谐发展的必由之路。约束性指标是计划和规划体制改革的重要成果，有极其重要的理论意义和现实意义。

（3）体现职能。一般意义的控制权是指当一个信号被显示时决定选择什么行动的权威。与预期性指标主要通过引导市场主体行为来实现不同，约束性指标主要通过依法加强管理和提供服务来实现，其体现政府在市场经济条件下进行社会管理和提供公共服务的基本职能。指标的区分划清了政府"为"与"不为"的界限。政府职能的转变，随之而来的是政府责任的转变，是政绩考核内容的转变。环境指标成为约束性指标，也就意味着环境指标的实现与否，是政府作为与否、作为得好与不好的表现，可以避免盲目地追求 GDP、简单地追求增长速度。

（4）执行力。具有约束性的环境指标赋予了政府保护环境的责任，也同时赋予了政府强化环境执法的责任。在一定程度上，环境执法力度如何，反映了政府执政能力的高低，反映了政府执行力的高低。"九五"以前的各项指令性指标是靠行政指令层层下达来实现的，比较被动。"十五"计划局势有所转变，计划总体上不再具有指令的性质，但却是粗线条的计划。"十一五"约束性指标的提出，标志着被动局势的根本性转变。环境约束性指标的提出，尤其污染减排取得明显进展，意味着我国环境保护由"被动应对"进入"主动防控"的新阶段，环境保护历史性转变迈出了坚实的步伐，环保工作站在了一个新的历史起点上。

（5）考核制度。按《纲要》的要求，环境约束性指标不仅要分解落实到有关部门，分解落实到各省、自治区、直辖市，还要纳入各地区、各部门经济社会发展综合评价和绩效考核，要建立奖惩制度。

（6）实现手段。约束性指标的完成，需要政府刚柔兼济，充分运用法律手段和经济手段。首先，要以法律手段为主，意味着各地区要健全环境监管体制，提高环境监管能力，加大环境执法力度。其次，并不排斥政府采取与市场机制相和谐的调控手段，积极引导市场的力量，将资源朝公共服务方面倾斜，最终实现合理配置资源；达到指标规定的目的。

### 4.3.2　约束性指标的内涵

基于上述分析，可将约束性指标定义如下：约束性指标是指具有强制功能和制约功能的指标，同时具备计量性、监测性、连续统计性、分解性、考核性等特征。

（1）指标的功能。约束性指标具有强制功能和制约功能。强制功能是指中央政府在公共服务和涉及公众利益领域对地方政府和中央政府有关部门提出的工作要求，应当严格执行。制约功能即在约束性指标与其他指标不可兼而实现的时候，应当首先满足约束性指标的要求，不能以牺牲"约束性"指标换取其他利益。约束性指标约束的是政府（包括公务员）的行政行为，约束着政府运用多种手段去调控社会资源，合理配置公共资源，约束着政府摒弃种种不符合科学发展观的行为与做法。

（2）可计量性。约束性指标必须是定量指标，这就要求约束性指标必须具备可计量性。环境保护指标应具有一定的现实统计基础，可以采用化学、物理等多种现代科学方法获取指标数值，定量说明环境保护工作的变化。可见，可计量性是环境约束性指标的前提。我国目前面临的许多环境问题由于受到客观条件的制约，近期实现可计量的难度较大，因此约束性指标选取首先要遵循可计量的原则，为监测指标做好充分准备。

（3）连续性。约束性指标实现与否，需要进行不同时期的对比，因此要求在统计或者监测上具有连续性，具备可比较的基础。在环境保护事业推进的过程中，指标在继承与发展上应保持相对稳定，更新与完善应当保证与环境保护事业同步发展，不能因为指标体系的变更而无法说明环境保护事业的进展，具有连续性是可对比的前提和基础。指标的可监测性是指指标能被连续或以固定的频次测定，具备一致的监测与统计方法，固定的监测点位与统计范围。

（4）数据的可核证性。约束性指标数据的可核证性是保证数据有效性的重要手段。环境约束性指标的选择应满足可核证的要求，避免造成统计数据的严重失真。因此，在环境约束性指标的选取上，首先，应该保证原始监测数据的连续性，保证从源头可对数据进行核证；其次，应该建立环境约束性指标审核制度。在横向和纵向上对比检验，充分保证数据的逻辑合理性和有效性。

（5）区域的可分解性。《纲要》明确提出：约束性指标要分解落实到有关部门，其中耕地保有量、单位国内生产总值能源消耗降低、主要污染物排放总量减少等指标要分解落实到各省、自治区、直辖市。为落实主要污染物减排指标，原国家环保总局已与全国 31 个省（区、市）人民政府（表 4-4）及六大电力集团（表 4-5）签订了主要污染物减排目标责任书，明确了总量削减的职责和任务，出台了水污染物 COD 和大气污染物 $SO_2$ 总量分配指导意见。目前，各省（区、市）已将减排指标分解落实到地市和重点排污企业，污染减排的约束性指标开始发挥导向作用。2007 年，全国 COD 和 $SO_2$ 排放总量首次出现双下降，2009 年 $SO_2$ 总量削减任务提前完成，2010 年两项环境约束性指标全面完成。

表 4-4　"十一五"COD 和 $SO_2$ 排放量分解情况　　　单位：万 t

| 地区 | COD | | | $SO_2$ | | |
|---|---|---|---|---|---|---|
| | 2005 年排放量 | 2010 年排放量 | "十一五"总减排量 | 2005 年排放量 | 2010 年排放量 | "十一五"总减排量 |
| 全国 | 1 414.2 | 1 263.9 | 150.3 | 2 549.4 | 2 246.7 | 302.7 |
| 北京 | 11.6 | 9.9 | 1.7 | 19.1 | 15.2 | 3.9 |
| 天津 | 14.6 | 13.2 | 1.4 | 26.5 | 24.0 | 2.5 |
| 河北 | 66.1 | 56.1 | 10.0 | 149.6 | 127.1 | 22.5 |
| 山西 | 38.7 | 33.6 | 5.1 | 151.6 | 130.4 | 21.2 |
| 内蒙古 | 29.7 | 27.7 | 2.0 | 145.6 | 140.0 | 5.6 |
| 辽宁 | 64.4 | 56.1 | 8.3 | 119.7 | 105.3 | 14.4 |
| 吉林 | 40.7 | 36.5 | 4.2 | 38.2 | 36.4 | 1.8 |
| 黑龙江 | 50.4 | 45.2 | 5.2 | 50.8 | 49.8 | 1.0 |
| 上海 | 30.4 | 25.9 | 4.5 | 51.3 | 38.0 | 13.3 |
| 江苏 | 96.6 | 82.0 | 14.6 | 137.3 | 112.6 | 24.7 |
| 浙江 | 59.5 | 50.5 | 9.0 | 86.0 | 73.1 | 12.9 |
| 安徽 | 44.4 | 41.5 | 2.9 | 57.1 | 54.8 | 2.3 |
| 福建 | 39.4 | 37.5 | 1.9 | 46.1 | 42.4 | 3.7 |
| 江西 | 45.7 | 43.4 | 2.3 | 61.3 | 57.0 | 4.3 |
| 山东 | 77.0 | 65.5 | 11.5 | 200.3 | 160.2 | 40.1 |
| 河南 | 72.1 | 64.3 | 7.8 | 162.5 | 139.7 | 22.8 |
| 湖北 | 61.6 | 58.5 | 3.1 | 71.7 | 66.1 | 5.6 |
| 湖南 | 89.5 | 80.5 | 9.0 | 91.9 | 83.6 | 8.3 |
| 广东 | 105.8 | 89.9 | 15.9 | 129.4 | 110.0 | 19.4 |
| 广西 | 107.0 | 94.0 | 13.0 | 102.3 | 92.2 | 10.1 |
| 海南 | 9.5 | 9.5 | 0 | 2.2 | 2.2 | 0 |
| 重庆 | 26.9 | 23.9 | 3.0 | 83.7 | 73.7 | 10.0 |
| 四川 | 78.3 | 74.4 | 3.9 | 129.9 | 114.4 | 15.5 |
| 贵州 | 22.6 | 21.0 | 1.6 | 135.8 | 115.4 | 20.4 |
| 云南 | 28.5 | 27.1 | 1.4 | 52.2 | 50.1 | 2.1 |
| 西藏 | 1.4 | 1.4 | 0 | 0.2 | 0.2 | 0 |
| 陕西 | 35.0 | 31.5 | 3.5 | 92.2 | 81.1 | 11.1 |
| 甘肃 | 18.2 | 16.8 | 1.4 | 56.3 | 56.3 | 0 |
| 青海 | 7.2 | 7.2 | 0 | 12.4 | 12.4 | 0 |
| 宁夏 | 14.3 | 12.2 | 2.1 | 34.3 | 31.1 | 3.2 |
| 新疆 | 27.1 | 27.1 | 0 | 51.9 | 51.9 | 0 |

表 4-5　六大电力集团 SO$_2$ 排放量削减目标

| 电力集团 | 2005 年排放量/万 t | 2010 年目标/万 t | 2010 年比 2005 年削减量/% |
|---|---|---|---|
| 国家电网公司 | 65.4 | 40.9 | 37.5 |
| 华能集团公司 | 135.6 | 98.2 | 27.6 |
| 大唐集团公司 | 148.0 | 93.4 | 36.9 |
| 华电集团公司 | 168.1 | 92.6 | 44.9 |
| 国电集团公司 | 157.7 | 90.2 | 42.8 |
| 电力投资集团公司 | 98.2 | 63.8 | 35.0 |

（6）考核性。约束性指标具有法律效力，要纳入各地区、各部门经济社会发展综合评价和绩效考核。环境约束性指标是政府必须履行职责的内容，可以作为判断环境质量改善程度和衡量政府政绩的重要依据。从环境约束性指标的范畴看，其突破性意涵表现为以符合科学发展观要求的政绩考核和政绩考核体系，这督促了政府官员重新定位，转变政府的职能，凸显政府在资源环境保护等社会管理、公共服务和涉及公共利益领域需要履行的职责。

（7）体现政府事权性。事权划分在中国具有重要意义。事权合理化是指按照市场经济的客观要求，界定好各级政府的职能范围，这可以体现政府事权的关联性和分担性。环境约束性指标的提出，强化了各级政府的责任，与过去主要是政府对其他市场主体约束发生了根本性转变，《纲要》中的约束性指标是政府对自身的约束，是政府在公共服务和公共管理领域对社会做出的承诺。围绕环境约束性指标削减 10% 这一总体目标，"十一五"环保规划确定了 8 个重点领域的主要任务和 10 项环境保护重点工程。其中，环境基础设施建设和能力建设项目等属于政府事权，主要由政府负责筹措资金、组织建设；工业污染治理属于企业投资事权，按照"污染者负责"原则，由企业负责。

（8）绩效的可分离性。约束性指标需要进行考核，这就要求约束性指标具有绩效的可分离性，以便分清责任。绩效的可分离性不仅仅是实施主体的绩效分离，而且包括实现途径的绩效分离。目前针对环境约束性指标的污染减排措施分为工程、结构和管理三大类。分析三种措施对污染减排的绩效贡献即体现了绩效的可分离性。"十一五"期间，总量减排的各类措施中，工程减排措施对主要污染物的贡献大于其他两项措施。

## 4.4　约束性指标选取的原则

### 4.4.1　环境约束性指标的界定和分类

从大的概念体系而言，约束性指标的界定和理解是可以很宽泛的。无论是否针对同一指标因子，环境约束性指标既可以包含前面提到的总量指标，也可以包括质量指标、排放强度指标；既可以扩展到国家级尺度，也可以限定于区域流域尺度，对不同国家尺度的环境约束性指标，符合条件的，也可以纳入区域流域环境约束性指标；对于同一个约束性指标，时间节点可以设定在短期，如"十二五"时期，也可以延伸到中长期，如"十三五"

时期乃至更久远的时期；既可以针对整体国民经济，也可以针对具体工业行业。

本报告中，重点从水、气两个要素出发，分析以上提到的各类约束性指标，对于目前不具备条件的，则重点分析今后是否可纳入约束性指标，需要具备的前提条件与基础工作，提出中长期路线图。

### 4.4.2　环境约束性指标选取的条件

总体而言，环境约束性指标应该满足如下条件：①区域性或者局地性的污染物，或者是引起重大环境问题的因子；②可监测、可统计、可考核，有基础；③控制对象是一次污染物，最好也不是混合型污染物；④有治理减排途径，减排技术经济可行。

环境约束性指标的选取，应遵循如下原则：

（1）综合性原则。所选指标应代表或评价的是全国或区域的环境问题，不能就全国各地环境问题采用穷举法进行全面的考核，需要在高度分散的基础上进行综合，从中选择具有高度代表性，能反映国家或区域整体的环境污染问题的指标。

（2）简明性原则。指标选取以能说明问题为目的，要有针对性地选择有用的指标，指标繁多反而容易顾此失彼，重点不突出，掩盖了问题的实质。因此，所选指标要尽可能地少，评价方法尽可能地简单。

（3）可计量性和可比性原则。指标需要有较强的可计量性和可比性。在指标选择上，尽量选择概念明确、数据可得的指标，并保持上下级以及不同区域之间指标选择口径相一致，充分保证指标的可加性和可比性。同时，指标选择还应该考虑与国际接轨，便于开展国际对比。

（4）衔接性原则。长期以来，我国环境监测与评价已经积累了一定的基础，形成了许多科学客观有效的指标。所选环境指标应该充分利用现有的基础条件，同时，也要考虑与其他部门的指标在形式、计量方法和统计口径等方面尽可能保持一致。此外，指标设置还应该考虑与国际资源环境指标体系的衔接，本着"成熟一项、纳入一项"的原则逐步实现与国际接轨。

（5）前瞻性原则。指标选择要考虑环境问题的发展趋势和方向，很多环境问题目前并没有全面反映出来，但这些问题对经济社会的影响会越来越严重。因此，需要从战略角度予以关注。

（6）对比性原则。指标选择应符合连续性要求，很多环境质量变化，包括环境恶化和人类对环境的改善是长时间积累的结果，需要较长时间序列的跟踪观察才能把握环境问题的演变机理和行为效果，同时，指标的连续性也便于开展对比，检验和评估政策效果。

# 第 5 章

## "十一五"环境约束性指标实施分析

## 5.1 实施回顾分析

### 5.1.1 "十一五"约束性环境指标的制定

"十五"末期经济发展阶段性特征及工业化、城镇化快速发展时期不可避免地造成了资源、能源的大量消耗;高污染、高耗能行业的过快发展加剧了中国环境污染,污染物排放量居高不下,资源环境约束与经济发展的矛盾日益凸显,群众对环境污染问题反映强烈,对"十一五"乃至今后更长一段时间经济可持续发展带来巨大挑战和压力。"十一五"时期中国仍将处于经济高速平稳增长周期,工业化及城市化进程仍是"十一五"时期的主要目标,以投资和出口为主的经济结构和以重化工业为主导的产业结构短期内难以实现根本性转变。在工业化中后期、城市化加快发展的背景下,《中华人民共和国国民经济和社会发展第十一个五年规划纲要》提出"十一五"期间单位国内生产总值能耗降低 20%左右,$SO_2$ 和 COD 两项主要污染物排放总量减少 10%的约束性指标。

COD 是反映水体有机污染程度和评价污染源有机污染物排放状况的综合性指标,具有流域的普遍性;$SO_2$ 是反映大气环境质量和评价燃烧与工艺过程污染物排放状况的控制性指标,也是造成酸雨的主要因子,具有跨区域长距离传输的特性。这两项污染物都具有跨行政区域流动的特性,且"十五"期间控制结果不理想,通过国家强化监督、严格管理、统一控制,减少排放总量,改善环境质量。同时这两项污染物排放量管理和统计已积累了大量的经验与数据,实施总量控制的科学性、系统性和可行性较强。

COD 和 $SO_2$ 排放基数按 2005 年环境统计结果确定。到 2010 年,两种主要污染物分别比 2005 年减少 10%,具体是:COD 由 1 414.2 万 t 减少到 1 272.8 万 t;$SO_2$ 由 2 549.3 万 t 减少到 2 294.4 万 t。在国家确定的重点流域、海域水污染治理规划中,还要控制氨氮(总氮)、总磷等污染物的排放总量,控制指标在流域治理规划中下达,由相关地区分别执行。

### 5.1.2 "十一五"约束性环境指标的目标分解

分配这两项污染物排放总量控制指标的基本原则是:在确保实现全国削减目标的前提下,按照整体控制、总量削减、突出重点、分区要求的原则,综合考虑各地环境质量状况、环境容量、2005 年排放基数、经济发展水平和削减能力,确定各省总量分配方案。根据各地"十五"期间各项指标的完成情况、未来五年经济社会发展趋势和计划采取的环保措施以及通过努力能够达到的水平,在总结过去十年全国主要污染物排放总量控制计划实施经验和教训的基础上,经过详细分析测算和与各地反复协商,确定了"十一五"期间全国主要污染物排放总量控制指标。总量控制对东、中、西部地区实行区别对待,原则上都要削减,但削减比例有所不同。东部地区一般要大于 10%,中部地区在 10%左右,西部地区一般小于 10%,个别排放基数小、环境容量大的省(直辖市、自治区),排放量可以适当增加。重点地域、流域和城市应按相应污染防治规划的要求削减污染物排放总量。COD 和 $SO_2$ 排放总量控制指标是《纲要》确定的约束性指标,具有法律效力,各地也必须制定出本地区控制分解计划,将削减任务层层分解到地(市)、县,落实到基层和排污单位,确保任务完成。

在 COD 排放总量指标分配过程中,以国家主要控制断面的水质保护要求为目标,以全国重点流域水污染防治规划确定的污染物总量控制指标为依据,以"十一五"期间各地区可能形成的工程削减能力为参考;同时,考虑各地目前污染物的产生、治理和排放情况、经济发展和城市化进程以及水环境容量测算结果等,按照"控制新增量、考核削减量"的原则确定总量控制指标。根据 2005 年环境统计,全国 COD 排放量 1 414 万 t。按照削减 10%的控制目标,2010 年 COD 排放量需控制到 1 273 万 t,安排东部地区削减 13.7%,中部地区削减 8.9%,西部地区削减 6.6%,同时重点流域的总量削减比例大于 10%。

$SO_2$ 总量指标分配,主要以国家酸雨控制规划为基础,按照电力行业(含现役热电联产和企业自备电厂)和非电力行业分别下达总量控制指标。电力行业采用排放绩效法(以每发 1 kW·h 电允许排放的 $SO_2$ 限量对发电设备能源转化效率和脱硫效率提出要求)分配指标,为了体现区别对待的原则,电厂 $SO_2$ 排放绩效按东部、中部、西南、西北四个地区分别给定每个时段的核算值,其中现有电厂主要根据国家排放标准对不同建设时段的要求来确定排放绩效值,确定排放指标;新建电厂的 $SO_2$ 排放量指标则主要以国家已经核准的机组装机容量为准,根据环评要求和脱硫计划,核定排放指标。非电力行业等社会其他排放源的总量分配,主要参考各地目前 $SO_2$ 的产生、治理和排放情况、经济发展和城市化进程以及重点城市环境容量测算结果等,确定分省的排放总量指标。根据 2005 年环境统计,全国 $SO_2$ 排放总量为 2 549 万 t,按照削减 10%的要求,2010 年全国 $SO_2$ 总量控制目标为 2 294 万 t,安排东部削减 16%,中部削减 9.8%,西南削减 11.2%,西北削减 2.7%。

2006 年,《国务院关于"十一五"期间全国主要污染物排放总量控制计划的批复》(国函[2006]70 号)同意并正式下发了《"十一五"期间全国主要污染物排放总量控制计划》,明确了各省(区、市)的主要污染物总量控制指标,见表 5-1、表 5-2。

表 5-1 "十一五"期间全国 COD 排放总量控制计划 单位：万 t

| 省 份 | 2005 年排放量 | 2010 年控制量 | 2010 年比 2005 年增加率/% |
|---|---|---|---|
| 北 京 | 11.6 | 9.9 | −14.7 |
| 天 津 | 14.6 | 13.2 | −9.6 |
| 河 北 | 66.1 | 56.1 | −15.1 |
| 山 西 | 38.7 | 33.6 | −13.2 |
| 内蒙古 | 29.7 | 27.7 | −6.7 |
| 辽 宁 | 64.4 | 56.1 | −12.9 |
| 其中：大连 | 6.01 | 5.05 | −16.0 |
| 吉 林 | 40.7 | 36.5 | −10.3 |
| 黑龙江 | 50.4 | 45.2 | −10.3 |
| 上 海 | 30.4 | 25.9 | −14.8 |
| 江 苏 | 96.6 | 82.0 | −15.1 |
| 浙 江 | 59.5 | 50.5 | −15.1 |
| 其中：宁波 | 5.22 | 4.44 | −14.9 |
| 安 徽 | 44.4 | 41.5 | −6.5 |
| 福 建 | 39.4 | 37.5 | −4.8 |
| 其中：厦门 | 5.56 | 4.94 | −11.2 |
| 江 西 | 45.7 | 43.4 | −5.0 |
| 山 东 | 77.0 | 65.5 | −14.9 |
| 其中：青岛 | 5.79 | 4.75 | −18.0 |
| 河 南 | 72.1 | 64.3 | −10.8 |
| 湖 北 | 61.6 | 58.5 | −5.0 |
| 湖 南 | 89.5 | 80.5 | −10.1 |
| 广 东 | 105.8 | 89.9 | −15.0 |
| 其中：深圳 | 5.59 | 4.47 | −20.0 |
| 广 西 | 107.0 | 94.0 | −12.1 |
| 海 南 | 9.5 | 9.5 | 0 |
| 重 庆 | 26.9 | 23.9 | −11.2 |
| 四 川 | 78.3 | 74.4 | −5.0 |
| 贵 州 | 22.6 | 21.0 | −7.1 |
| 云 南 | 28.5 | 27.1 | −4.9 |
| 西 藏 | 1.4 | 1.4 | 0 |
| 陕 西 | 35.0 | 31.5 | −10.0 |
| 甘 肃 | 18.2 | 16.8 | −7.7 |
| 青 海 | 7.2 | 7.2 | 0 |
| 宁 夏 | 14.3 | 12.2 | −14.7 |
| 新 疆 | 27.1 | 27.1 | 0 |
| 其中：新疆生产建设兵团 | 1.43 | 1.43 | 0 |

表5-2 "十一五"期间全国SO₂排放总量控制计划 单位：万t

| 省 份 | 2005年排放量 | 2010年 | | 2010年比2005年增加率/% |
|---|---|---|---|---|
| | | 控制量 | 其中：电力 | |
| 北 京 | 19.1 | 15.2 | 5.0 | −20.4 |
| 天 津 | 26.5 | 24.0 | 13.1 | −9.4 |
| 河 北 | 149.6 | 127.1 | 48.1 | −15.0 |
| 山 西 | 151.6 | 130.4 | 59.3 | −14.0 |
| 内蒙古 | 145.6 | 140.0 | 68.7 | −3.8 |
| 辽 宁 | 119.7 | 105.3 | 37.2 | −12.0 |
| 其中：大连 | 11.89 | 10.11 | 3.54 | −15.0 |
| 吉 林 | 38.2 | 36.4 | 18.2 | −4.7 |
| 黑龙江 | 50.8 | 49.8 | 33.3 | −2.0 |
| 上 海 | 51.3 | 38.0 | 13.4 | −25.9 |
| 江 苏 | 137.3 | 112.6 | 55.0 | −18.0 |
| 浙 江 | 86.0 | 73.1 | 41.9 | −15.0 |
| 其中：宁波 | 21.33 | 11.12 | 7.78 | −47.9 |
| 安 徽 | 57.1 | 54.8 | 35.7 | −4.0 |
| 福 建 | 46.1 | 42.4 | 17.3 | −8.0 |
| 其中：厦门 | 6.77 | 4.93 | 2.17 | −27.2 |
| 江 西 | 61.3 | 57.0 | 19.9 | −7.0 |
| 山 东 | 200.3 | 160.2 | 75.7 | −20.0 |
| 其中：青岛 | 15.54 | 11.45 | 4.86 | −26.3 |
| 河 南 | 162.5 | 139.7 | 73.8 | −14.0 |
| 湖 北 | 71.7 | 66.1 | 31.0 | −7.8 |
| 湖 南 | 91.9 | 83.6 | 19.6 | −9.0 |
| 广 东 | 129.4 | 110.0 | 55.4 | −15.0 |
| 其中：深圳 | 4.35 | 3.48 | 2.78 | −20.0 |
| 广 西 | 102.3 | 92.2 | 21.0 | −9.9 |
| 海 南 | 2.2 | 2.2 | 1.6 | 0 |
| 重 庆 | 83.7 | 73.7 | 17.6 | −11.9 |
| 四 川 | 129.9 | 114.4 | 39.5 | −11.9 |
| 贵 州 | 135.8 | 115.4 | 35.8 | −15.0 |
| 云 南 | 52.2 | 50.1 | 25.3 | 4.0 |
| 西 藏 | 0.2 | 0.2 | 0.1 | 0 |
| 陕 西 | 92.2 | 81.1 | 31.2 | −12.0 |
| 甘 肃 | 56.3 | 56.3 | 19.0 | 0 |
| 青 海 | 12.4 | 12.4 | 6.2 | 0 |
| 宁 夏 | 34.3 | 31.1 | 16.2 | −9.3 |
| 新 疆 | 51.9 | 51.9 | 16.6 | 0 |
| 其中：新疆生产建设兵团 | 1.66 | 1.66 | 0.66 | 0 |

### 5.1.3 "十一五"约束性环境指标的实施路径

对于 SO$_2$ 和 COD 两项环境约束性指标而言,完成 10%的主要污染物削减目标,不仅仅是在 2005 年的基础上分别削减 10%的绝对量,首先要严格控制污染排放的新增量,在消化新增排放量同时大力削减污染存量,减排任务十分艰巨。

为了切实加强节能减排工作,确保实现节能减排约束性指标,2007 年 5 月,国务院出台了《节能减排综合性工作方案》。《节能减排综合性工作方案》分为十个部分共 45 条,进一步明确了实现节能减排的目标任务和总体要求,确定了"十一五"节能减排的重点工作和主要措施。整个方案包括 40 多条重大政策措施和多项具体目标,涉及控制高耗能、高污染行业过快增长、加快淘汰落后生产能力、完善促进产业结构调整的政策措施、积极推进能源结构调整、加快实施 10 大重点节能工程、加快水污染治理工程建设、推动燃煤电厂 SO$_2$ 治理、多渠道筹措节能减排资金、实施水资源节约利用、推进资源综合利用、强化重点企业节能减排管理、积极稳妥推进资源性产品价格改革、完善促进节能减排的财政政策、加强政府机构节能和绿色采购等。

针对两项主要污染物排放总量控制指标,"十一五"污染减排任务和措施重点集中在实施结构减排、工程减排、管理减排 3 个方面,推动产业结构调整升级和环境基础设施建设,重点推进 3 大工程措施,完成 5 项任务,建立 9 项减排管理制度。

3 大工程措施主要是:①加强重点治污工程减排。"十一五"期间,全国新增城市污水日处理能力 4 500 万 t、再生水日利用能力 680 万 t;加大工业废水治理力度;加快城市污水处理配套管网建设和改造。"十一五"期间投运脱硫机组 3.55 亿 kW,其中,新建燃煤电厂同步投运脱硫机组 1.88 亿 kW;现有燃煤电厂投运脱硫机组 1.67 亿 kW,并建设钢铁烧结机烟气脱硫工程。②推进产业结构调整减排。加大淘汰电力、钢铁、建材、电解铝、铁合金、电石、焦炭、煤炭、平板玻璃等行业落后产能的力度。关闭 5 000 万 kW 以下小火电机组、淘汰落后炼铁产能 1 亿 t 和落后炼钢产能 5 500 万 t,水泥行业淘汰 2.5 亿 t 的普通立窑和小机立窑等;加大造纸、酒精、味精、柠檬酸等行业落后生产能力淘汰力度,关闭造纸行业年产 3.4 万 t 以下的草浆生产装置和年产 1.7 万 t 以下的化学制浆生产线以及排放不达标的 1 万 t 以下再生纸厂,淘汰年产 3 万 t 以下味精生产企业,淘汰落后酒精生产工艺及年产 3 万 t 以下酒精生产企业和关停环保不达标的柠檬酸生产企业。③强化监督管理减排。一方面严格执行环境影响评价,提高环保准入门槛,实行"区域限批"措施;另一方面加快制定修订造纸、化工、酿造、印染、食品等重点行业 COD 排放标准和钢铁、有色金属、火电、石化、冶金等行业大气污染物排放标准,同时加大执法力度,综合运用排污许可、排污收费、强制淘汰、限期治理和环境影响评价等各项环境管理制度和手段,强化企业环境管理,将 7 000 家国控重点企业的排放达标率提高到 90%以上。污染减排重点工程是污染减排工作的重点,也是实现污染减排目标的支撑和保障。《节能减排综合性工作方案》提出"十一五"期间需要加大投入,重点实施的两类污染减排工程,一是加快水污染治理工程建设特别是生活污水处理设施建设;二是推动燃煤电厂 SO$_2$ 治理等。

完成 5 项任务:①建立污染物排放量台账;②完成与三大体系建设相配套的管理及考核办法;③高标准做好监控网络建设;④制定"十一五"和分年度减排计划;⑤搞好污染

减排部门联动。

建立 9 项总量减排管理制度:①污染减排考核制度。"十一五"主要污染物总量减排的责任主体是地方各级政府。将污染减排工作纳入干部考核体系,作为干部政绩考核的重要依据。②污染减排统计制度。坚持"淡化基数、算清增量、核实减量"的原则,并作为减排管理的基础。③污染减排监测制度。加快监测能力建设,提高监测水平,建设好考核制度和统计制度的基础和支撑。④污染减排核查制度。实施污染减排定期核查和日常督查,确保减排任务措施有效实施。⑤污染减排调度制度。按季度调度污染减排工作进展情况,以便国家了解和跟踪各地污染减排工作进展。⑥污染减排直报制度。对国控重点污染源实行自动在线监测,监测数据直报环保部。⑦污染减排目标的备案制度。出台年度减排计划编制指南,规范各省污染减排计划的编制工作,并要求在环保部进行备案,作为污染减排核查的内容和污染减排考核的依据之一。⑧污染减排信息审核制度。各省、自治区、直辖市公布的污染减排数据必须经过国家考核认定核准。⑨污染减排预警制度。建立预警指标,发现不利于实现污染减排目标的问题时,以适当形式反馈并及时发出预警,把问题解决在初始阶段和苗头阶段。

从"十一五"期间减排目标实现情况和各项任务措施完成情况看,污染减排部署的绝大部分措施和保障实施良好、有力,促进污染减排目标和目的的实现。

## 5.2 实施效果分析

2006 年,受国务院委托,原国家环保总局与各省级政府和 6 大电力集团公司分别签订了"十一五"二氧化硫和化学需氧量减排目标责任书。2007 年,国务院成立了应对气候变化及节能减排领导小组,发布了《节能减排综合性工作方案》《节能减排统计监测及考核实施方案和办法》,各地区、各部门高度重视,出台了一系列推进减排的政策措施,有力地推动了污染减排工作的深入开展。2008 年以来,面对增长速度下行、财政收入下滑、企业效益下降带来的严峻挑战,我国政府对做好新形势下的环境保护工作作出重要部署,将"加强生态环境建设"作为抵御全球金融危机扩内需保增长的十项重要措施之一,明确提出减排"目标不变、要求不降、力度不减",保障了减排工作不断取得实效。到 2010 年,COD 和 $SO_2$ 排放量比 2005 年削减了 12.45%和 14.29%,均超额完成 10%的减排任务,分别比原定目标多削减 34.7 万 t 和 109.4 万 t。

### 5.2.1 两项主要污染物超额实现减排要求,有效遏制了环境质量不断恶化的势头

经过各地各部门的共同努力,污染减排取得明显成效,在我国经济快速增长、能源消耗加速和主要经济指标总体提前完成"十一五"规划目标的前提下,主要污染物排放总量减排目标超额完成,部分环境质量指标持续好转。

2007 年全国 COD 和 $SO_2$ 同比分别下降 3.2%和 4.7%,在经济超预期高速增长的情况下,两项污染物排放总量开始"拐点",首次实现了双下降;2008 年,全国 COD 和 $SO_2$ 排放量比上年分别下降 4.42%和 5.95%,比 2005 年分别下降 6.61%和 8.95%,首次实现了任务完成进度赶上时间进度,为全面完成"十一五"减排目标打下了坚实的基础。2009 年全国 COD 和 $SO_2$ 排放量继续保持双下降态势,COD、$SO_2$ 排放量分别下降 9.66%和

13.14%。2010 年，经过各地区和各部门的共同努力，"十一五"减排任务超额完成，与 2005 年相比，COD 和 $SO_2$ 排放总量分别下降 176.1 万 t 和 364.3 万 t，均超额完成 10%的减排任务，分别比原定目标多削减 34.7 万 t 和 109.4 万 t。

减排的成效从环境质量改善上也得到了初步体现，特别是传统环境质量指标呈现改善趋势。"十一五"期间，113 个环境保护重点城市空气质量持续提高，空气中 $SO_2$、$NO_2$ 和可吸入颗粒物年均质量浓度达到国家环境空气质量二级标准的城市比例明显上升。2010 年，环保重点城市达到国家环境空气质量二级标准的城市比例为 73.5%，比 2005 年的 42.5% 提高了 31 个百分点。空气中 $SO_2$ 和可吸入颗粒物平均质量浓度分别由 2005 年的 0.057 mg/m$^3$ 和 0.100 mg/m$^3$ 下降到了 2010 年的 0.042 mg/m$^3$ 和 0.088 mg/m$^3$，分别下降了 26.3%和 12.0%；$NO_2$ 平均质量浓度与 2005 年持平，均为 0.035 mg/m$^3$。美国 NASA 卫星图片资料的分析显示，2007 年以来中国大气中 $SO_2$ 质量浓度开始下降，并保持持续下降趋势。全国地表水国控断面 I ～III 类水质断面比例不断上升，劣 V 类水质比例总体呈下降趋势。2010 年，I ～III 水质比例为 51.9%，比 2005 年提高 14.4 个百分点；劣 V 类水质比例为 20.8%，比 2005 年降低 6.6 个百分点。国家环境监测网地表水监测结果表明，自 2008 年以来，全国地表水国控断面高锰酸盐指数平均质量浓度均好于国家地表水环境质量III类标准，2010 年为 4.79 mg/L，比 2005 年降低 31.9%。

### 5.2.2 促进了环境基础设施建设，推动了产业结构调整升级

在减排工作推动下，减排工程建设和淘汰落后产能取得明显进展。各地通过制定关停淘汰落后产能方案、签订淘汰落后产能责任书等形式切实落实工作任务，采取"资金激励、上大压小、等量淘汰、提高标准、区域限批、社会公示"等一系列政策措施，完善了落后产能退出机制。"十一五"期间，共关停小火电机组 7 683 万 kW，电力行业 300MW 以上火电机组占火电装机容量比重从 2005 年的 47%上升到 2010 年的 71%；淘汰落后炼钢产能 0.72 亿 t，钢铁行业 1 000 m$^3$ 以上大型高炉比重从 21%上升到 52%；淘汰水泥产能 3.7 亿 t，新型干法水泥熟料产量比重从 39%上升到 81%，关闭造纸、化工、纺织印染、酒精、味精、柠檬酸等重污染企业 5 000 多家。通过实施污染减排倒逼产业结构调整升级，提高了产业集中度，也降低了污染物排放。

以火电脱硫机组和城市污水厂建设为重点，全方位推进治污设施建设进度，城市污水处理厂和燃煤电厂脱硫设施建设规模远超"十一五"规划要求，治污减排设施建设实现了跨越发展。到 2010 年，河北、河南、湖南、贵州等 16 个省（区、市）辖区内县县建有污水处理厂。全国累计建成城镇污水集中处理设施 2 832 座（"十一五"期间增加约 2 000 座），处理能力达到 1.25 亿 t/d（"十一五"期间增加 6 535 万 t/d），城市污水处理率由 2005 年的 52%提高到约 77%。全国累计建成投运燃煤电厂脱硫设施 5.78 亿 kW（"十一五"期间增加 5.32 亿 kW），火电脱硫机组比例从 2005 年的 12%提高到 2010 年的 82.6%。钢铁烧结机脱硫设施建成 170 台，占烧结机台数的比例由 2005 年的 0%提高到 2010 年的 15.6%。

以污水处理厂建设和燃煤电厂脱硫为重点的工程减排措施发挥了主导作用。污水处理厂、燃煤电厂脱硫建设运营贡献的减排量均接近全国 COD 和 $SO_2$ 削减量的 60%左右。

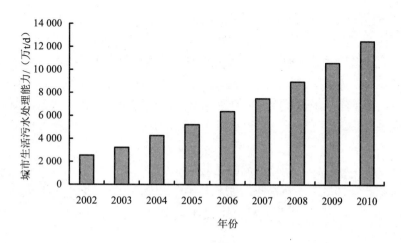

图 5-1 "十一五"全国城市污水处理能力增加情况

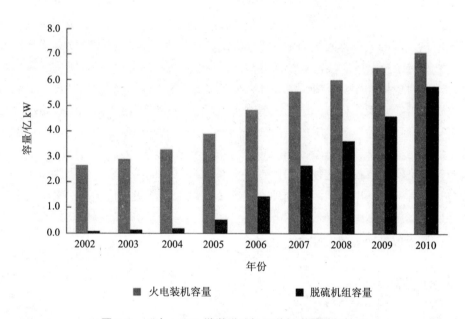

图 5-2 "十一五"燃煤脱硫机组装机容量增长情况

治理设施运行监管不断强化。印发《关于加强城镇污水处理厂污染减排核查核算工作的通知》和《关于加强燃煤脱硫设施二氧化硫减排核查核算工作的通知》，对治污设施运行维护、台账档案、在线监测、中控系统建设、分散控制系统等进行规范。发布全国城镇污水处理厂和脱硫设施名单公告，接受社会监督。各地污染减排统计、监测和执法监管能力普遍得到加强。"十一五"期间，全国建成 343 个省级、地市级污染源监控中心，对 1.5 万家企业实施了自动监控；共监控水、气排放口数 1.2 万个。通过强化减排监管，重点污染源 COD 达标率提高到 89%，污水处理设施正常运行率稳定在 90%，脱硫设施正常运行率稳定在 94%，确保了减排设施发挥效益。

### 5.2.3 提高了环境监管能力，带动了环境法律和政策的完善创新

按照"三大体系"建设的要求，国家和地方不断强化"三大体系"能力建设，国控重点污染源自动监控、环境监察执法、污染源监督性监测、环境统计和信息传输等能力建设得到切实加强，初步建成了比较配套的环保执法监察、重点污染源在线监测监控能力，彻底改变了"废水靠看、废气靠闻、噪声靠听"的落后局面，为污染减排工作奠定了坚实的基础。

污染减排带动了环境保护法律法规的完善，减排工作中实施的不少政策措施已经上升为有关法律条款。修订后的《水污染防治法》，在更高立法层次上明确了重点水污染物排放实施总量控制的有关规定，《规划环境影响评价条例》明确了主要污染物超总量排放施行"区域限批"的处罚规定。

污染减排带动了环境经济政策的发展与创新，建立了污染减排的长效机制，充分利用环境经济政策"内在约束"力量引导刺激污染减排工作。在财政、价格、金融、税收和贸易等保障政策方面，国家出台了一系列有利于减排的环境经济政策，如颁布了《燃煤发电机组脱硫电价及脱硫设施运行管理办法》《城镇污水处理设施配套管网以奖代补资金管理暂行办法》和《中央财政主要污染物减排专项资金管理暂行办法》等，实施了脱硫机组上网电价每千瓦时电提高 1.5 分钱、中央环保专项资金支持电厂脱硫贷款贴息、提高城市污水处理收费标准等政策，有力促进了燃煤电厂脱硫设施和城市污水厂的建设进度。积极推进绿色信贷、绿色保险、政府绿色采购、差别电价、绿色电力调度等有助于减排的环境友好政策，加强污染物排放的前端控制，减少污染物新增量。作为建立污染减排长效机制的重要内容，污染物排放权有偿使用和排污权交易试点工作也在积极探索和尝试之中。各地也结合自身实际，陆续出台了污水处理收费改革、污水处理费电价优惠、淘汰落后产能政府财政补贴、实施差别电价等一系列环境经济政策，运用市场机制和价格杠杆，建立环保价格体系，极大地推动了污染减排工作。

## 5.3 实施经验

### 5.3.1 "十一五"约束性环境指标的实施经验

"十一五"环保规划执行情况评估结果表明，"十一五"环保规划实施首次达到进度要求，超额完成主要污染物排放总量控制约束性指标。围绕污染减排，各级政府各个部门不断探索创新，形成了一些新思路、新做法，出台大量有利于污染减排的制度、政策、措施，初步形成污染减排制度和政策体系。减排的经验是多方面的，总体看主要是切实落实环境保护目标责任制，综合运用脱硫电价、污水和垃圾收费等经济手段，大力推动污水处理厂工程和电厂脱硫设施工程建设，超额完成减排任务。

#### 5.3.1.1 各级政府的高度重视是做好污染减排工作的根本保障

"十一五"以来，党和政府高度重视节能减排工作，把推进污染减排作为贯彻落实科学发展观、促进经济社会可持续发展的重大举措，作为优化经济增长、促进经济转型和改善民生的重要手段。国务院各部门、地方党委政府认真贯彻党中央、国务院的重大决策，

把污染减排作为一项重大政治任务进行布置和落实。中央政府的高度重视、各地各部门的创造性工作,是污染减排工作取得实效的根本保障。

#### 5.3.1.2 严格责任考核是推进污染减排工作的关键所在

环保工作是否有成效,关键在于明确责任抓落实,以必要的行政手段带动了各项经济、法律等方面政策、措施的到位,抓住了环保工作的"牛鼻子",找到了严格落实地方政府环保责任的落脚点,这是减排出效益很重要的原因。以目标责任考核来说,环保部建立了一整套考核预警机制,这对减排目标的实现起了极大的推动作用,污染减排强化考核,责任落实到政府,层层分解,考核到人,改变了以前有总量、无控制、不考核的局面。

#### 5.3.1.3 加强环保能力建设是推进污染减排工作的坚实基础

第一,不断强化"三大体系"能力建设,彻底改变了"废水靠看、废气靠闻、噪声靠听"的落后局面,为污染减排工作奠定了坚实的基础。第二,深入研究,制定了一套比较科学、可操作、有约束力的核查技术体系。第三,大力加强人员队伍建设,在总量管理工作中持续加强全系统的业务培训。第四,加强环保基础设施的运行监管,污染减排工程、在线监控设施是环境保护和污染减排的基础设施,几年来在强化建设的同时,也十分重视运行监管,并将运行管理作为污染减排的重要内容,有效保障了设施的减排效益。

#### 5.3.1.4 制定完善环境法规和经济政策是推进污染减排工作的有力手段

环境经济政策是一种内在约束力量,与传统行政手段的外部约束相比,是一种行之有效的长效机制。为充分利用环境经济政策"内在约束"力量引导刺激污染减排工作,国家在财政、价格、金融、税收和贸易等保障政策方面出台了一系列有利于减排的环境经济政策,实施了脱硫机组上网电价每千瓦时电提高 1.5 分钱、中央环保专项资金支持电厂脱硫贷款贴息等政策,有力促进了燃煤电厂脱硫设施和城市污水厂的建设进度。

### 5.3.2 "十一五"约束性环境指标实施中存在的主要问题

减排工作的实施取得了巨大成绩,但是目前的减排机制和政策措施与减排工作也还存在不适应、不符合的问题。

#### 5.3.2.1 总量控制目标与质量改善的关系不确定

首先,污染物排放总量控制目标的确定未充分考虑各地区差异性,减排目标的确定仍然在较大程度上是一个良好的政治意愿和社会呼声反映。其次,作为污染减排目标实施计划的《节能减排综合性工作方案》并不是与目标确定配套出台,而是作为总量控制目标的实施可达性措施,这也对污染减排目标的确定造成一定不利影响。

污染减排还难以确保环境质量同步改善。这个问题是当前污染减排中一个非常突出的减排绩效问题,也是我国实施污染物排放总量控制以来一直争论的问题。表现在:①总量控制因子与一些地区环境问题不完全具有直接对应性。②现行的无论是 COD 还是 $SO_2$ 的污染减排政策基本上是针对点源污染的对策,尤其是 $SO_2$ 减排主要是从控制酸雨污染出发,而对当地环境质量影响更大的非电燃煤锅炉(低矮面源)、农村污染等未被有效纳入,这将在很大程度上影响改善环境质量的效果。

#### 5.3.2.2 环境管理还难以完全适应量化管理要求

部分政策、制度、措施与总量控制不相匹配甚至相互抵触,以总量控制为龙头的系统管理、量化管理、科学管理尚未形成,管理政策需要根据污染减排要求进行重构。另一个定量化管理的问题是对污染物新增量的管理还有待改进。控制新增量是污染减排的最优先任务，污染减排目标实现的最大不确定因素主要来自于经济社会发展的不确定性，污染减排目标的实现不可能脱离 GDP、能耗、水耗、技术进步、产业结构等经济运行的各种要素。粗放的经济发展模式必须通过总量控制得以实现转型，污染减排目标的最终实现也必须以转变经济发展方式为前提条件。当前仍有一些地区把污染减排和经济发展对立，对污染减排存在或明或暗的消极抵触情绪，污染减排方案和经济发展规划依然是"两张皮"、"一软一硬"。

### 5.3.2.3 治污工程的可持续减排能力不强

"十一五"期间，污水处理厂和脱硫设施的建设都是前所未有的，但治污工程建设水平不高，质量难以保障，绩效有待提高。在环境保护目标责任制考核推动下，在短时间内建设了大量治污设施，但部分领域工程技术储备明显不够，全过程质量把关基本处于空白，设施建设、运行配套政策滞后，已建污染减排设施的监管亟待加强。另外，减排工程运营监管能力不足，治污工程长期运转还缺乏配套的政策措施，如何避免大量建成的环境基础设施闲置和浪费，切实解决"能力变真"问题，是全国污染减排"战役"面临的重要问题。在总量控制实施环节仍然存在结构性和操作性缺陷。城市污水管网建设滞后严重阻碍 COD 削减，城市污水处理污泥问题没有得到足够重视。$SO_2$减排方案过分依靠火电厂脱硫工程。

### 5.3.2.4 支持减排的法规和市场机制有待加强

排放总量控制制度至今没有高位阶的法规支持。国务院从"十五"就开始研究制定《主要污染物排放总量控制管理条例》，但由于《大气污染防治法》和《水污染防治法》对排放总量控制、排污许可证规定的不一致性，以及排放总量控制与排污许可证的关系不清晰等原因，上述管理条例无法出台。

在"十一五"期间，污染减排主要依靠行政和法规手段，由于现行减排对行政法规手段的强烈依赖，缺乏各部门间的政策协调和利益平衡，在运用市场机制控制污染方面进展缓慢，尤其是如何保证减排工程设施真正能够运行并持续发挥减排效益的经济政策，包括激励性的政策和惩罚性的政策，产业结构调整缺乏配套政策，部分政策导向与污染减排要求相悖。

# 第 6 章

## 环境质量指标纳入约束性指标的可能性分析

## 6.1 规划环境质量指标回顾分析

"九五"计划到"十一五"规划，环境质量指标的变化表现为：可操作性加强；质量目标进一步明确。

### 6.1.1 环境保护"九五"计划

"九五"计划环境质量指标包括城市全部按功能区达标；二级空气质量达标城市比例；城市 $SO_2$ 平均质量浓度；城市 $NO_x$ 平均质量浓度；城市 TSP 平均质量浓度；城市空气污染综合指数；pH 值小于 5.6 的城市比例；直辖市、省会城市、经济特区城市、沿海开放城市、重点旅游城市空气和地面水环境质量达到国家规定标准等。

### 6.1.2 环境保护"十五"计划

《国家环境保护"十五"计划》中提出了重点流域、海域水环境质量指标，包括国控断面水质主要指标基本消除劣 V 类，水环境质量得到改善；城市地下水污染加重的趋势开始缓解，集中式饮用水水源地水质达到标准；农村环境保护得到加强，到 2005 年，集中式饮用水水源地水质基本达到环境质量标准等。并分别对海河、太湖、滇池、巢湖等重点地区提出了环境质量目标。城市环境保护目标，包括到 2005 年，50%地级以上城市空气质量达到国家二级标准；60%地级以上城市地表水环境质量按功能区划达标。农村环境保护目标，包括农业灌溉用水基本达到农田灌溉水质标准。

### 6.1.3 环境保护"十一五"规划

《国家环境保护"十一五"规划》提出了三项环境质量目标，包括地表水国控断面劣 V 类水质的比例小于 22%、七大水系国控断面好于III类的比例大于 43%、重点城市空气质量好于二级标准的天数超过 292 天的比例达到 75%以上。并对淮河、海河、辽河、巢湖、滇池等重点流域提出了水质改善要求。在确定全国环境质量目标的同时，原国家环境保护总局将三项环境质量指标进行了区域分解。

表 6-1 　《国家环境保护"十一五"规划》环境质量目标分解方案

| 序号 | 地区 | 地表水国控断面劣Ⅴ类水质的个数 | | | 七大水系国控断面好于Ⅲ类水质的个数 | | | 空气质量好于二级标准的天数超过 292 天的重点城市个数 | | |
|---|---|---|---|---|---|---|---|---|---|---|
| | | 断面总数 | 2005 年数据/个 | 2010 年目标个数/个 | 断面总数 | 2005 年数据/个 | 2010 年目标个数/个 | 重点城市/个 | 2005 年数据/个 | 2010 年目标个数/个 |
| 1 | 北京 | 8 | 1 | 1 | 6 | 2 | 2 | 1 | 0 | 0 |
| 2 | 天津 | 16 | 4 | 3 | 13 | 5 | 5 | 1 | 1 | 1 |
| 3 | 河北 | 44 | 21 | 17 | 35 | 5 | 6 | 5 | 3 | 5 |
| 4 | 山西 | 8 | 5 | 4 | 8 | 1 | 2 | 5 | 0 | 0 |
| 5 | 内蒙古 | 24 | 4 | 2 | 22 | 2 | 7 | 3 | 1 | 1 |
| 6 | 辽宁 | 27 | 18 | 14 | 22 | 4 | 5 | 6 | 3 | 6 |
| 7 | 吉林 | 27 | 7 | 5 | 22 | 13 | 13 | 2 | 2 | 2 |
| 8 | 黑龙江 | 26 | 1 | 1 | 20 | 3 | 3 | 4 | 4 | 4 |
| 9 | 上海 | 3 | 1 | 1 | 2 | 0 | 1 | 1 | 1 | 1 |
| 10 | 江苏 | 125 | 50 | 43 | 23 | 11 | 14 | 8 | 8 | 8 |
| 11 | 浙江 | 36 | 9 | 6 | — | — | — | 7 | 7 | 7 |
| 12 | 安徽 | 68 | 25 | 11 | 42 | 12 | 12 | 3 | 3 | 3 |
| 13 | 福建 | 18 | 0 | 0 | — | — | — | 3 | 3 | 3 |
| 14 | 江西 | 17 | 1 | 0 | 13 | 11 | 11 | 2 | 2 | 2 |
| 15 | 山东 | 43 | 21 | 19 | 30 | 3 | 4 | 10 | 9 | 10 |
| 16 | 河南 | 36 | 10 | 8 | 36 | 9 | 13 | 6 | 2 | 4 |
| 17 | 湖北 | 19 | 1 | 1 | 11 | 11 | 11 | 3 | 2 | 2 |
| 18 | 湖南 | 26 | 0 | 0 | 14 | 14 | 14 | 6 | 3 | 3 |
| 19 | 广东 | 9 | 2 | 1 | 9 | 5 | 6 | 8 | 8 | 8 |
| 20 | 广西 | 14 | 0 | 0 | 14 | 13 | 13 | 4 | 4 | 4 |
| 21 | 海南 | 4 | 0 | 0 | 4 | 2 | 2 | 2 | 2 | 2 |
| 22 | 重庆 | 8 | 0 | 0 | 8 | 8 | 8 | 1 | 0 | 0 |
| 23 | 四川 | 25 | 3 | 2 | 25 | 17 | 18 | 5 | 2 | 4 |
| 24 | 贵州 | 10 | 2 | 2 | 10 | 6 | 7 | 2 | 2 | 2 |
| 25 | 云南 | 44 | 12 | 12 | 5 | 3 | 3 | 2 | 2 | 2 |
| 26 | 西藏 | 7 | 0 | 0 | 1 | 1 | 1 | 1 | 1 | 1 |
| 27 | 陕西 | 9 | 5 | 2 | 8 | 2 | 2 | 5 | 2 | 3 |
| 28 | 甘肃 | 11 | 0 | 0 | 7 | 7 | 7 | 2 | 0 | 0 |
| 29 | 青海 | 5 | 1 | 1 | 5 | 2 | 2 | 1 | 1 | 1 |
| 30 | 宁夏 | 4 | 0 | 0 | 4 | 0 | 2 | 2 | 1 | 2 |
| 31 | 新疆 | 38 | 1 | 1 | — | — | — | 2 | 1 | 1 |

## 6.2 环境质量指标纳入约束性指标的必要性

当前我国环境污染形势依然严峻，水环境污染普遍，大气环境质量严重超标，环境问题已成为制约我国经济发展和影响人民健康的重要因素。"十一五"期间，我国开展了总量减排工作，虽然取得了一定成效，但部分区域环境质量并没有得到明显改善，与环境保护工作改善环境质量、协调环境与经济发展的最终目的不相符。因此，适时考虑分析将环境质量指标纳入约束性指标是十分必要的，具有重要的经济、社会和环境效益。

环境保护工作的核心目的是改善环境质量，实施总量控制约束性指标是实现环境质量改善的重要途径，也是必经的过程。环境保护部部长周生贤在"第二次全国环保科技大会"上指出，要始终坚持改革创新，不断完善环境管理思路，建立与经济社会和环境形势发展需求相适应的管理模式。要在进一步强化污染控制的基础上，积极探索污染控制与质量改善兼顾的中国环境管理新模式，以环境质量管理"倒逼"经济发展方式转变，推进经济社会的长期平稳较快发展。

环境管理转型的核心是对总量控制—质量改善—风险防范三者目标导向关系的把握。在不同发展阶段环境管理转型的方向应积极调整。现阶段转型的重点是研究实施由污染控制向质量控制目标转变的管理政策。新修订发布的《环境空气质量标准》是一个标志性事件，表明我国环境管理开始由以环境污染控制为目标导向向以环境质量改善为目标导向转变。随着环境管理战略的转型，实施环境质量为主的约束性指标将是大势所趋，也是环境保护工作的必然要求。

## 6.3 环境质量指标纳入约束性指标的瓶颈分析

基于环境系统自身的运行规律和环境约束性指标选取的原则，考虑我国环境保护工作目前的实际基础、能力和水平，环境质量指标纳入约束性指标，还面临以下瓶颈：

（1）宏观尺度总量—质量—治理的输入响应。污染物总量控制以环境质量为目标，根据污染物达标排放要求和污染物排放的"输入—响应关系"（污染物环境容量模型）控制污染物的排放。污染物总量控制是环境污染防治规划的核心和主线，它与环境质量、工业污染源的治理等都有密切的联系。因此，污染物总量控制要将污染物总量—环境质量—治理三个环节有机地联系起来，具体来讲，是以空气和水环境的质量为目标，控制各类污染源的污染物排放总量，将治理措施落实到具体的项目上，具体的项目还要进行技术经济核算，列出经费需求和规划的筹资渠道，进行可行性分析。

（2）环境质量的不可预期性。环境风险的存在，导致污染事故的发生具有突发性、不可预期性，也可以说环境质量是不可预期的。需加强环境质量预测模型的研究，针对不同地区详细制定污染事故应急方案，明确突发性、不可预期的污染事故发生的防范措施，健全污染事故应急处理体系。

（3）环境质量指标的地区差异性与分配公平性。不同地区的环境容量不尽相同。要将环境质量指标纳入约束性指标，需要全面考虑。如环境质量指标的约束性要求如何体现地区经济发展的差异；如何体现约束性指标区域的可分解性；分解到地区后如何体现分配的公平性等都制约着环境质量指标纳入约束性指标。

（4）区域相互影响的责任划分与考核办法。环境是一个整体，水体和大气的流动性质，导致区域之间的环境是相互影响的。如何划分区域之间相互影响的责任，采取什么办法进行考核，都需要在越来越重视环境质量的趋势下，进行质量指标纳入约束性指标的瓶颈研究。

（5）气象、水文因素对环境质量影响的处理与考核方法。将环境质量指标纳入约束性指标，需要考虑气象、水文可能产生的影响，详细制定这些方面产生影响的处理和考核办法。否则环境质量的变化不清晰，缺乏可比性。

（6）自然本底值对环境质量影响的处理方法与考核方法。针对全国而言，各个地方的环境本底值不尽相同。要将质量指标纳入环境约束性指标，首先，全面掌握各个地区的自然本底值，以便于了解环境质量的变化，及时掌握环境质量变化的影响因素；其次，在明确了地区本底值的基础上，提出或者制定本底值对环境质量的处理方法；最后，明确考核方法，怎样考核。

（7）监测技术与数据核证问题。由于地区监测水平的差异，导致监测技术和监测数据存在一定的不科学性。开展质量指标的研究，首先，应该验证各个地区环境质量指标的监测是否科学，保证符合纳入约束性指标的前提之一——可计量性；其次，为了避免造成数据的严重失真，环境质量监测数据要可核证。

（8）点位的代表性与布点优化问题。将水环境质量指标纳入约束性指标，需要全面考虑点位的代表性和布点的优化。美国 1975 年在各州共有 13 000 个监测站组成水质自动监测网，分为国家水质监测网和州及地区水质监测网，前者主要分布于美国的 18 条主要河流流域中，后者按照《清洁水法》中规定的目标设立。目前我国的监测站网与发达国家相比有一定差距，主要是以常规监测为主，还未形成水质自动监测网。我国国控站点已经过两次优化，全国重点水域共布设 759 个国控断面，宏观上可以反映我国整体水环境质量状况。但是，有些监测断面处于工业园区的上游，导致监测断面水环境质量不易分清流域上下游的责任，无法调动政府治污的积极性；依靠现行的水系国控站点不能及时反映"三河"与"三湖"的治理效果；水质自动监测系统仅限于一些重点流域，数量较少，与水污染现状相背离。因此，建议针对全国工业企业分布开发联网系统，明确工业企业的运行情况，在此基础上，开展监测点位的科学性验证，按照行政区将监测点划分为省控和市控点，对我国地表水监测断面进行调整完善，以求全面反映水质变化状况。

## 6.4　建立约束性环境质量指标的可行性

"十一五"规划提出的环境质量目标要求重点城市空气质量好于二级标准的天数超过 292 天的比例达到 75%。2008 年，全国 113 个环保重点城市中，空气质量好于二级标准的天数超过 292 天的城市共有 108 个，达标率为 95.58%，已提前达到 2010 年目标（75%），这从一定层面上验证了"十一五"污染减排所取得的成绩。但是，由于指标的不完善，导致环境质量评价结果与人们的感受不一致。有研究显示，若在现有环境质量评价体系中增加 $O_3$ 等因子，达标城市比例将会大幅度降低（部分城市下降 20～30 个百分点）。可以看出，从促进环境质量改善的角度讲，现阶段总量削减体系虽起到了促进作用但非正比作用。

总量削减也表现在对经济发展、资源能源消费的倒逼作用且非正比作用。我国目前经济发展迅猛、资源能源消费总量高企、产业结构需要优化，而综合环境经济分析表明在 2020—2030 年资源、能源、人口、工业化压力没有解决前，社会、经济发展对环境的压力依然是一段时间内持续的主题。党的十七大也提出，到 2020 年主要污染物排放总量得到控制仍将是主要任务。2020 年以后，在技术进步、经济结构与消费方式改变的综合作用下，环境压力有可能逐步减轻，经济增长与原材料消费逐步"脱钩"，主要污染物产生量也随之下降，实施主要污染物排放总量控制的必要性将有所降低。

因此，基于总量控制的污染减排将是一个长期的、艰巨的、复杂的历史任务。结合瓶颈分析中提出的实施全面质量考核条件还难以具备（如质量考核带来的数据失真问题、可比性问题、监测布点优化、区域评价方法、数据质量控制、国控点位运行机制、天然本底条件异同等）。因此，"十二五"期间推行全面单一的环境质量考核理论上可行但是目前实际上并不现实。但在部分点位或区域，开展部分环境指标基于质量浓度的约束性要求具备一定的可行性。

从可行性分析的角度讲，总量削减仍然是"十二五"规划的主要内容之一，应着力通过完善总量削减实现宏观层面环境形势基本面持续趋好。这其中，总量控制是手段层次，服从于质量改善、生态系统稳定、人体健康等目标层次需求。约束性环境质量指标作为整个污染削减体系的一部分而不是主体更为可行。"十三五"开始逐步扩展约束性环境质量指标的应用领域更为可行。

## 6.5 实施环境质量约束性指标的建议

基于以上分析，建议"十二五"期间实施总量控制牵头的控制体系，基于指标因子的不同，部分指标实施总量控制+质量控制的模式，部分指标继续推进总量控制模式，并以要素为切入点大力推进区域层面环境质量改善。当然不同区域、不同省市发展阶段不同，总量与质量关系的表现会略有差异。"十二五"总量控制优化途径应是尽可能与质量改善进一步紧密结合，指标的选择应尽可能与区域环境质量的定类因子、主要问题密切相关，这是总量控制和质量控制关联的必要条件。同时，适度增加质量目标的内容，把环境质量纳入考核范围，做好质量考核的前提条件。在"十三五"左右逐步并行进行总量、质量双重控制，在 2020—2030 年经济增长与环境负荷"脱钩"后实施完全的质量控制。总量控制-质量改善路线见图 6-1。

同时，应关注从环境保护工作基础层面、能力层面进行储备，以满足实施环境质量约束性指标实施的基础条件。①要完善包括监测、统计和考核在内的三大体系能力建设，以满足约束性指标可计量性、监测性、连续统计性，定量化的要求，增强可核证性，也为监督考核提供数据基础；②要适时将新的质量指标纳入环境保护工作的相关考核要求中，通过实施考核强化操作能力，反馈能力基础的不足，也有利于开展政策保障措施实践。

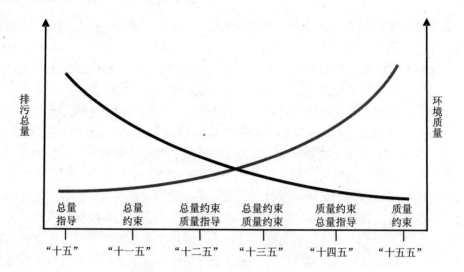

图 6-1　总量控制-质量改善路线示意图

# 第 7 章

## 水环境约束性指标调整研究

## 7.1 水环境污染指标分析

### 7.1.1 主要污染因子

从主要污染物排放总量来看,《中国环境状况公报》的统计数据显示,"十五"期间 COD 污染减排取得了明显成效, 但"十五"末期出现反弹, 2005 年我国 COD 排放总量 1 414.20 万 t, 未完成国家总量控制目标(1 300 万 t), 故 COD 污染减排仍需要进一步加强(图 7-1)。2005 年氨氮排放总量 149.80 万 t, 完成了国家控制目标(165 万 t), 但其排放总量依旧呈现逐年上升的态势。"十一五"时期, 氨氮排放总量呈逐年下降的趋势(图 7-2)。

从重金属排放统计结果来看, 我国工业废水中重金属的排放量多年来保持缓慢或大幅下降趋势, 特别是"九五"末期(2000 年)与"八五"末期(1995 年)相比, 五项重金属排放量均有明显的下降, 已不再构成我国水体的主要污染指标(图 7-3)。

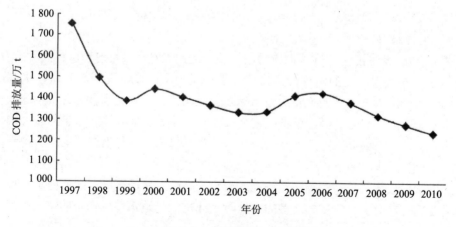

图 7-1　全国废水 COD 排放量

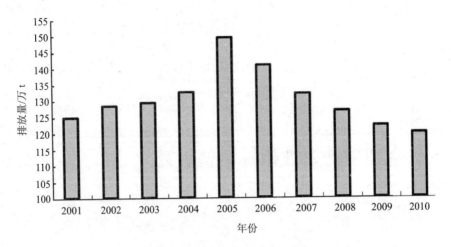

图 7-2　全国废水氨氮排放量

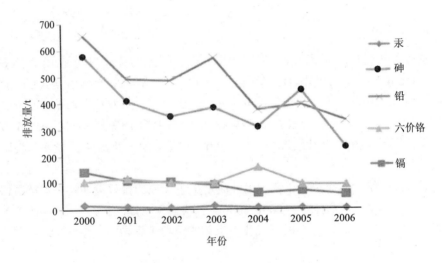

图 7-3　全国工业废水中五项重金属排放量统计

　　根据"十一五"前期的全国水质状况分析，我国的地表水污染目前仍以有机污染为主。COD、氨氮是分布最为广泛的两种污染物，几乎在全国所有重点流域均为超标状态；总氮、总磷已成为全国"三湖"的主要污染指标之一，湖泊普遍存在富营养化的污染态势；石油类也是分布较为广泛的一类污染物；重金属在部分流域、部分地区污染问题突出，如湘江流域的砷、汞、镉重金属污染风险长期存在，其引起的人体与生态健康风险备受关注（表 7-1）。

　　除上述常规污染物之外，在我国经济高度密集、高度发达的区域，区域内水环境中还存在大量潜在的有毒有害污染物，众多的高风险企业构成当地水环境安全的重大隐患。以京杭大运河为例，通过对大运河某断面的水样进行分析，发现主要特征污染物包括：三氯甲烷、二氯乙烷、苯系物、萘、长链烃等（图 7-4）。但是，我国目前还缺乏相应的、有效的监测技术，对新型特征污染物在全国的污染状况尚不清楚。

表 7-1  主要污染物在全国各流域分布情况

| 污染物名称 | 主要污染分布流域 |
|---|---|
| COD | 淮河、海河、辽河、滇池、黄河、松花江、长江 |
| 氨氮 | 淮河、太湖、巢湖、滇池、黄河、松花江、长江 |
| 总氮 | 太湖、巢湖、滇池 |
| 总磷 | 太湖、巢湖、滇池、松花江、长江 |
| 重金属 | 长江流域的湘江及沅江（汞、镉、铅、砷）、黄河中上游（汞） |
| 石油类 | 淮河、海河、辽河、太湖、巢湖、黄河、松花江、长江 |
| 挥发酚 | 淮河、海河、辽河、黄河、长江 |
| 氟化物 | 海河 |

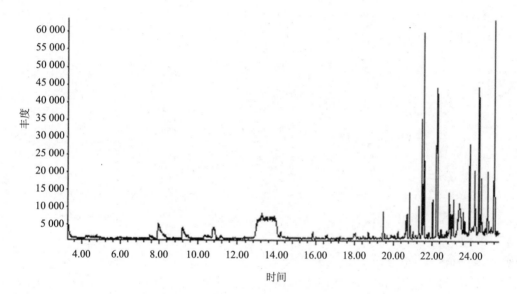

数据来源：清华大学环境学院国家重大水专项"城市水环境安全监管体系研究与综合示范"课题研究小组现场调研采集的水样分析结果。

图 7-4  大运河某断面水质分析图（2009 年 11 月）

## 7.1.2  备选指标筛选

基于上述分析，我国水体的主要污染指标包括 COD、氨氮、总氮、总磷等，水环境污染形势复杂，有机污染尚未根本解决，营养物污染和新型有毒有害物质污染又同时并存。

（1）有机污染以 COD 为主要超标指标，尽管 COD 已经在"十一五"规划中被列为约束性指标之一，污染减排取得了一定成效，但距离全国总量控制目标尚有较大差距，有必要继续作为约束性指标加以控制。

（2）虽然全国氨氮排放量已达标，但在全国七大重点流域中，氨氮超标严重，污染尤其突出，故纳入约束性指标的备选指标中。

（3）总氮和总磷是表征湖泊富营养化程度的重要指标，也是我国重点湖库的主要超标指标。从我国对重点湖泊的治理情况来看，总磷治理效果比较显著。以太湖为例，随着"九五""十五"太湖治理力度的加强,总磷含量变化已趋于平缓,并已下降到 20 世纪 80 年代末的水平,但总氮含量逐年上升(图 7-5)。

(a)总氮

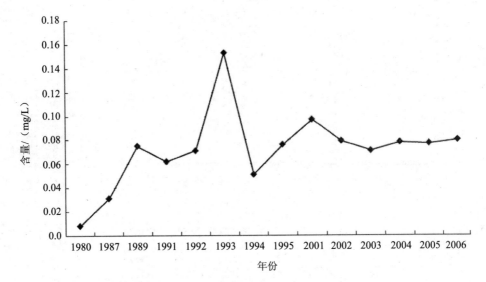
(b)总磷

**图 7-5 太湖历年总氮、总磷含量变化图**

从污染超标状况来看,总氮的超标状况也远远重于总磷。2005 年,我国"三湖"中太湖和滇池的总氮质量浓度均超过湖库Ⅴ类标准,巢湖总氮也已超过Ⅳ类并接近Ⅴ类标准;相对于总氮,太湖和滇池(外海)的总磷质量浓度已达到湖库Ⅲ类标准,巢湖总磷达到Ⅳ类标准,略超过Ⅲ类标准。

(4)石油类物质同样是分布较为广泛的一类污染物,但究其产生原因主要是船舶污染造成,因此难以用点源的总量控制制度进行约束。

(5)重金属在部分流域、部分地区污染问题突出。如湘江流域的砷、汞、镉重金属污染风险长期存在,其引起的人体与生态健康风险备受关注。

(6)对于新型特征污染物,如持久性有机污染物(POPs),我国现有的监测技术相对比较落后，而且可监测项目不足，由于对新型污染物缺乏有效的监测技术，尚不清楚在全国的分布和污染状况，无法为环境污染事故有效快速地处理提供及时的污染信息，难以防范事故风险。

综上所述，建议"十二五"期间把 COD、氨氮和总氮作为备选指标纳入约束性指标体系；总磷在重点湖库继续加强控制；石油类污染重点控制船舶等污染源；重金属在敏感区域污染治理中加以重视；新型特征污染物的污染现状尚不清楚，争取"十二五"期间在全国开展监测和统计工作，到"十三五"纳入全国的污染控制体系。

## 7.2　COD 纳入约束性指标分析

### 7.2.1　必要性分析

"十五"末期，我国 COD 排放总量未完成国家总量控制目标。进入"十一五"时期，虽然 COD 已纳入全国约束性指标体系，但是，根据《中国环境状况公报》的统计结果（表 7-2），我国的地表水污染目前仍以有机污染为主，COD 仍然是淮河、海河、辽河、松花江等重要水系的主要污染物，故 COD 污染减排在"十二五"时期，甚至更长时期内，仍需要进一步加强。

表 7-2　七大水系 COD 主要污染流域分布情况

| 年份 | COD 污染分布流域 |
|---|---|
| 2000 | 淮河、海河、辽河、黄河、松花江 |
| 2001 | 淮河、海河、辽河、黄河、松花江、长江 |
| 2002 | 淮河、黄河、松花江、长江、珠江 |
| 2003 | 黄河、松花江 |
| 2004 | 淮河、海河、辽河、黄河、松花江 |
| 2005 | 淮河、辽河、松花江 |
| 2006 | 淮河、海河、松花江 |
| 2007 | 淮河、海河、辽河、松花江 |
| 2008 | 淮河、海河、辽河、松花江 |
| 2009 | 淮河、海河、辽河、长江、黄河 |
| 2010 | 淮河、海河、黄河、松花江 |
| 2011 | 淮河、海河、黄河、松花江 |

国家"十一五"规划纲要提出了 COD 作为约束性指标达到排放总量减少 10% 的目标，在确保实现全国削减目标的前提下，对东、中、西部地区实行区别对待，东部地区一般要大于 10%，中部地区在 10% 左右，西部地区一般小于 10%，个别排放基数小、环境容量大的省（自治区），排放量可以适当增加。为了确保实现减排约束性指标，2007 年 5 月，国务院出台了《节能减排综合性工作方案》，进一步明确了实现节能减排的目标任务和总体要求，确定了"十一五"节能减排的重点工作和主要措施。对于 COD 约束性指标而言，"十

一五"时期污染减排措施主要是加大工业废水治理力度，加快城市污水处理配套管网建设和改造。其中，以污水处理厂建设为重点的工程减排措施发挥了主导作用，污水处理厂建设运营贡献的减排量占全国 COD 削减量的 50%。由此可见，"十一五"期间，COD 的污染减排主要以工业和生活点源为主，COD 的非点源污染减排尚未得到控制，需要在未来污染减排工作中进一步加强。

综上所述，尽管 COD 已在"十一五"规划中被列为约束性指标之一，污染减排也取得了显著成效。但是，COD 仍是我国七大水系的主要污染物，非点源污染源排放尚未得到有效控制，故有必要继续作为约束性指标加以控制。

### 7.2.2　基础条件分析

#### 7.2.2.1　匹配性分析

COD 是表征水中有机物毒性和使水中溶解氧减少的形式对生态系统产生影响的综合指标之一。鉴于我国地表水体有机物污染的普遍现象，从"九五"开始，COD 就作为主要水污染物控制指标，我国历年的《中国环境状况公报》和《环境统计年报》均对其有详细的质量和污染源监测数据，排放量统计也积累了大量的经验和数据，已成为环境管理的重要指标。统筹考虑上述因素，COD 指标已经具备可监测性、可统计性，有丰富的数据基础，故符合约束性指标的内涵特征。

#### 7.2.2.2　质量标准分析

我国 COD 的环境标准研究起步较早。20 世纪 80 年代，我国就已对 COD 水质标准和主要污染行业的排放限值做了明确的规定。进入 21 世纪以后，我国加强了对 COD 主要污染行业排放标准的制定，进一步完善了工业 COD 排放标准体系（表 7-3、表 7-4）。通过实施标准起到制止任意排污、促使企业对污染进行治理和管理，采用先进的无污染、少污染工艺，设备更新，资源和能源的综合利用等积极作用。环境标准是实施 COD 减排的重要手段，同时也是制定 COD 减排技术政策的重要依据。

表 7-3　我国地表水环境质量标准对 COD 的限值

| 标准名称 | | 限值/（mg/l） | | | | | 备注 |
| --- | --- | --- | --- | --- | --- | --- | --- |
| | | I 类 | II 类 | III 类 | IV 类 | V 类 | |
| 地表水环境质量标准 | GB 3838—1988 | 15 | 15 | 15 | 20 | 25 | $COD_{Cr}$ |
| | GHZB 1—1999 | 15 | 15 | 20 | 30 | 40 | |
| | GB 3838—2002 | 15 | 15 | 20 | 30 | 40 | |

表 7-4　与工业 COD 减排相关的环境标准

| 标准编号 | 标准名称 | 实施日期 |
| --- | --- | --- |
| GB 3544—2008 | 制浆造纸工业水污染物排放标准 | 2008-08-01 |
| GB 21900—2008 | 电镀污染物排放标准 | 2008-08-01 |
| GB 21901—2008 | 羽绒工业水污染物排放标准 | 2008-08-01 |
| GB 21902—2008 | 合成革与人造革工业污染物排放标准 | 2008-08-01 |
| GB 21903—2008 | 发酵类制药工业水污染物排放标准 | 2008-08-01 |
| GB 21904—2008 | 化学合成类制药工业水污染物排放标准 | 2008-08-01 |

| 标准编号 | 标准名称 | 实施日期 |
|---|---|---|
| GB 21905—2008 | 提取类制药工业水污染物排放标准 | 2008-08-01 |
| GB 21906—2008 | 中药类制药工业水污染物排放标准 | 2008-08-01 |
| GB 21907—2008 | 生物工程类制药工业水污染物排放标准 | 2008-08-01 |
| GB 21908—2008 | 混装制剂类制药工业水污染物排放标准 | 2008-08-01 |
| GB 21909—2008 | 制糖工业水污染物排放标准 | 2008-08-01 |
| GB 21523—2008 | 杂环类农药工业水污染物排放标准 | 2008-07-01 |
| GB 20425—2006 | 皂素工业水污染物排放标准 | 2007-01-01 |
| GB 20426—2006 | 煤炭工业污染物排放标准 | 2006-10-01 |
| GB 18466—2005 | 医疗机构水污染物排放标准 | 2006-01-01 |
| GB 19821—2005 | 啤酒工业污染物排放标准 | 2006-01-01 |
| GB 19431—2004 | 味精工业污染物排放标准 | 2004-04-01 |
| GB 19430—2004 | 柠檬酸工业污染物排放标准 | 2004-04-01 |
| GB 14470.3—2002 | 兵器工业水污染物排放标准　弹药装药 | 2003-07-01 |
| GB 14470.1—2002 | 兵器工业水污染物排放标准　火炸药 | 2003-07-01 |
| GB 14470.2—2002 | 兵器工业水污染物排放标准　火工药剂 | 2003-07-01 |
| GB 13458—2001 | 合成氨工业水污染物排放标准 | 2002-01-01 |
| GB 8978—1996 | 污水综合排放标准 | 1998-01-01 |
| GB 15580—95 | 磷肥工业水污染物排放标准 | 1996-07-01 |
| GB 15581—95 | 烧碱、聚氯乙烯工业水污染物排放标准 | 1996-07-01 |
| GB 14374—93 | 航天推进剂水污染物排放标准 | 1993-12-01 |
| GB 13457—92 | 肉类加工工业水污染物排放标准 | 1992-07-01 |
| GB 13456—92 | 钢铁工业水污染物排放标准 | 1992-07-01 |
| GB 4287—92 | 纺织染整工业水污染物排放标准 | 1992-07-01 |
| GB 4914—85 | 海洋石油开发工业含油污水排放标准 | 1985-08-01 |
| GB 4286—84 | 船舶工业污染物排放标准 | 1985-03-01 |
| GB 3552—83 | 船舶污染物排放标准 | 1983-10-01 |

### 7.2.2.3　监测与统计基础

COD 是我国地表水体的常规监测指标之一，已具备比较成熟的监测技术和方法。COD 作为反映有机污染的综合指标，根据所应用氧化剂的种类，在测定 COD 时，可分为高锰酸钾法和重铬酸钾法两种。

从统计数据来看，我国已积累了多年的 COD 基础数据，包括全国的工业和生活点源污染排放数据，全国各省的 COD 排污总量数据，以及造纸、化工、黑色金属冶炼等重点排污行业的排放数量等。但是，对于非点源，由于其污染具有随机性，其污染物排放及污染途径具有不确定性，使非点源污染负荷的时空差异大，目前调查范围有限，全国性的调查还没有开展，调查内容不完善，调查方法不规范。

### 7.2.2.4　污染源解析

目前，全国 COD 的污染源统计数据主要以点源为主。从近年全国工业废水和生活污水的 COD 排放量来看，工业废水排放量逐年递减，工业点源的治理已取得一定成效；生活污水排放量已远远超过工业废水，且一直处于居高不下的状态（图 7-6）。因此，在工业点源得到有效的治理后，应加强城镇生活污水 COD 的减排。

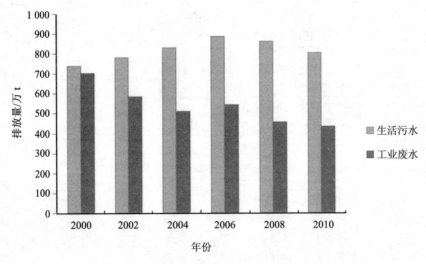

图 7-6　全国 COD 排放量

从地区分布来看，2010 年 COD 排放量前 10 位的省份依次为广西、广东、湖南、江苏、四川、山东、河南、湖北、河北和辽宁，这 10 个省份的 COD 排放量为 702.3 万 t，占全国 COD 排放量的 56.7%。工业 COD 排放量最大的是广西，生活 COD 排放量最大的是广东。

目前，非点源污染已成为地表水质污染的重要影响因素与来源之一。我国的非点源污染主要来源于农业生产和农村生活，从已有的农田暴雨径流监测资料来看，COD 质量浓度一般远高于 BOD 质量浓度，可生化性很差。虽然，我国对非点源污染还没有完善的监测和统计方法，但是，国内已开展了相关研究，开发了针对性的非点源污染模型，对全国非点源污染负荷进行了匡算，并识别了全国主要流域的非点源污染负荷量（表 7-5）。通过比较可以看出，我国重点"三河"流域的非点源污染负荷已接近甚至超过了工业点源的污染负荷量，尤其是农村居民生活和畜禽养殖的污染负荷占农业非点源污染的比例很高。

表 7-5　"三河"流域不同污染源 COD 排污负荷量（2000 年）　　　　单位：万 t

| 流域 | 工业点源 | 非点源 | | |
|---|---|---|---|---|
| | | 城市径流 | 农村居民生活 | 禽畜养殖 |
| 辽河 | 29.47 | 1.6 | 11.3 | 14.0 |
| 淮河 | 28.97 | 4.3 | 34.9 | 19.6 |
| 海河 | 62.80 | 2.8 | 13.7 | 49.2 |

### 7.2.3　可行性分析

#### 7.2.3.1　污染控制技术分析

从工业污染治理来看，万元工业产值排污强度的变化主要受到治理技术的影响，同时还有其他因素（如产业结构调整）也会有所影响，故通过比较单个行业排放强度的变化情况，可以推断当前治理技术对控制工业污染排放的作用。从图 7-7 可以看出，无论是排污较大的重点行业的 COD 排放强度，还是所有工业行业 COD 排放强度的平均值，自 1998 年以来，都呈现出明显的下降趋势。因此，目前各行业采纳的减排技术基本可行，相关的技术政策对减排起到了重要作用。具有针对性的行业技术政策的引导和限制仍然是非常重要的减排措施。但有个别行业排放强度不稳定，时有起伏，仍需加强技术政策的推广和执行，督促各工业企业加快技术改造，推行清洁生产。

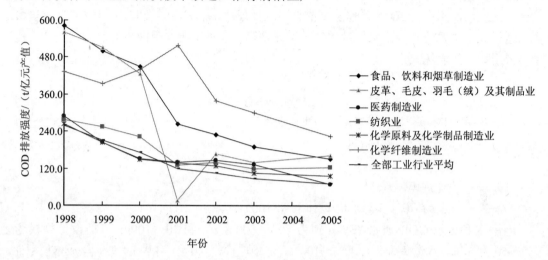

**图 7-7　主要行业万元工业产值 COD 排放强度历年变化**

从生活污水处理来看，一般情况下经过二级生物处理工艺后，出水 COD 质量浓度就可以达标。我国目前的污水处理厂采用的处理工艺均可以满足出水 COD 质量浓度达标。以 2006 年的全国污水厂统计数据为例，实际进水 COD 质量浓度平均为 336.70 mg/L，实际出水 COD 质量浓度平均为 52.05 mg/L，已达到《城镇污水处理厂污染物排放标准》（GB 18918—2002）规定的一级 B 标准。根据上述统计结果，假设污水处理厂全年平均稳定运行负荷率达到 70%，则 2006 年我国城镇污水处理厂的 COD 削减量估算为 317.39 万 t/a。如果实现 2015 年全国城镇污水处理厂日处理能力达到 12 575 万 t，在污水厂全年平均稳定运行负荷率不变的情况下，假设进水污染物质量浓度均值不变，出水 COD 质量浓度平均也达到一级 A 标准（50.00 mg/L），则我国城镇污水处理厂的 COD 削减量将达到 2015 年削减 921.14 万 t/a（表 7-6）。

**表 7-6　全国城镇污水处理厂的 COD 削减能力情景分析**

| 项目 | 2006 年 | 2015 年 |
| --- | --- | --- |
| 进水平均质量浓度/（mg/L） | 336.70 | 336.70 |
| 出水平均质量浓度/（mg/L） | 52.02 | 50.00 |
| 污水厂日处理量/万 t | 4 364.1 | 12575 |
| 污水厂全年平均稳定运行负荷率/% | 70 | 70 |
| 全年污染物削减量/万 t | 317.39 | 921.14 |

注：2015 年全国城镇污水处理厂日处理能力是根据《全国城镇污水处理及再生利用设施"十一五"建设规划》中预测的 2015 年全国污水排放总量为 510 亿 m³，假设 2015 年城市污水处理率达到 90%计算而得。

但是对于有工业废水进入的污水处理厂，由于工业废水超标排放或者偷排引起的冲击性波动和污泥中毒进而可能导致超标问题。如果 COD 不能稳定达标，可考虑增加泥龄，较长的泥龄有助于出水 COD 质量浓度的降低。或者，对出水进行混凝过滤处理，一般可去除 10 mg/L 左右 COD。

#### 7.2.3.2 污染控制经济性分析

我国生活污水中 COD 的治理主要依靠污水处理厂，相关研究表明，削减 COD 总量所需的运行成本主要受到进出水质量浓度、设计规模、水量负荷率等因素的影响，其计算模型可采用如下的表达式：

$$C_i = \frac{aP_N}{(37.001 \times Q^{0.0654})f/100} \tag{7-1}$$

式中：$C_i$ —— 削减单位氨氮总量所需成本，元/kg；

$P_N$ —— 运行成本，kW·h/kg；

$a$ —— 当地电价，元/（kW·h）；

$Q$ —— 设计规模，万 t/d；

$f$ —— 水量负荷率（实际水量/设计水量×100），%。

当进水和出水 COD 质量浓度分别为 200～600 mg/L 和 30～100 mg/L，设计规模为 5 万～50 万 m³/a，水量负荷率为 70%～100%，当地电价为 0.6 元/（kW·h）时，该成本模型计算污水厂去除 COD 所需的电耗为 0.22～0.69 kW·h/kg，所需的运行成本为 0.15～0.79 元/kg，污水处理厂出水水质质量浓度越低，削减单位 COD 总量所需的运行成本越高；而当要求出水水质一定时，削减的 COD 污染物总量越多，该成本值越低。因此在某一段时间内按照出水质量浓度确定削减单位COD总量的运行成本为某一定值并按该值支付运行费用时，污水处理厂削减的 COD 污染物总量越多，实际所用的单位污染物总量削减成本越低，从而可以有效激励污水处理厂多削减污染物总量，并促进出水水质的不断改善。

#### 7.2.3.3 管理措施可行性分析

在管理政策方面，COD 减排主要采取了如下措施：完善环境标准，着力削减重点行业污染负荷；强化环境影响评价管理，实施"区域限批"；健全污染减排统计、监测和考核"三大体系"。

从我国排污收费统计情况来看，2003 年以前，缴纳排污费单位数量不断增加，相应地排污费增收总额不断增加。此后，由于环境影响评价制度、"三同时"制度以及 COD 减排政策的严格执行，有效控制了新增污染源；另外由于强制淘汰或限期治理了一批不符合环境保护要求的企业，导致 2003 年后缴纳排污费单位数量明显减少，而排污费总额由于质量浓度控制向总量控制的转变，加上环境经济政策的不断创新，排污费总额仍然保持增长的趋势（图 7-8）。

从"三同时"及环评政策执行统计情况来看，"三同时"的执行率和执行合格率逐年上升，到 2003 年趋于稳定。环境影响评价制度执行情况良好，说明环境管理制度已得到政府及公众的普遍认可，环境影响评价制度和"三同时"执行，从源头上控制了 COD 的排放，在一定程度上有利于污染控制政策的推行和发展，对于 COD 减排起到一定积极的作用（图 7-9）。

我国的 COD 减排对有关措施还配套运用了经济手段。目前，有关 COD 减排的主要经济措施包括排污收费、增值税等。

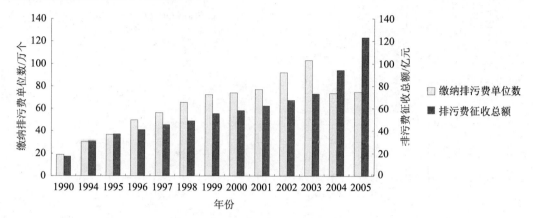

图 7-8　我国排污收费统计

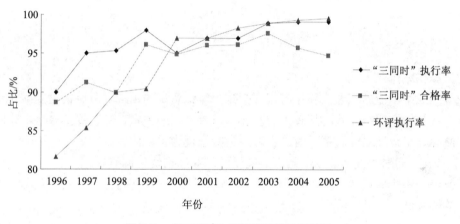

图 7-9　"三同时"及环评政策执行统计

（1）排污收费。排污收费制度已经在我国《水污染防治法》等主要环保法律中作了规定，国务院颁布了专门的《排污费征收使用管理条例》。"十一五"期间，《节能减排综合性工作方案》中要求提高排污费标准，其中对 COD 的规定是：各地根据实际情况提高，国务院有关部门批准后实施。目前，一些地方先后发文调整了排污费征收标准，如：河北省将 COD 排污费征收标准分步提高到 1.4 元/污染当量；江苏省将 COD 排污费征收标准提高到 0.9 元/污染当量。

（2）增值税。2001 年 6 月 19 日，财政部、国家税务局《关于污水处理费有关增值税政策的通知》规定：自 2001 年 7 月 1 日起，对各级政府及主管部门委托自来水厂（公司）随水费收取的污水处理费，免征增值税。

通过经济手段实施 COD 减排，从全国万元 GDP 的 COD 排放强度变化情况来看，"十五"、"十一五"期间，表现为逐年递减的态势，尤其是生活污染源的 COD 排放强度有了明显的下降（图 7-10）。因此，运用经济手段对 COD 减排取得了一定的减排效果。

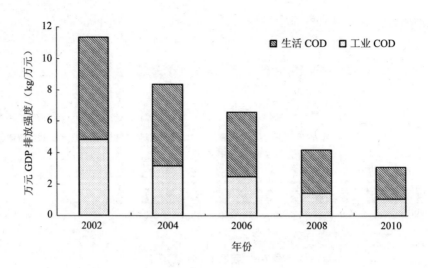

图 7-10 全国万元 GDP 的工业和生活 COD 排放强度

## 7.2.4 实施建议

### 7.2.4.1 结构减排

调整产业结构能够从源头和生产过程中减少能源资源的消耗，具有很大的减排潜力。虽然我国目前的产业结构状况与我国的发展阶段有一定的关系，但调整影响产业结构的体制机制原因、出台针对性政策，对于实现污染减排极为重要。

"十二五"期间建议采取以下几点措施促进产业结构优化调整。

（1）进一步实施区域限批，遏制高能耗、高污染产业迅速扩张，落实宏观调控政策，实现可持续发展。

（2）淘汰落后产能，将国家淘汰名录和任务分解落实到各地和具体企业，并防止污染产业向落后地区转移。

（3）制定促进环保产业发展的经济政策，加快节能减排技术研发及产业化示范和推广，加强环保产业的宏观引导，建立市场准入制度，制定环保产品标准和环保工程技术规范，实施环境标志和环保产品认证制度，推动环保产业园、ISO 14000 国家示范区建设等各项工作。

（4）大力发展循环经济，在经济运行的各个环节积极推行节能减排。通过税收以及信贷等政策鼓励与循环经济相关的投资和消费，建立循环经济发展的长效激励机制。

### 7.2.4.2 工程减排

"十一五"期间，工程减排措施发挥了主导作用。其中，污水处理厂建设运营贡献的减排量占全国 COD 削减量的 50%以上。但是，治污工程建设水平不高，部分设施未等建好就已被市场淘汰，减排工程质量难以保障，绩效有待提高。针对"十一五"期间存在的城市污水管网建设滞后和污染治理设备质量较差的问题，"十二五"期间要继续加强污水厂自身能力建设，同时要扩宽减排思路，重视提高 COD 排放标准等级和污水厂实际运行效率。具体建议和措施如下：

（1）加强城镇污水厂自身能力建设。加快城市污水管网建设。在城市污水处理厂的立项审批过程中，严格遵守"管网先行"的原则。污水处理厂建设坚持配套管网与主体工艺同时设计、同时施工、同时投入运行，加大对城市污水管网的配套建设力度，提高污水管网的覆盖率，扩展污水收集管网服务范围。在管网建设中，因地制宜，合理确定排水体制。

严把治污工程质量关。重视治污工程质量，不能仅停留在末端治理达标这一环节，应建立全过程的治污工程质量技术管理体系，出台系列建设标准，提升治污工程质量。在确保治污工程质量的前提下，加快建设进度，确保污染治理设施投入运行后能真正转变为污染减排能力。

（2）提高 COD 排放标准等级。目前，我国大部分地区污水处理厂的 COD 排放已达到《城镇污水处理厂污染物排放标准》（GB 18918—2002）中的二级或一级 B 的排放标准。虽然，目前污水处理厂的基本工艺流程难以实现一级 A 稳定达标，但通过采用二级（强化）处理过程，包括通过在好氧池加填料来提高硝化稳定性，或者在缺氧段加外碳源来增强反硝化，或者利用初沉污泥和剩余污泥来补充内碳源。另一种做法是采用二级（强化）处理出水的手段，利用活性炭吸附来去除 COD。这些手段都可以比较容易地实现出水 COD 达到一级 A 的排放标准。

（3）拓宽资金筹措渠道，提高已建污水厂实际运行效率。我国污水处理产业高速发展。至 2008 年初，我国已运营的污水处理厂总数为 1 206 座，其中城市污水处理厂 883 座，县级污水处理厂 323 座。随着"十一五"规划的进一步深入，各地县级污水处理厂建设脚步也在加快，截至 2010 年年底，我国至少有近 3 000 座污水处理厂达到运营状态。虽然我国污水厂数量有了较大幅度的提高，但是在已建污水处理厂中，能够满负荷运行的污水处理厂还不到一半。我国各省市的污水处理设施平均负荷率仅为 63.75%，个别城市的污水处理设施负荷率还不到 40%。这也表明我国的污水处理能力仍有较大的上升空间。

"十二五"期间，针对我国污水厂因经费不足，无法正常运行的问题，首先，政府要切实承担投资和建设责任，加大对中西部和重点流域污水处理厂的财政支持力度；其次，应设立污染减排奖励资金，按照"以奖促优，以优促效"的原则，对部分省市的污染减排工作给予奖励。根据发达国家的经验，国家应建立专门的扶持性融资机制，提高中小企业的环境融资能力，促进污染减排。

### 7.2.4.3　监管减排

监督管理是污染减排的基础性措施，"十二五"期间应强化执法监督，着力完善减排的政策制度，加强减排设施的监督管理，完善并充分发挥污染减排考核的导向作用。

（1）执法监督。我国现行的法律法规缺乏具体的强制性法律依据，还不足以全面具体地支持总量控制工作。"十二五"首先要抓紧制定出台《主要污染物排放总量控制条例》，为污染减排提供法律保障。加快实施《国家环境监管能力建设规划》，落实运行经费和保障机制，推进省、市、县三级环境监察机构标准化建设使各级环境监察机构具备直发机动性、现场取证、通信联络、信息处理、快速应急反应等各环节的系统配套执法能力，完善日常环境执法手段。

加强监测和统计能力以及相关制度建设。加强重点污染源的日常监督检查，加大对重点流域、区域、行业和饮用水水源保护区的环境综合整治工作，对污染严重的企业实行挂牌督办，对严重环境违法和总量超标或完不成污染减排任务的地区实行区域限批、流域限批政策。

强化污染减排数据的整合和动态管理，加快建立国控重点污染源排放数据库，向社会公布全国重点污染源和重点污染行业企业污染减排信息，在决策、监管和参与等各环节推进公众参与，发挥公众和媒体的监督作用。

按照收费标准高于治理成本的原则，提高排污收费标准和处罚标准，着力改变"守法成本高，违法成本低"的现状，对于超标排污和恶意环境违法企业可按照处罚上限按日处罚，采取追究直接责任人和主要负责人的刑事责任等手段，促进企业主动治污。

（2）设施监管。随着我国环保投入的逐年增加，全国建设了大量的污染治理设施。但是，由于市场的无序竞争和配套的政策措施缺失，导致大量治污工程无法稳定运行，甚至出现闲置和浪费的现象，部分设施质量差，效率低，无法满足污染减排的任务。

加强对工程设施招投标市场的监管。改变重事前审批、轻事后监管的倾向，对招标、投标、开标、评标、中标实施全过程监管，进一步强化中标后的跟踪管理。

加强对污染治理工程建设质量的监管。把健全和完善建设各方主体工程质量技术保证体系作为强化质量管理工作的重点，不断提高环境监督执法人员自身业务素质，加强技术理论研究和总结，建设信息化管理，促进工程质量监督工作的开展。

严格在线监测设备运行监管。建立和完善在线监测检定、认可、验收、联网、数据使用等规范和标准体系，明确在线监测数据的法律地位。

（3）考核评价。"十一五"期间，为了更好地完成约束性指标的减排目标，我国建立了以地方各级人民政府为责任主体，把约束性控制指标层层分解落实的考核机制。但是，实施中仍存在考核责任主体不清，减排协作机制不完善，统计数据可靠性差等问题。故对"十二五"约束性指标的考核评价方法提出如下建议：

明确考核对象，落实污染减排责任主体，扭转目前环保部门是工作主体，考核工作是上级环保部门考核下级环保部门的现状，树立抓环保工作和抓经济一样也是体现政府的执政能力和干部领导能力的考核观。

减排任务真正分解落实。根据国际环境政策经验、"十一五"减排实践和我国环境管理水平，建议从"十二五"开始实行"国家-区域-行业"排放总量控制体系。国家排放总量控制模式正如"十一五"的实施模式，国家设定总量控制目标，最终分解到市县的重点污染源。区域排放总量控制模式是指满足特定区域给定环境质量目标下允许的最大排放量，或者分阶段达到允许最大排放量的目标排放总量，采用一个区域一个总量，实现较科学的区域总量控制。行业排放的总量控制是指一个特定行业，甚至该行业特定数量污染源范围内的总量控制，行业总量控制比较容易确定和分配目标，如根据行业排放绩效公平合理地分配排放目标。

建立完善污染减排考核的配套制度。完善并落实项目审批问责制、排污收费责任追究制，建立污染减排责任追溯制度。定期对各地污染减排完成情况进行考核评估，建立污染减排的奖惩措施，考核结果与"区域限批"挂钩，与地区评优创先挂钩，完不成污染减排任务的地区停止审批新的排污项目。

## 7.3　氨氮纳入约束性指标分析

### 7.3.1　必要性分析

氨氮是我国水体分布最为广泛的超标污染物，根据历年《中国环境状况公报》统计，我国七大水系普遍受到氨氮的污染（表 7-7）。此外，西北、西南诸河，以及浙闽区河流也普遍受到氨氮的污染。由此可见，氨氮污染已经影响到了全国的绝大部分水系和区域。因此，氨氮是否纳入污染减排约束性指标，直接影响我国水污染物减排工作的环境质量绩效。

表 7-7　七大水系氨氮主要污染流域分布情况

| 年份 | 氨氮污染分布流域 |
|---|---|
| 2000 | 长江、黄河、淮河、海河 |
| 2001 | 长江、珠江、淮河、海河、辽河、松花江 |
| 2002 | 长江、淮河、海河、辽河 |
| 2003 | 长江、黄河、珠江、淮河、海河、松花江 |
| 2004 | 长江、黄河、珠江、淮河 |
| 2005 | 长江、黄河、珠江、淮河、海河、辽河、松花江 |
| 2006 | 长江、黄河、珠江、海河、辽河、松花江 |
| 2007 | 长江、黄河、珠江、淮河、海河、辽河 |
| 2008 | 长江、黄河、珠江、淮河、海河、辽河 |
| 2009 | 长江、黄河、珠江、海河、辽河、松花江 |
| 2010 | 长江、黄河、珠江、海河、辽河、松花江 |
| 2011 | 长江、黄河、珠江、海河、辽河、松花江 |

### 7.3.2　基础条件分析

#### 7.3.2.1　匹配性分析

氨氮属于一次污染物，在我国也属于区域性而非局地性的污染物。目前，氨氮已经成为我国水体环境监测的重要指标，也是各级监测站点的必测项目，已经具备了可行、可靠的监测方法。在污染控制方面，氨氮控制已不存在技术上的制约因素，技术经济合理性也是有保障的。

"十一五"以来，我国在污染物监测能力建设、排放统计数据完整性、减排目标制定及考核实施等方面有了一定的积累，氨氮纳入"十二五"约束性指标成为可能。自 2001 年起，我国环境统计中增加了城镇生活氨氮排放量指标。随着污染源普查数据动态更新和未来环境统计调查体系的继续完善，氨氮总量控制的数据基础将进一步夯实。

国内相关研究表明，氨氮的污染物排放强度与地区经济发展水平具有显著的负相关关系，而与单位地区 GDP 能耗和单位工业增加值能耗具有显著的正相关关系。由此可见，氨氮指标在一定程度上可以反映当地的经济发展水平，通过控制氨氮排放量可以制约经济的粗放增长，调整高耗能、高污染产业的结构，促进转变经济增长方式。目前各项 COD 污染减排制度、技术措施都对氨氮污染防治工作也具有重要的基础性作用。"十一五"期间，污染减排"三大体系"建设得到一定程度的提升，也有利于将氨氮减排工作落到实处。

### 7.3.2.2 质量标准分析

分析氨氮逐渐成为影响地表水质的主要因子，有必要对我国现行的水环境标准以及国外同类标准进行比较分析和评估，以判断现行标准的科学性与合理性，分析是否存在标准对氨氮超标的影响作用。

我国的水环境标准始建于 20 世纪 80 年代，经过多年的发展和修订，已逐渐形成了一个相对完整的标准体系。其中，水环境质量标准、水污染物排放标准和水环境卫生标准是强制性标准，也是我国水环境标准体系的主体。我国的水环境质量标准都是按照不同功能区的不同要求制定的，高功能区高要求，低功能区低要求，主要水质标准包括《地表水环境质量标准》《地下水质量标准》《生活饮用水卫生标准》等，这些标准都对氨氮指标限值做了明确的规定，并进行不断修改和完善（表 7-8）。

表 7-8　我国主要水环境质量标准对氨氮的限值

| 标准名称 | | 限值/（mg/L） | | | | | 备注 |
|---|---|---|---|---|---|---|---|
| | | I 类 | II 类 | III 类 | IV 类 | V 类 | |
| 地表水环境质量标准 | GB 3838—1988 | — | | | | | |
| | GHZB 1—1999 | 0.5 | 0.5 | 0.5 | 1.0 | 1.5 | |
| | GB 3838—2002 | 0.15 | 0.5 | 1.0 | 1.5 | 2.0 | |
| 地表水资源质量标准 | SL 63—1994 | 0.1 | 0.2 | 1.0 | 2.0 | 8.0 | |
| 地下水质量标准 | GB/T 14848—1993 | 0.02 | 0.02 | 0.2 | 0.5 | 0.5 | |
| 生活饮用水卫生标准 | GB 5749—1985 | — | | | | | |
| | GB 5749—2006 | 0.5 | | | | | 非常规，以氮计 |
| 生活饮用水水源水质标准 | CJ 3020—1999 | 一级≤0.5，二级≤1.0 | | | | | 以氮计 |

与国外相比，我国在环境基准研究方面存在严重的滞后性。以《生活饮用水卫生标准》（GB 5749—2006）为例，我国的氨氮限值是 0.5 mg/L，这与原欧共体（1998）、法国（1989）、德国（1990）等国家的规定相同，而美国、日本等国家的饮用水标准中没有规定氨氮的限值。我国的水环境基准是以美国的水质基准数据作为主要参考，而水质标准的制定又是参考一些欧洲国家的标准而制定，因此，标准本身的科学性和合理性大打折扣。

在水污染物排放标准方面，我国目前已有 26 个现行水污染物排放标准对氨氮的排放规定了控制标准值，近几年颁布的标准符合我国实际情况，具有可操作性。以《合成氨工业水污染物排放标准》（GB 13458—2001）为例，我国的合成氨废水排放标准规定了执行标准的两个时间段，并根据废水排放去向对第一时间段的标准值分为两级。排放标准值主要依据技术和经济水平而定，体现了排放标准的公平性、公正性。与国外同类行业的排放标准相比，美国合成氨排放标准值不分级，而是根据不同的污染控制技术给出不同的标准值，标准在实施过程中，无论是生产者还是管理者都很容易操作，这一特点值得我们借鉴。从具体排放限值的规定来看，我国的标准限值基本介于美国的每日最大值与逐日平均值之间（表 7-9、表 7-10）。

表 7-9　中国大型企业（尿素、硝酸铵）氨氮最高允许排放限值　　　单位：kg/t NH₃

| 时间段 | 一级 | 二级 |
|---|---|---|
| 第一时间段 | 0.6 | 1.0 |
| 第二时间段 | — | 0.4 |

表 7-10　美国氮肥部分产品氨氮排放标准值（以氮计）　　　单位：kg/t NH₃

| 名称 | BPT | | BAT | | NSPS | |
|---|---|---|---|---|---|---|
| | 每日最大值 | 逐日平均值 | 每日最大值 | 逐日平均值 | 每日最大值 | 逐日平均值 |
| 尿素 | 2.077 5 | 1.038 7 | 0.933 | 0.475 4 | 0.933 1 | 0.475 4 |
| 硝酸铵 | 3.041 7 | 1.625 0 | 0.333 3 | 0.166 7 | 0.333 3 | 0.166 7 |

目前，我国现行氨氮标准存在的主要问题如下：

（1）工业行业的水污染物排放标准不完备，尤其是污染防治的重点行业，要么缺少污染物排放标准，要么标准正在制定，严重影响了氨氮污染的控制效果。有些行业虽已制定氨氮的排放标准，但也尚未做到按工艺过程划分，标准缺乏针对性与合理性。

（2）与美国的"技术强制"原则不同，我国的排放标准与相应的环保技术政策和污染控制技术之间的依托关系不明确。我国排放标准一般按地区功能目标都规定三级标准，事实上由于地区差异，国家排放标准与环境质量标准直接挂钩是非常困难的。

（3）我国的水质标准还缺少切实可行的标准评价机制。环境标准发布实施过程中，应对标准实施的效果进行评价，这是考察一项标准是否适当的重要指标。通过评价分析标准中存在的问题，为以后的标准修订和相关标准的制定提供量化指标的参考。

### 7.3.2.3　监测与统计基础

与 COD 指标一样，氨氮具备了较为完备的统计和监测体系。在已有工业废水氨氮排放量统计的基础上，自 2001 年起，我国环境统计中增加了城镇生活氨氮排放量指标，从而使点源中氨氮统计数据得以完善。2006 年开始的全国污染源普查对主要工业行业及城镇生活源的氨氮产排污系数进行研究和应用，氨氮排放量基础的准确性进一步提高，普查结果与环境统计数据的对接，可进一步提高点源数据的精度。

对于非点源，我国还没有开展全国性的调查工作。仅"八五""九五"期间，国内也在环保和农业等部门的组织、领导下，以"三河三湖"为重点，在包括官厅流域在内的其他小流域，进行了一系列专门的非点源污染调查。但是，非点源调查内容还不完整，方法还不规范，调查研究结果也没有得到充分应用。

### 7.3.2.4　污染源解析

我国的氮污染呈现点多、面广、量大的特点，在点源和面源污染方面都不容忽视。我国氨氮的主要污染来源包括：城镇居民生活污水；化工、食品加工、造纸等工业废水；农业生产中使用的化肥、农药流失，家畜养殖场，禽畜的废弃物和排泄物等。目前，我国高新技术的发展与积累、对水环境污染的关注，为氨氮工业污染治理的发展提供了技术基础和机遇；我国的城镇污水处理厂快速建设和发展，污水处理率逐年提高，为我国的氨氮生活污染控制提供了必要基础；随着非点源污染的日趋严重，非点源污染将是今后氨氮污染控制的重点。

从工业污染源来看，氨氮的结构性污染问题突出。化工行业是氨氮的主要排污行业，占工业企业氨氮总产生量的30%以上，其次为造纸、农副食品加工和纺织业，这四个行业的氨氮产生量占工业企业产生量的50%以上（表7-11）。

表7-11 2008年以来我国主要氨氮产生行业产生量贡献率

| 排序 | 2008年 | | 2009年 | | 2010年 | |
|---|---|---|---|---|---|---|
| | 行业 | 贡献率/% | 行业 | 贡献率/% | 行业 | 贡献率/% |
| 1 | 化工 | 41.0 | 化工 | 35.7 | 化工 | 31.0 |
| 2 | 造纸 | 9.6 | 造纸 | 9.6 | 造纸 | 10.2 |
| 3 | 农副食品加工 | 9.5 | 农副食品加工 | 7.9 | 农副食品加工 | 8.6 |
| 4 | 纺织 | 6.3 | 纺织 | 6.6 | 纺织 | 7.1 |
| 合计 | 66.4 | | 61.4 | | 56.9 | |

从生活氨氮排放量的变化趋势来看，"十五"期间氨氮排放量一直持续增长。至"十一五"时期，工业氨氮排放量出现明显下降，而生活氨氮排放量的变化不显著，已远远超过工业氨氮排放量，成为氨氮的主要污染源（图7-11）。

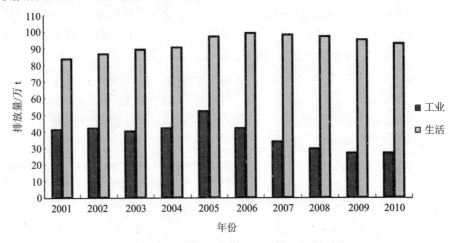

图7-11 全国工业和生活氨氮排放量

除点源污染之外，氨氮的非点源污染也日趋严重，非点源特别是农业面源成为氨氮的主要来源。我国普通氮肥的施用量非常高，但是利用率却仅有30%左右，剩余氮素有相当大的比例以氨氮的形式进入水体。相关研究认为，我国农田当季未回收的氮素50%～60%进入水体和大气，据估计，流入河、湖中的氮素约有60%来自化肥。由于我国的污染源普查并未统计农业源氨氮排放，但总氮数据显示农业污染源占总氮排放量的50%以上，从排放机理中可以推算，氨氮是农业污染源中总氮的重要组成部分，故氨氮排放中农业源排放也占较高的比例。因此，单纯控制点源并不能完全控制氨氮的排放，完全达到水质改善需要在点源控制的同时充分考虑农业面源的控制。

### 7.3.3　可行性分析

#### 7.3.3.1　污染控制技术分析

　　目前，氨氮控制已具备相应的治理技术。二级生化处理中的传统活性污泥法、改良氧化沟法、A²/O 法等均可有效去除氨氮。因此氨氮控制不存在技术上的制约因素，只要运行调试得当，氨氮去除率将有很大的提升空间。

　　目前，我国城市污水处理厂工艺多为生化处理工艺，如 A/O、A²/O、氧化沟、SBR、曝气生物滤池等。从处理原理来看，氨氮的削减除了生物合成一部分以外，主要是在有氧条件下利用硝化菌将氨氮氧化成硝酸盐而去除。污水处理厂 COD 的削减条件与氨氮相似，是通过微生物在有氧条件下对有机物的氧化和合成而去除。对于 COD 和氨氮来说，保证污水处理稳定达标的最关键环节都是在二级生物处理工艺。2006—2008 年全国污水处理厂 COD 和氨氮的去除效率来看，氨氮的去除率低于 COD，但是氨氮去除率的变化率却高于 COD，说明"十一五"期间以污水处理厂建设为重点的工程减排措施，既对 COD 减排发挥了重要作用，同时也促进了氨氮的减排，COD 和氨氮在污水处理的减排方面表现出一定的协同性（图 7-12）。

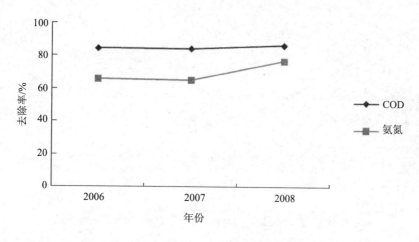

**图 7-12　全国污水处理厂 COD 和氨氮的去除效率**

#### 7.3.3.2　污染控制经济性分析

　　（1）工业氨氮治理的成本。全国氨氮排放量的三大重点行业分别是造纸业、食品加工业和化工业，这三大行业的氨氮排放量占整个统计行业总量的 50% 以上。全国 COD 与氨氮排放量的主要排污行业类别相同，三大行业的 COD 排放量也占整个统计行业总量的 50% 以上，故在此将二者进行比较分析。

　　以全国 2001—2008 年的国内生产总值（GDP）、COD 和氨氮排放总量统计数据为基础，对其污染物排放强度进行分析。从分析结果可以看出，2010 年氨氮和 COD 污染物排放强度分别为 0.30 kg/万元、3.08 kg/万元，较 2001 年下降了 70% 以上，呈现逐年递减的趋势，表明我国工业生产的技术水平逐年提高，新创造的单位经济价值的环境负荷逐年减少（表 7-12、图 7-13）。以 2001—2010 年的氨氮万元 GDP 排放量年度平均变化率为 13.58%，COD 为 14.56% 估算，预测到 2015 年，氨氮的万元 GDP 排放量为 0.14 kg/万元，

COD 为 1.40 kg/万元。

表 7-12　万元 GDP 的氨氮和 COD 污染物排放量

| 年份 | 氨氮排放量/万 t | COD 排放量/万 t | GDP/亿元 | 万元 GDP 的氨氮排放量/（kg/万元） | 万元 GDP 的 COD 排放量/（kg/万元） |
|---|---|---|---|---|---|
| 2001 | 125.2 | 1 406.5 | 109 655.2 | 1.14 | 12.83 |
| 2002 | 128.8 | 1 366.9 | 120 332.7 | 1.07 | 11.36 |
| 2003 | 129.7 | 1 333.6 | 135 822.8 | 0.95 | 9.82 |
| 2004 | 133.0 | 1 339.2 | 159 878.3 | 0.83 | 8.38 |
| 2005 | 149.8 | 1 414.2 | 184 937.4 | 0.81 | 7.65 |
| 2006 | 141.3 | 1 428.2 | 216 314.4 | 0.65 | 6.60 |
| 2007 | 132.3 | 1 381.8 | 265 810.3 | 0.50 | 5.20 |
| 2008 | 127.0 | 1 320.7 | 314 045.4 | 0.40 | 4.21 |
| 2009 | 122.6 | 1 277.5 | 340 902.8 | 0.36 | 3.75 |
| 2010 | 120.3 | 1 238.1 | 401 512.8 | 0.30 | 3.08 |

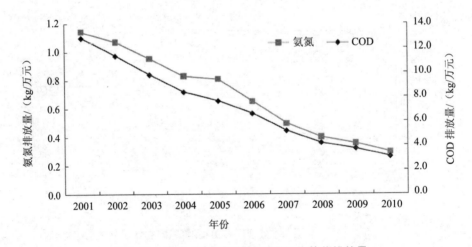

图 7-13　万元 GDP 的氨氮和 COD 污染物排放量

　　（2）生活污水中氨氮处理的运行成本。我国生活污水中氨氮的治理主要依靠污水处理厂，采用的工艺主要有：氧化沟工艺、A/O 工艺、A²/O 工艺、SBR 及其改进工艺。相关研究表明，削减氨氮总量所需的运行成本主要受到进出水质量浓度、设计规模、水量负荷率等因素的影响，其计算模型可参考式 7-1。

　　当进水和出水氨氮质量浓度分别为 20～60 mg/L 和 0.5～8 mg/L，设计规模为 5 万～50 万 m³/a，水量负荷率为 70%～100%，当地电价为 0.6 元/（kW·h）时，该成本模型计算污水厂去除氨氮所需的电耗为 5.4～12.8 kW·h/kg，所需的运行成本为 3.7～14.6 元/kg，污水处理厂出水水质质量浓度越低，削减单位氨氮总量所需的运行成本越高；而当要求出水水质一定时，削减的氨氮污染物总量越多，该成本值越低。因此在某一段时间内按照出水质量浓度确定削减单位氨氮总量的运行成本为某一定值并按该值支付运行费用时，污水处理厂削减的氨氮污染物总量越多，实际所用的单位污染物总量削减成本越低，从而可以有效激励污水处理厂多削减污染物总量，并促进出水水质的不断改善。

### 7.3.3.3　管理措施可行性分析

目前，我国氨氮超标严重，控制不力的原因包括：①工业企业达标排放标准低不利于限制氨氮污染物排放，受行业发展层次限制，不少行业标准的氨氮排放限值，相比国外同类标准还有相当的下调空间，一些行业缺乏行业排放标准，以通用排放标准代替。此外，一些工业企业治理设施简陋，缺乏深度治理设施，运行管理不到位，无法稳定达标排放，偷排漏排现象在一定范围内依然存在也是造成氨氮去除率较低的重要原因。②污水厂运行同样面临不少问题。根据中国水工业网的数据，截至 2008 年初，我国已建成运行的城市污水厂出水水质已达标的不足 5%。造成这种局面的因素是多方面的，首先是早期建设的城市生活污水处理厂不具备脱氮除磷的功能，需要进行提标改造；其次是管网建设尚需时日。③化肥的过度使用，畜禽养殖污染尚未得到很好的治理，农业面源对氨氮排放的控制管理不足也造成了一定的影响。

针对上述问题，我国目前采取的管理措施如下：①提高对工业企业氨氮的排放标准；②督促这些企业进行深度治理，实现稳定的达标排放；③根据流域水质的情况，分期分批在城市污水处理厂增加脱磷除氮的功能；④对集中式规模化的畜禽养殖场要进行污染的治理；⑤推广测土施肥的方法，减少农业的化肥使用量。

### 7.3.4　实施建议

基于上述分析，氨氮既是我国水体的首要污染物，又具备较为完备的统计方法、监测和处理技术，同时在一定程度上可以反映经济发展水平，制约经济过快发展，促进经济增长方式的转变，故符合约束性指标的内涵特征，有必要纳入约束性指标体系。

但是，水体中各种污染物也不是孤立存在的，各种污染物无论是污染来源还是处理过程，都是相互联系的。通过比较分析可以看出，氨氮与 COD 的处理原理相似，都是需要在有氧条件下通过氧化作用而去除，从"十一五"时期的污水去除率来看，二者存在一定的减排协同性；氨氮与 COD 的主要工业污染行业也一致，从近年万元 GDP 排放强度的变化来看，氨氮和 COD 也表现出一定的减排协同性。因此，在 COD 已经成为约束性指标的条件下，氨氮也会随之达到一定的减排目的，故氨氮在纳入全国水环境约束性控制指标体系后，既要不断完善自身的排放标准，提高标准制定的科学性和合理性，又要积极利用与COD 减排的协同效应，提高氨氮的整体去除效率，同时大力加强农业面源的污染防治，多管齐下，有效地控制氨氮排放总量。

### 7.3.4.1　点源治理

（1）提高氨氮标准制定的科学性和合理性。我国目前有 26 个现行水污染物排放标准对氨氮规定了排放限值。但是，农药、有色金属、石油化工、冶金等当前污染防治的重点行业，缺少水污染物排放标准，或水污染物排放标准正在制定，缺乏完备的排放标准体系。根据现有工业企业氨氮达标排放标准较低的状况，应加大行业型污染物排放标准的制定力度，对实施时间较长的排放标准进行全面复审和修订。鉴于各行业污水特点不尽相同，既要体现对水体水质的要求，又要考虑行业的实际经济承受能力和处理水平，提出基于经济和技术可行性的达标升级要求。

（2）从重点行业入手，加大工业结构调整力度。氨氮污染排放的结构性问题突出，化工、石化、造纸、食品制造和食品加工等行业的氨氮产生量占工业企业排放总量的50%以上，其中，仅化工行业一项，就占工业企业排放总量的30%以上。此外，部分行业还存在高氨氮废水排放问题，如炼油、化肥、农药等行业。

针对氨氮存在与COD同样的结构性污染排放问题，可以借鉴COD结构调整的减排思路，进一步实施区域限批，遏制高能耗、高污染产业的迅速扩张趋势；淘汰落后产能；制定促进环保产业发展的经济政策，加强环保产业的宏观引导；大力发展循环经济，在经济运行的各个环节积极推行节能减排。

（3）优化污水处理工艺，提高污水处理厂运行效率。目前，我国大部分地区污水处理厂执行的仍是《城镇污水处理厂污染物排放标准》（GB 18918—2002）中的二级或一级 B 排放标准，如果国家要求普遍达到一级 A 的排放标准，氨氮处理一般都需要在后续增加深度处理环节且费用比较高，故氨氮的去除是污水处理厂升级改造的最难点也是投入资金最大的地方。

但是，未来脱氮技术发展的方向也可以从提高效率入手，提高企业处理设施的运行效率，有效削减氨氮的目标可能更容易实现。缺少工艺优化是目前很多污水处理厂不能稳定达标排放的重要原因，因此目前优化升级空间还很大。现阶段，每种脱氮技术和工艺都有其特点和不足，有其最佳的适用条件，还没有在经济性和效果上都特别好的技术。例如，在脱氮除磷方面，填料——活性污泥系统就是一个重要的技术方向。在 10～15 mg 的总氮排放目标水平上，对现有主流工艺进行优化调控就可以实现。现在污水处理厂建设速度发展较快，如果提高运行质量，优化运行管理，这样的投入产出将明显优于引进更先进的技术。

### 7.3.4.2 面源治理

从氨氮排放的污染源分析可以看出，仅考虑工业和城镇生活污染源对氨氮的削减无法保证氨氮指标的全面达标，必须把非点源逐步纳入。现阶段非点源污染治理又主要以农业面源治理为主，尤其是控制化肥、农药的流失量。

对于农业面源的防治，主要采用管理措施从源头控制，辅以工程措施，积极开展示范点。通过推广测土施肥的方法，扩大有机农产品种植面积，减少农业生产化肥施用量；促进缓释/控释肥料的研发、生产、运输和销售，改善化肥产品结构，提高氮素利用率；研究建立完善的规模化畜禽养殖场—有机肥—农户—农田运营模式和渠道，实现面源点源的协同削减。

## 7.4 总氮纳入约束性指标分析

### 7.4.1 必要性分析

我国湖泊类型众多、分布广泛，尤其是位于经济发达地区的湖泊，由于强烈的人类活动与不合理的开发，湖泊污染严重，富营养化问题突出。根据 2011 年《中国环境状况公报》，26 个国控重点湖（库）中，满足Ⅰ类水质的 1 个，占 3.8%；满足Ⅱ类水质的 4 个，占 15.4%；满足Ⅲ类的 6 个，占 23.1%；满足Ⅳ类的 9 个，占 34.6%；满足Ⅴ类的 4 个，占 15.4%；劣 V 类的 2 个，占 7.7%。在全国监测营养状态的 26 个湖（库）中，重度富营养的 2 个，占 7.7%；中度富营养的 12 个，占 46.2%；轻度富营养的 12 个，占 46.2%，国家重点控制的"三湖"处于轻度或中度富营养状态。

自 2007 年 5 月以来，太湖已发生多次大面积的蓝藻水华，面积达全太湖的 1/3，并影响无锡市饮用水水源地水质与安全供水；滇池草海总体处于重度富营养水平，外海处于中度富营养水平，滇池总体处于重度富营养状态；巢湖西半湖总体处于中度富营养化，东半湖处于轻度富营养化。

目前，我国已经发生富营养化的湖泊面积达到 5 000 km²，具备发生富营养化条件的湖泊面积达到 14 000 km²。在未来几十年内，随着流域的经济快速发展和人口迅猛增加，我国湖泊富营养化发展仍会加剧，态势令人担忧，如果不及时采取相应的防治措施，湖泊的资源利用和水环境保护的矛盾将会更加突出，我国湖泊富营养化与水污染防治将迎来越来越严峻的挑战。

## 7.4.2　基础条件分析

### 7.4.2.1　匹配性分析

总氮是我国湖泊的主要超标指标，也是反映水体富营养化的主要指标。2002 年，总氮开始纳入全国地表水环境质量基本监测项目，在全国的河流、湖泊水库和集中式饮用水水源地开展常规监测。"十五"期间，江苏省出台了太湖流域主要水污染物排放限值的标准性文件，其中首次对污染物排放的总氮含量进行了限制。

随着经济的发展和人口的增加，控制水体中总氮的含量是保护水质的必要措施。虽然我国目前对总氮的排放量尚未作出统一的规定，但是我国在太湖、滇池已开始制定总氮的总量控制目标，这对全国其他地区将起到积极的示范作用。

### 7.4.2.2　质量标准分析

从 2002 年开始，我国的总氮指标首次纳入《地表水环境质量标准》（GB 3838—2002）的基准项中。从目前的污染控制现状来看，全国的重点湖泊和重点行业逐步将总氮列入了强制性控制指标，例如，《太湖地区城镇污水处理厂及重点工业行业主要水污染物排放限值》的强制性标准中对总氮的排放量进行了限制；《合成氨工业水污染物排放标准》对最主要的总氮排放大户合成氨行业增加了总氮作为控制指标。

同时，多项行业水污染物排放标准也都增加了总氮控制指标：《有机氯类农药工业水污染物排放标准》《制药工业水污染物排放标准　化学合成类》《磷肥工业水污染物排放标准》《涂料工业水污染物排放标准》《酚醛树脂工业水污染物排放标准》等。由此可见，我国对于湖泊总氮排放标准的制定正在逐步完善，总氮指标的污染实施约束性控制已成大势所趋。

### 7.4.2.3　监测与统计基础

我国的重点"三湖"流域已对总氮进行了长期的监测和研究，积累了丰富的历史数据（图 7-14）。我国地表水和污水监测技术规范（HJ/T 91—2002）把总氮列为河流、湖泊水库和集中式饮用水水源地的必测项目。工业企业、宾馆、饭店、游乐场所及公共服务行业、卫生用品制造、生活污水及医院废水等排水单位也把总氮列为必测项目。

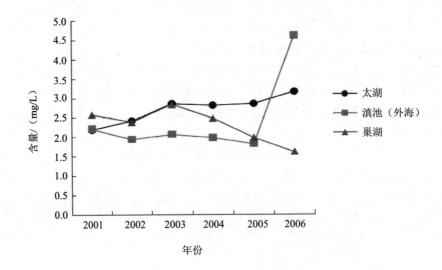

图 7-14　"三湖"总氮含量变化

#### 7.4.2.4　污染源解析

我国湖泊富营养化与水污染防治虽然已经取得进展，但总体形势依然严峻。从我国重点控制的"三湖"流域来看，各类非点源污染所造成的水环境质量恶化问题日益明显和突出。1995 年滞留于巢湖的污染物中，63%的总氮来自于非点源污染；对滇池流域的研究表明，在进入滇池外海的总氮负荷中，农业非点源占 53%；太湖流域总氮的 60%来自于非点源。

以"三湖"流域为例，根据统计结果显示，工业废水对总氮的贡献率仅占 10%～16%；生活污水对总氮的贡献率方面滇池大于太湖和巢湖；在面源污染物对总氮的贡献率方面太湖和巢湖大于滇池（图 7-15）。由此可见，非点源污染是我国"三湖"总氮污染的主要来源。

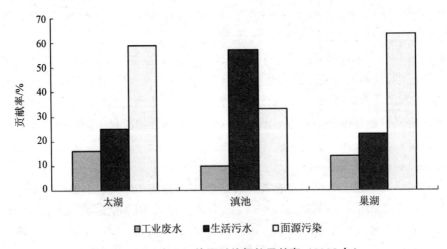

图 7-15　"三湖"污染源对总氮的贡献率（2000 年）

　　总氮的非点源污染主要来源于农业生产和农村生活，包括化肥流失、畜禽养殖污染、农业固体废弃物和农村生活污水。从我国"三湖"流域来看，虽然"三湖"的非点源污染源排氮总量差别较大，但是污染特征比较相近，都是以化肥流失和畜禽养殖污染为主，其中化肥流失和畜禽养殖污染占非点源污染的80%以上，是主要的非点源污染来源（表7-13、图7-16）。

表 7-13　"三湖"流域总氮各类非点源污染负荷统计表（2000 年）　　　　　单位：万 t

|  | 太湖 | 巢湖 | 滇池 |
| --- | --- | --- | --- |
| 化肥流失 | 5.29 | 1.11 | 0.43 |
| 畜禽养殖污染 | 2.18 | 0.70 | 0.23 |
| 农业固体废弃物 | 0.79 | 0.13 | 0.06 |
| 农村生活污水 | 0.43 | 0.05 | 0.06 |
| 排氮总量 | 8.70 | 1.99 | 0.78 |

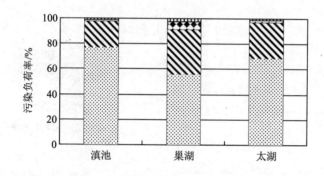

图 7-16　"三湖"流域的总氮非点源污染负荷图（2000 年）

## 7.4.3　可行性分析

### 7.4.3.1　污染控制技术分析

　　水体中氮元素含量的日益增加既有自然因素也有人为因素，但人为因素是造成水体氮元素含量迅速增加的主要原因。人类社会为了满足工农业生产和日常生活的需要，从天然水体中取水使用，使用后变成了工业废水和生活污水，再经过处理后不断排放到天然水体中，从而构成了水体氮的社会循环。

　　对于工业废水的治理，氮元素转化过程主要包括：有机氮在污水治理的初期即通过氨化作用转化为氨氮，氨氮在硝化作用下，转化为亚硝酸盐和硝酸盐；同时，在同化作用下，成为生化细菌的组成部分进入底泥。由于我国以往的水污染物排放标准只规定了氨氮排放限值，而没有规定总氮的排放限值。企业在废水治理工作中也只重视氨氮的去除，使氨氮只是转变成了硝态氮，总氮含量并未降低，故仍造成水体富营养化等后果。因此，只有氨氮、总氮同时控制，将硝态氮转化成无污染的氮气，才算最终完成了氨氮废水的无害化处理。如果要达到降低总氮的目标，建有污水处理设施的企业将面临设施的升级改造，增加投资及处理费用；新建项目和污水处理设施则要选择兼有控制氨氮和总氮功能的污水治理技术，这将使企业的污水治理面临重大变革。

对于生活污水的治理，我国从 20 世纪 70 年代中后期开始建设城镇污水处理厂。早期的污水处理厂均采用了传统推流曝气二级生物处理，主要处理目标是有机污染物和悬浮物，对于氮的去除率非常低。进入 90 年代后，我国对水体中各种污染物尤其是含氮污染物的标准更为严格，新建城市污水处理厂必须考虑对氮污染物的控制，老污水处理厂也开始进行脱氮技术改造。我国现行应用广泛的脱氮工艺均包含着空间或时间上厌氧、缺氧、好氧三种状态的交替，通过调整和优化三种状态的组合方式及其数量的时空分布以及回流方式、位置而达到高效脱氮的目的。我国污水处理厂设计采用的脱氮工艺主要有五大类：A/O 工艺、A²/O 工艺、改进 A²/O 工艺、氧化沟工艺、SBR 及其改进工艺。根据目前已有污水处理工艺的技术特点，若能将氮排放标准从二级提升至一级 B 或以上，则可以有效地控制氮排放。以上海污水处理厂为例，从各种工艺的脱氮效果及其改善措施可以看出，控制氮排放技术上是可行性的（表 7-14）。

**表 7-14　上海污水处理厂各工艺脱氮效果及改善措施**

| 工艺 | 脱氮效果 | 改善措施 |
|---|---|---|
| A²/O | 硝化-反硝化反应充分，脱氮效果好 | 倒置厌氧、缺氧池消除回流 $NO_3^-$ 的影响，在缺氧池补充碳源 |
| 传统活性污泥 | 脱氮效果差 | 投加填料，培育硝化-反硝化菌群 |
| A/O | 硝化-反硝化反应不充分，脱氮效果一般 | 投加填料增加生物量，创造硝化和反硝化条件，增加一级 A/O 工艺段，延长停留时间 |
| SBR | 具有一定的脱氮效果 | 增设化学絮凝除磷设施，对出水进一步处理 |
| 氧化沟 | 好氧区与缺氧区体积和溶解氧质量浓度很难准确控制，脱氮效果有限 | 在氧化沟前增设前置厌氧池 |

### 7.4.3.2　污染控制经济性分析

就我国目前的工业污水处理现状来看，增加总氮控制要求和提高氨氮处理效果实际是同步的，但是，提高氨氮处理效果容易，而提高总氮处理效果比较难。由于工业污水处理厂的污水成分与生活污水存在较大差异，一是总氮质量浓度高；二是往往缺乏碳源，处理工艺调试难度大，治理程序增长，企业治理成本提高。按专家测算，增加反硝化部分，在现有二级生化污水处理的基础上进行改造的投资约为 600～800 元/t 规模，增加运行费用约为 0.2～0.3 元/t 水。但是，如果企业从源头开始，在工艺技术设计及设备上整体考虑，可以不增加投资也不增加运行费用而实现达标。以山东省某化工集团为例，该公司采用短程硝化——前后置反硝化技术的污水处理厂投入运行，在合成氨行业首次实现对氨氮和总氮的同时控制。

城市污水处理厂从目前二级或一级 B 的排放标准，提高到一级 A 的排放标准，总氮需要从 20 mg/L 降低到 15 mg/L，一般需要增加深度脱氮设施，通过反硝化才能实现，改造投资较大，相应的运行费用也要增加。因此，未来脱氮技术发展的方向也可以从提高效率入手，有关专家提出，在 10～15 mg/L 的总氮排放目标水平上，对现有主流工艺进行优化调控就可以实现。缺少工艺优化是目前很多污水处理厂不能稳定达标排放的重要原因，目前优化空间还很大。

### 7.4.3.3　管理措施可行性分析

早在"九五"规划时，国家就把"三湖"流域确立为污染治理的重点，此后的"十五""十一五"规划污染治理重点的定位依然没有改变。从时间上来看，"三湖"的污染治理已经跨越了 3 个五年规划。从 1999 年起，国家在国债投资中，专门设立了"三湖"水污染治理国债专项，主要用于城市污水处理厂及污水主干管建设，辅以部分河湖清淤等综合整治项目；原国家环保总局曾经宣布了对我国"三湖"的一揽子治理计划，对"三湖"地区加大了结构调整力度，关闭了一批污染严重的企业或生产线，湖区周围城市污水处理率和工业污染排放达标率逐步提高。"三湖"地区水污染恶化的趋势得到初步遏制，治理工作取得了一定的成就和经验。

（1）专门立法作为法律保障。为了解决"三湖"流域的水污染问题，国家针对"三湖"水污染防治进行立法，国务院发布了太湖、巢湖、滇池水污染防治暂行条例，这些条例的制定为"三湖"水污染治理提出了明确的目标、提供了明确的法律依据和法律手段，从而使"三湖"治理做到了有法可依。

（2）点源污染控制。针对"三湖"流域工业的行业结构不合理，污染物排放强度较高的问题，主要采取调整流域工业结构以及分布区域，转变经济增长方式，实施更加严格的污染排放标准和区域环境准入条件。从"三湖"污染源对总氮的贡献率来看，工业废水所占比例最少，与河流污染治理不同，湖泊是相对静止的水体，主要污染源是生活污水和农业面源。

从"三湖"污染源对总氮的贡献率来看，滇池的生活污染负荷最高，占总氮来源的 50%以上。城镇生活污染污水主要通过修建污水收集管道和污水处理厂进行控制。目前，滇池流域内共建有 6 座污水处理厂，污水处理量为 3 615 万 m³/d，其中昆明市城区污水处理能力已达污水总量的 60%。昆明市第一、第二、第三、第四污水处理厂均达到设计处理能力，处理水量稳定，出水水质达到国家污水排放标准。目前，滇池流域污水处理还存在三大缺陷：部分城市污水直接排入河道，没有得到有效处理；污水处理厂和排污干管建设跟不上城市人口、污水排放量的增加；雨污分流是一个难题，城市面积增加使降雨径流污染日益严重。因此应当进一步强化对点源污染的控制。

（3）非点源污染控制。"三湖"的水污染治理长期以来一直是以点源治理为主，随着"九五"期间点源治理取得一定成效，污染负荷贡献率的构成发生变化，非点源污染成为水污染的主体。"十五"期间，"三湖"治理才开始向农业面源的污染控制转变。

目前，"三湖"的面源治理主要是通过发展生态农业，提高化肥、农药利用率；推广先进适用的技术，提高农民素质和科技水平等措施。但是，由于面源治理尚处于起步和探索阶段，治理效果还不显著。面源污染的监测和管理信息获取成本过高，研究和控制对象复杂，涉及经济、社会各个方面，治理难度相对较大。因此强化相关研究，提高面源污染的控制水平，是"三湖"治理的重要方面。

### 7.4.4  实施建议

综上分析，总氮是我国湖泊的主要超标指标，也是反映水体富营养化的主要指标，因此从污染控制角度有必要对总氮实施污染控制措施。目前，总氮在富营养化严重的重点湖库，特别是"三湖"地区，总氮作为主要控制指标具备了较好的统计和监测数据基础，在"十五"和"十一五"时期实施了区域性的总氮总量控制措施。但是，缺乏全国总氮的统计数据，有关的监测体系和控制手段尚不完备，还不具备在全国实施总量控制的条件。因此，建议"十二五"在重点湖库将总氮纳入约束性指标，但不纳入全国"十二五"总量控制约束性指标。

#### 7.4.4.1  重点区域的选择

我国是一个多湖泊国家，富营养化类型多，营养水平差异大，而且富营养化水平与区域经济发展程度密切相关。因此，非常有必要考虑不同富营养化程度，尤其是重度富营养化湖泊，同时兼顾流域社会经济发展程度，采取"一湖一策"的思想，进行方案设计。选择不同类型的典型湖库开展针对性的关键技术研究及示范，有利于满足我国各种类型湖库富营养化治理的需求。

（1）大中型重度污染湖泊。选择太湖、滇池与巢湖作为我国大中型重度污染湖泊的示范研究湖泊，按照流域社会经济发展程度与不同湖区，又分为发达地区典型大型湖泊（太湖）、发展中地区大型湖泊（巢湖），以及云贵高原湖区的湖泊（滇池）。通过开展三种不同类型大中型重污染湖泊的研究、治理与工程示范，初步建立大中型浅水湖泊富营养化综合控制的理论、技术与管理体系。

（2）大型水库。选择三峡水库作为水库水污染与水华控制示范研究水库。通过开展研究，防治与过程示范，初步建成我国水库水污染与富营养化预防、应急处理的综合技术与管理体系。

（3）营养化初期湖泊。我国拥有众多富营养化初期湖泊，此阶段是湖泊富营养化防治的最佳时期，投资少，见效快，研究富营养化初期湖泊意义重大。选择洱海作为富营养化初期湖泊的研究示范区，通过研究、治理与工程示范，形成我国富营养化初期湖泊防治的理论、技术、方法与管理体系。

#### 7.4.4.2  点源治理

从国际上氮污染控制经验来看，由于氮污染来源复杂，既有大量的点源，也有相当一部分难以控制的非点源，故"十二五"期间，我国应探索更加科学的方法，发挥政策引导性，引导发展模式的转变，提高技术水平，用科学方法指导污染减排工作。

（1）继续加大工业点源污染治理力度。对重点排污行业加强综合治理，进一步突出排放强度的考核。从全国总体状况来看，要不断增加环境保护投入，从产前、产中和产后全方位加强对污染物的治理，坚决淘汰高能耗、高污染的落后生产工艺和设备；改善能源使用结构，不断增加清洁能源的使用比重；调整和优化产业结构，促进产业结构升级，加强技术创新和更新改造投资；大力发展循环经济，改革现行的排污收费制度，严格执行污染物排放的奖惩激励制度。

在"三湖"流域实施更加严格的污染物排放标准和区域环境准入条件。参照国际先进标准，对重点污染行业制定和实施严于国家要求的地方污染排放标准，大幅度提高总氮排放限值。

（2）加快城镇污水处理设施建设。继续把提高城镇生活污水处理率和处理标准作为治污工作的一项关键措施来抓。"三湖"流域所有城镇都要开工建设污水处理设施，并配套建设完备的污水收集管网。同时，全面提高城镇生活污水处理标准。新建污水处理厂全部要配套建设除磷脱氮设施，并严格执行国家城镇污水处理一级 A 排放标准。已建的污水处理厂，要开展脱氮深度处理。

### 7.4.4.3　面源治理

综上分析，非点源污染是我国"三湖"总氮污染的主要来源。其中，化肥流失和畜禽养殖污染是主要的污染来源，占非点源污染的 80%以上。因此，"三湖"的总氮污染治理要以农业面源，尤其是化肥流失和畜禽养殖作为治理重点。我国目前在非点源污染治理方面经验不足，应该积极借鉴国外成功的管理经验，制定符合我国国情的管理和控制体系。

（1）国外经验。发达国家的经验表明，任何政策手段组合都应该包括一个自愿因素。但是，自愿计划和协议不是一个能够确保目标和标准强制实现的适宜工具，必须通过规章制度等强制性手段和最佳管理实践的应用来确保实现解决环境问题的最低标准，尤其是对一些高污染活动，例如规模化畜禽生产和敏感地区的化肥施用。

由于农业污染控制与农民土地利益和生产决策息息相关，在进行农业污染控制时应该协调农业政策和农业非点源控制政策，使二者目标一致。对美国和欧盟经验的回顾表明，大多数国家已经意识到单个政策工具不可能有效解决农业非点源污染，而应该尝试采用成套的政策措施共同解决农业污染问题，这些措施一部分着眼于长远的效果，另一部分则出于短期目的可能随条件变化不断调整。理论上说，这种尝试可以促进环境的不断改善，而且留给了农民适应制度改变、财政压力以及计划削减成本活动的时间。

（2）政策措施。借鉴国外经验，结合我国目前正在全国农村环境保护工作中实施的"以奖促治"重大决策，"十二五"期间，我国应在补充完善农业环境污染控制立法的基础上，建立起可持续的农业发展理念，采用经济手段与自愿手段相结合的管理手段，建立专项治理与示范工程，促进农村环境基础设施建设，提高农业非点源控制力度。

➢ 完善农业环境保护的立法，明确各部门对农业环境保护的职能：系统建立农业生态环境法规和标准，积极修订现有不合理的法律标准。在管理上建立农业污染的综合协调机构，促进计划、农业、环保、水利、国土资源、财政等多个部门对农业环境保护参与和协同作用。

➢ 建立起可持续的农业发展理念，推进农业清洁生产和生态农业：将农业可持续发展贯穿于农业产业政策中，并把它作为农业相关部门的管理和决策价值基础，成为指导农业决策的核心理念。从源头上减轻农业污染的产生，推进和实施农业清洁生产，实施农业资源循环利用工程，大力推广畜禽粪便、生活污水、生活垃圾、秸秆等生产、生活废弃物资源化利用。

➢ 重要污染来源进行专项治理和示范：从污染类型来看，目前和将来总氮污染的主要压力来自化肥和畜禽养殖，尤其是集中式的畜禽养殖应成为国家进行农业污染控制的重中之重，因此国家应该加大对化肥流失和畜禽污染的防治力度，促进种植养殖业的结合、农田最佳管理实践的推广和对畜禽养殖业的规范管理。必须将畜禽生产、粪尿与污水处理、能源与环境工程、种植业的养分管理甚至水产业等统一进行考虑和规划，多方面配合起来协调发展，以期把环境污染减少或控制到最低限度，最终实现种植业和畜牧养殖业的可持续发展。

➢ 采用混合的管理手段：从污染控制的政策手段来看，国家不能依靠单一的行政手段和国家投入来解决农业污染的问题，而应该大力推行经济手段和自愿性手段，在保障粮食安全和增加农民收入的同时，保障食品安全和减少农业污染，提高农民的环境意识和对环境保护的参与。例如，可以同补贴沼气工程建设一样，对畜禽养殖粪便储存设施及运输、有机废物堆肥工程给予补贴等，或者通过与农民签订合同来推广示范农业最佳管理实践。

➢ 促进新农村建设过程中的环境基础设施建设，进一步大力推进农村地区的改水改厕，保障居民的饮用水安全和卫生安全，促进农村地区的村容村貌的整齐和洁净，给农村居民提供健康愉悦的生活环境。坚持以人为本、合理布局、统筹兼顾的原则，以改善农村环境基础设施为重点，高起点建设农村人口居住点，改善卫生和生存条件，远离污染源。农村环境基础设施建设，资金是关键。在加大政府财政投入力度的同时，还必须多渠道筹措资金，可尝试运用市场化方式推进农村环境基础设施建设。重点加大农村小型环保基础设施建设力度，探索建设简易可行适度集中的农村污水和垃圾排放处理系统。

➢ 发挥现有农村基层土肥站、技术推广站的作用，开展和扶持农村技术推广，对农民进行生产技能的培训，指导他们正确施用化肥、农药，在促进农民增产增收的同时减少环境污染。

➢ 利用基础教育、大众传媒、街头宣传、专家讲座和入户宣讲等形式，采用简单、直观、易于理解的方式，加强对公众进行农业环境保护的宣传和教育，推进公共参与。

## 7.5 结论建议

### 7.5.1 研究结论

综上所述，我国水环境污染形势复杂，有机污染尚未根本解决，营养物污染和新型有毒有害物质污染又同时并存，水体的主要污染指标包括 COD、氨氮、总氮等。基于对水环境主要污染因子的识别，我国水环境主要污染指标纳入"十二五"约束性指标体系的判别矩阵见表 7-15。

表 7-15　水环境约束性备选指标匹配性与可行性判别矩阵

| | 必要性 | 基础条件 | | | | 可行性 | | |
|---|---|---|---|---|---|---|---|---|
| | | 匹配性 | 现行标准 | 监测与统计 | 源解析 | 技术 | 经济性 | 管理措施 |
| COD | √ | √ | √ | √ | √ | √ | √ | √ |
| 氨氮 | √ | √ | ◎ | √ | √ | √ | √ | ◎ |
| 总氮 | √ | √ | ◎ | ◎ | √ | √ | √ | ◎ |

注：√代表目前符合或已具备相应的条件；◎代表目前基本符合或具备部分相应的条件。

各指标的具体分析结论如下：

（1）COD 有必要在"十二五"时期继续作为约束性指标加以控制。COD 作为水体主要超标指标，已经在"十一五"规划中被列为约束性指标，"三大"污染减排措施取得了一定成效，尤其是工程减排效果显著。但是，COD 的非点源污染治理还相对比较薄弱，距离全国排放总量控制目标也仍有较大差距，故有必要在"十二五"继续作为约束性指标加以控制。

（2）氨氮纳入"十二五"全国约束性控制指标。虽然全国氨氮排放总量已达标，但在全国重点流域，氨氮超标严重，污染尤其突出，目前氨氮已具备较为完备的监测处理技术和统计方法，符合约束性指标的内涵特征，具备"十二五"纳入全国约束性控制指标的基础条件。通过比较分析，从"十一五"期间的生活污水处理效率，以及万元 GDP 排放强度的变化趋势来看，氨氮与 COD 均存在一定的减排协同性。因此，在 COD 已经成为约束性指标的条件下，氨氮也会随之达到一定的减排效果。

（3）"十二五"期间在重点湖库将总氮纳入约束性指标。总氮是造成我国水体富营养化的主要超标指标，在重点"三湖"流域已开始实施区域性的总氮总量控制措施。但是，目前缺乏全国总氮的统计数据，有关的监测体系和控制手段尚不完备，还不具备在全国实施总量控制的条件。因此，"十二五"期间在重点湖库将总氮纳入约束性指标，但不在全国纳入"十二五"总量控制约束性指标。

## 7.5.2　建议

### 7.5.2.1　约束性指标调整及实施建议

（1）基于"十一五"期间 COD 减排的经验和教训，"十二五"期间 COD 减排要突破重点领域和行业减排；同时继续加强污水厂自身能力建设，扩宽减排思路，重视提高 COD 排放标准等级和污水厂实际运行效率；进一步明确考核对象，落实污染减排责任主体，建立完善污染减排考核的配套制度。考虑到"十三五"时期是中国全面小康社会目标的实现期，影响环境质量的主要污染物在总量控制的基础上，同时改善环境质量，达到与全面小康相适应的水平。

（2）"十二五"期间，氨氮在纳入全国水环境约束性控制指标体系后，既要不断完善自身的排放标准，促进污染防治水平的提升，又要积极利用与 COD 减排的协同效应，提高氨氮的整体去除效率，同时大力加强农业面源的污染防治，多管齐下，有效地控制氨氮排放总量。

（3）在重点"三湖"流域已开展了区域性的总氮总量控制的基础上，"十二五"、"十三五"总氮的总量控制应扩大控制区域，以满足我国各种类型湖库富营养化治理的需求。鉴于非点源污染是我国总氮污染的主要来源，尤其是化肥流失和畜禽养殖污染占非点源污染的 80%以上，故将重点非点源纳入总氮的总量控制体系中，并通过采取行政和自愿手段相结合的管理方式，积极借鉴国外成功的管理经验，制定符合我国国情的非点源管理和控制体系。

（4）对于新型特征污染物，要首先做好调查研究，建立有效、可行的监测技术和统计方法，争取"十二五"期间在重点区域开展监测和控制试点工作，到"十三五"期间能够纳入全国监测指标体系，并在重点区域开始实施总量控制。

### 7.5.2.2 中长期约束性指标实施路线图

综上所述，我国中长期水环境约束性指标调整实施路线图如图 7-17 所示。

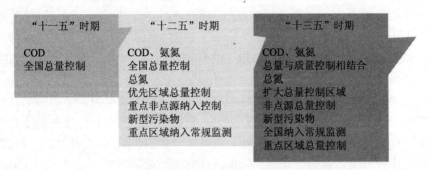

**图 7-17 中长期水环境约束性指标调整实施路线图**

# 第 **8** 章

## 大气约束性指标调整研究

## 8.1 大气环境污染指标分析

### 8.1.1 主要污染因子

目前，我国大气污染主要呈现为煤烟型向复合型污染转变的特征。根据大气质量监测情况，城市大气环境中总悬浮颗粒物质量浓度普遍超标；$SO_2$ 污染保持在较高水平；$NO_x$ 污染呈加重趋势；全国形成华中、西南、华东、华南多个酸雨区。由温室气体排放引起的气候问题也日益引起政府重视，气候变化问题也被纳入了环境问题范畴考虑。

复合型污染是我国大气污染所面临的主要问题和变化趋势，图 8-1 表示了在复合型污染中环境问题与指标之间的关系，可以看出，目前大气污染中的主要环境问题酸沉降、光化学污染、富营养化污染、总悬浮颗粒污染等问题，主要是由 $SO_2$、$NO_x$、颗粒物和温室气体等大气污染物及由它们转化生成的 VOCs、$O_3$ 等二次污染物引起的。

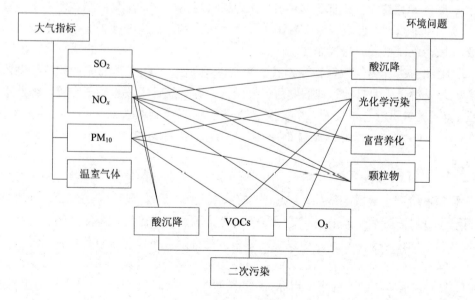

**图 8-1 大气复合污染中的环境问题与指标关系**

因此，从大气污染现状看，"十二五"规划期间，$SO_2$、$NO_x$、$PM_{10}$、VOCs、$O_3$ 和温室气体仍将是城市大气污染防治工作的重点控制指标。

### 8.1.2 备选指标筛选

在未来的一二十年内，$SO_2$、$NO_x$、$PM_{10}$、VOCs、$O_3$ 和温室气体将是我国大气污染防治中主要的特征指标。我国以煤为主的能源结构在近期内无法得到改变，因此以煤为主的能源结构将导致大气污染物排放总量居高不下，燃煤仍将是 $SO_2$、$NO_x$、烟尘污染的主要来源。城市灰霾和 $O_3$ 污染问题仍未找到有效控制措施，在东部城市问题尤其突出。随着我国机动车保有量急剧增加，在未来一二十年内公路交通将成为空气中 $NO_x$、CO、VOCs 和细粒子颗粒物的首要污染源。公路交通污染主要有 3 个途径：①汽车尾气排放的 $NO_x$、CO、VOCs 和细粒子（以 $PM_{2.5}$ 为主）；②机动车运行导致的以 $PM_{10}$ 为主的颗粒物污染；③机动车轮胎和刹车片磨损排放的细粒子污染。机动车带来的大气污染问题将日趋严重。

从污染严重性分析，$SO_2$、$NO_x$、$PM_{10}$、VOCs、$O_3$ 和温室气体是未来大气污染控制指标，但是否作为约束性指标，需要根据一定的原则进行筛选。

对于大气约束性指标的选取，应参考以下几项原则：

（1）全局性：指标应该是能反映某一类环境问题的全局性指标。

（2）可监测、统计：目前有监测或统计方法，并且在国内大部分城市能够开展环境质量监测和污染源监测或进行统计。

（3）可统计：指标控制除了监测之外，应该有可靠的统计方法和数据支撑。

（4）可控制：筛选的指标应该从行政管理上是可以控制的，并且其控制对于环境质量改善是有效果的。

根据上述原则，对各指标进行分析。

（1）保持 $SO_2$ 约束性指标。$SO_2$ 已经作为约束性指标进行总量控制，在"十一五"期间达到预期质量浓度，但是 $SO_2$ 在我国仍是主要污染物，仍需继续采取控制措施，但是对于特殊区域，可以稍微放松控制要求。

（2）增加 $NO_x$ 作为约束性指标。由于来源的复杂性，$NO_x$ 的所有来源的污染源监测并不完善，但是对于主要排放行业的监测已经纳入，并且统计手段也趋于完善，因此选定特殊行业、特定区域进行总量控制与质量控制是可行的，考虑到 $NO_x$ 对于控制大气 $NO_2$ 污染、复合型污染、$O_3$ 和地表水氮营养源都将发挥作用，应当将其在"十二五"期间纳入约束性指标行列。

（3）考虑 $PM_{10}$ 纳入约束性指标。颗粒物 $PM_{10}$ 已成为我国绝大部分城市的大气首要污染物，且随着机动车数量的增加，$PM_{10}$ 污染防治将面临重要挑战，将 $PM_{10}$ 纳入约束性指标将有利于 $PM_{10}$ 防治。但由于其成因复杂，污染源监测措施尚未全部到位，且其天然来源和二次污染的比率相对较高，所以纳入约束性指标后，可以考虑进行质量考核，同时，不同区域根据具体情况采取合适的方式，只作为部分省份的约束性指标。

（4）增加温室气体纳入约束性指标。温室气体的主要部分 $CO_2$ 本身是大气的组成成分，对人体健康和环境空气质量没有直接影响，但由温室气体引起的气候变化问题已经引起了全球的高度重视，我国政府也将温室气体的控制置于前所未有的高度。节能减排已经在全国全面实施，并提出了单位 GDP 减排目标。因此，将温室气体纳入"十二五"约束性指标已做好充分准备。

（5）逐步建立 VOCs 源清单，暂不纳入约束性指标。VOCs 的主要危害除了部分有机物的直接毒性之外，更主要的危害是形成二次污染物。VOCs 的控制是解决 $O_3$ 污染的必要步骤。由于 VOCs 排放来源的复杂，源清单研究方面还处于起步阶段，源的监测手段也尚未成熟，我国尚未开展 VOCs 常规监测，在样品采集、检测、数据分析以及质量控制等方面缺乏统一标准，《大气污染防治法》对 VOCs 的规定不明确，《环境空气质量标准》除了对苯并[a]比有质量浓度控制外，还未将 VOCs 列入考核指标。因此，VOCs 不适合在"十二五"纳入约束性指标的考虑内。

（6）$O_3$ 纳入空气质量常规监测，暂不纳入约束性指标。对于 $O_3$ 则由于污染日益加重，是复合型大气污染的重要指标，也是影响各大城市的重要污染物，其产生同时受 $NO_x$ 和 VOCs 的影响，应当将其纳入环境质量常规监测体系，并在适当的时候，"十二五"中期，将其纳入空气质量日报之中。但由于 $O_3$ 属于二次污染，没有明确的排放源，控制手段不成熟，因此，不适合作为约束性指标。

综上所述，建议把 $NO_x$、颗粒物 $PM_{10}$ 和温室气体作为备选指标，详细分析其纳入"十二五"约束性指标可能性，$SO_2$ 已经作为约束性指标进行总量控制，在"十一五"期间达到预期效果，"十二五"可继续进行控制措施，但是应进一步调整完善实施机制，对于特殊区域，可以稍微放松控制指标要求。对于 VOCs 和 $O_3$，暂不考虑纳入约束性指标行列。

## 8.2　$SO_2$ 纳入约束性指标分析

### 8.2.1　"十一五"期间考核情况

$SO_2$ 是我国目前唯一的大气约束性指标，其在政策、考核、统计和减排方面都较成熟。$SO_2$ 的定量考核指标体系，可以分为四个层次框架：质量目标、总量目标、重点工程、工作任务。表 8-1 是"十一五"期间 $SO_2$ 的控制要求。

表 8-1　"十一五"期间 $SO_2$ 控制要求

| 质量目标 | 重点城市空气质量好于二级标准的天数超过 292 天的比例（%） | |
| --- | --- | --- |
| 总量目标 | $SO_2$ 排放总量（万 t） | |
| | 火电行业 $SO_2$ 排放总量（万 t） | |
| 重点工程 | 燃煤电厂脱硫工程 | 现役火电机组投入运行的脱硫装机容量（MW） |
| | | 燃煤电厂 $SO_2$ 达标排放率（%） |
| 工作任务 | 工业废气防治 | 国控重点污染源大气达标排放率（%） |
| | 燃煤电厂治理 | 新（扩）建燃煤电厂除国家规定的特低硫煤坑口电厂外，必须同步建设脱硫设施并预留脱硝场地 |

注：重点城市中空气质量好于二级标准的天数超过 292 天的城市占该省重点城市总数的比例。

除了定量的考核指标外，"十一五"对于 $SO_2$ 还给出了定性考核的要求，见表 8-2。定性考核主要着重 3 个方面：酸雨和 $SO_2$ 防治规划实施情况、火电厂脱硫电价政策执行情况、新（扩）建燃煤电厂（除热电联产外）准入政策制定情况。分别考核其进展情况以及成果。

表 8-2　SO$_2$ 定性考核要求

| 考核条目 | 考核细项 |
|---|---|
| SO$_2$ 减排 | 酸雨和 SO$_2$ 防治规划实施情况 |
|  | 火电厂脱硫电价政策执行情况 |
|  | 新（扩）建燃煤电厂（除热电联产外）准入政策制定情况 |
| 城市空气环境质量改善 | 城区工业污染源调整搬迁工作情况 |
|  | 低矮污染源整治情况 |
|  | 城市清洁能源使用情况 |
|  | 城市节能活动开展情况 |
|  | 高污染燃料禁燃区划定情况 |
|  | 长三角、珠三角、环首都城市群区域性大气污染防治规划编制情况 |
| 工业废气污染防治 | 国控重点污染源总量控制制度执行情况 |
|  | 国控重点污染源自动监控装置安装情况 |
|  | 大气排污许可证制度推行情况 |
|  | 工业炉窑使用清洁燃烧技术情况 |
|  | 煤炭、钢铁、有色、石油化工和建材等行业的废气污染源控制情况 |
|  | 煤炭洗选工程建设推进情况（含煤炭清洁燃烧技术推广情况） |

## 8.2.2　统计核算手段现状

### 8.2.2.1　SO$_2$ 总量的统计

（1）源类型和统计报告时间频次。SO$_2$ 排放量的考核是基于工业源和生活源污染物排放量的总和。排放量统计制度包括年报和季报。年报主要统计年度污染物排放及治理情况，报告期为 1—12 月。季报主要统计季度主要污染物排放及治理情况，为总量减排统计和国家宏观经济运行分析提供环境数据支持，报告期为 1 个季度，每个季度结束后 15 日内将上季度数据上报国务院环境保护主管部门。为提高年报时效性，各省级政府环境保护主管部门于次年 1 月 31 日前上报年报快报数据。

（2）统计调查按照属地原则进行。统计调查由县级政府环境保护主管部门负责完成，省、市（地）级环境保护监测部门的监测数据应及时反馈给县级政府环境保护主管部门。工业源污染物排放量根据重点调查单位发表调查和非重点调查单位比率估算；生活源污染物排放量根据城镇常住人口数、燃料煤消耗量等社会统计数据测算。工业源和生活源污染物排放量数据审核、汇总后上报上级政府环境保护主管部门，并逐级审核、上报至国务院环境保护主管部门。

（3）年报重点调查单位。指主要污染物排放量占各地区（以县级为基本单位）排污总量（指该地区排污申报登记中全部工业企业的排污量，或者将上年环境统计数据库进行动态调整）85% 以上的工业企业单位。重点调查单位的筛选工作应在排污申报登记数据变化的基础上逐年进行。筛选出的重点调查单位应与上年的重点调查单位对照比较，分析增、减单位情况并进行适当调整，以保证重点调查数据能够反映排污情况的总体趋势。

季报制度中的国控重点污染源按照国务院环境保护主管部门公布名单执行，每年动态调整。

（4）$SO_2$总排放量测算方法。重点调查单位污染物排放量可采用监测数据法、物料衡算法、排放系数法进行统计。三种方法中优先使用监测数据法计算排放量。若无监测数据（或监测频次不足），可根据上述适用范围，火电厂选用物料衡算法，钢铁、化工、造纸、建材、有色金属、纺织等行业企业选用排放系数法。监测数据法计算所得的排放量数据必须与物料衡算法或排放系数法计算所得的排放量数据相互对照验证，对两种方法得出的排放量差距较大的，须分析原因。对无法解释的，按"取大数"的原则得到污染物的排放量数据。

非重点调查单位污染物排放量，以非重点调查单位的排污总量作为估算的对比基数，采取"比率估算"的方法，即按重点调查单位总排污量变化的趋势（指与上年相比，排污量增加或减少的比率），等比或将比率略做调整，估算出非重点调查单位的污染物排放量。

（5）数据质量控制。环境统计数据质量控制主要由《环境统计管理办法》《环境统计技术规定》《全国环境统计数据审核办法》等系列文件组成。各地在数据上报前，由当地环境、统计、发展改革等部门组成联合会审小组，根据本地区经济发展趋势和环境污染状况，联合对数据质量进行审核。

（6）数据责任和审核。重点源的环境统计数据由企业负责填报，各级政府环境保护主管部门负责审核，如发现问题要求企业改正，并重新填报。各级政府环境保护主管部门对本级环境统计数据负责，上级政府环境保护主管部门对下级政府环境保护主管部门上报的统计数据进行审核。下级政府环境保护主管部门应按照上级政府环境保护主管部门审核结果认真复核重点调查单位报表填报数据，并重新评估非重点调查单位污染物排放量。

#### 8.2.2.2　$SO_2$总量的核算

（1）核算方法及监察。按照排放强度法对统计数据进行核算。

在排放强度法中使用耗煤量核算各地$SO_2$排放量时，用监察系数对$SO_2$排放量计算结果进行校正。校正方法和校正系数由国务院环境保护主管部门根据年度监测与监察情况另行确定。

各省级政府环境保护主管部门按照规定办法要求对年报快报数据进行核算，核算结果与核算的主要参数一并上报国务院环境保护主管部门。国务院环境保护主管部门进行初步复核后，将核算结果通报各地。各地应根据实际情况并按照国务院环境保护主管部门最终核定数据，对年报数据进行校核。

（2）核算资料。核算资料包括：上年主要污染物排放量、耗煤量数据依据上年环境统计资料。GDP、有关行业的工业增加值、城镇人口增长率使用国务院统计部门公布的数据。没有公布数据的，以各省级统计部门初步数为准。以上初步数应与统计部门协商一致后再使用。

（3）削减量核算原则。当年主要污染物新增削减量，以各省（区、市）污染治理设施实际削减量为依据测算。

### 8.2.3 "十一五"$SO_2$控制成果

#### 8.2.3.1 $SO_2$排放量得以有效控制

"十一五"期间,我国 $SO_2$ 排放量逐渐得到控制,2010 年全国 $SO_2$ 排放总量较 2005 年下降了 14.3%,超额完成了"十一五"总量减排任务。2006—2010 年新增脱硫机组、$SO_2$ 年排放量、与上年同比下降等情况见表 8-3。

表 8-3 "十一五"期间 $SO_2$ 排放量情况

| 年份 | 新增脱硫机组/万 kW | $SO_2$ 总排放量/万 t | 与上年同比下降/% |
|---|---|---|---|
| 2006 | 10 400 | 2 594.4 | −1.80 |
| 2007 | 12 000 | 2 469.1 | 4.87 |
| 2008 | 9 712 | 2 321.2 | 5.95 |
| 2009 | 10 200 | 2 214.4 | 4.60 |
| 2010 | 10 700 | 2 185.1 | 1.32 |

虽然 2006 年 $SO_2$ 排放量较 2005 年略有增长,与 2005 年增幅相比,回落了 11.3 个百分点,抑制了污染反弹,促进了产业结构调整。2006—2010 年,$SO_2$ 排放量呈逐年下降趋势。至 2008 年实现了任务完成进度赶上时间进度,31 个省(区、市)和新疆生产建设兵团都较好地完成了减排计划中确定的工作任务,$SO_2$ 排放量均实现了年度减排目标;华能、大唐、华电、国电、中电投五大电力集团公司和国家电网公司较好地完成了 $SO_2$ 削减任务。2007 年,电力行业 $SO_2$ 排放量比 2006 年下降 9.1%,国家五大电力集团公司 $SO_2$ 排放量下降了 13.2%。2008 年,北京等 27 个省(区、市)指标均较 2007 年出现下降,$SO_2$ 下降幅度最大的是北京市,为 19.8%。电力行业 $SO_2$ 排放量减排成绩显著,排放量比 2007 年下降 14.5%,国家五大电力集团公司 $SO_2$ 排放量下降了 17.9%。2011 年,共关停小火电机组 346 万 kW、钢铁烧结机 7 000 m²、淘汰落后造纸产能 710 万 t、印染 23 亿 m、水泥 4 200 万 t,有力地推动了减排工作。

"十一五"末建成的自动在线监控系统充分发挥作用,火电机组脱硫设施投运率达到 95% 以上,56 台、2 370 万 kW 火电机组脱硫设施取消烟气旁路,火电行业综合脱硫效率由 68.7% 提高至 73.2%。2010 年全国 $SO_2$ 排放总量较 2005 年下降了 14.3%,超额完成了"十一五"总量减排任务。根据 2011 年《中国环境状况统计公报》,113 个环保重点城市中,环境空气质量达标城市比例为 84.1%。与上年相比,达标城市比例提高 10.6 个百分点。环保重点城市环境空气中 $SO_2$ 年均质量浓度为 0.041 mg/m³。与上年相比下降 2.4%。$SO_2$ 在"十一五"计划中的减排目标提前一年实现。

#### 8.2.3.2 出台一大批大气污染控制的相关政策

在注重 $SO_2$ 排放量削减的同时,有利于污染减排的政策措施相继出台,环境执法监督进一步加强,淘汰了一批高耗能、高污染的落后产能,减排工作取得积极进展。实行"区域限批"政策,遏制高污染高耗能产业的迅速扩张。

修订了《中华人民共和国大气污染防治法》,改进了传统的电网发电调度方式,实施节能、环保机组优先的发电调度方式;落实燃煤机组脱硫成本计入电价的政策;在火电行

业推行 $SO_2$ 排污交易制度；出台鼓励脱硫副产物综合利用的优惠政策。鼓励关停、淘汰落后设备、技术和工艺腾出的 $SO_2$ 排放指标优先用于符合国家产业政策、采用先进工艺设备的新建项目。

2006 年，国家环保总局和国家质量监督检验检疫总局日前联合发布了新修订的国家污染物排放标准《火电厂大气污染物排放标准》（GB 13223—2003）。新标准兼顾电力发展和环境保护目标，分 3 个时段规定了火电厂大气污染物排放限值，提出了到 2005 年和 2010 年火电厂应执行的 $SO_2$ 和烟尘排放限值，有利于火电厂根据自身的情况采取相应的控制措施。

2007 年，国家环保总局出台了《现有燃煤电厂 $SO_2$ 治理"十一五"规划》，主要针对 2005 年底以前建成投产的现有燃煤电厂，以《中华人民共和国大气污染防治法》《火电厂大气污染物排放标准》（GB 13223—2003）和《国务院关于"十一五"期间全国主要污染物排放总量控制计划的批复》（国函〔2006〕70 号）、《电力工业发展"十一五"规划》为依据，提出了现有燃煤电厂"十一五"期间 $SO_2$ 治理的思路、原则、目标、重点项目和保障措施。为加快燃煤机组烟气脱硫设施建设，提高脱硫效率，减少 $SO_2$ 排放，促进环境保护，国家发展改革委和国家环保总局联合制定了《燃煤发电机组脱硫电价及脱硫设施运行管理办法（试行）》。目前，由环保部起草的《火电行业 $SO_2$ 排污交易管理办法》正在进一步修订和完善。

## 8.2.4　$SO_2$ 约束性完善建议

### 8.2.4.1　进一步完善的措施

（1）完善考核体系，增加短板行业的考核。$SO_2$ 总量控制考核应以改善空气质量为目的、切实可行、全面而有效反映指标的完成情况为原则。虽然国家大力推进脱硫装机容量的增加，但电厂脱硫装置的运行情况有必要考虑在内，低效率的运行必然提高了运行成本、对空气质量改善的低效率，考核应注重削减的效率以及削减实际运行情况。另外，加大对非火电行业的考核，现行考核体系火电行业是考核的重点，但冶金、有色、建材等行业及拥有燃煤工业锅炉的企业等其他 $SO_2$ 污染严重的行业和企业，在一定程度上抵消了火电行业削减的成果，应适当增加重点考核行业，促进全面 $SO_2$ 削减。考核应当在巩固重点考核火电行业的基础上，增加其他排放强度高的行业作为考核对象，以消灭短板的方式逐步推进 $SO_2$ 减排工作。

（2）完善统计体系。统计体系的完善程度是影响考核的重要因素，针对统计的指标体系不合理问题，质量保证体系不完善的问题，应进一步研究完善的统计指标体系和质量保证体系，保证数据的准确性，统计范围灵活性，做到与实际情况同步变动；减少多种人为干扰，应培训统计技能强的专业统计人员，提高统计工作人员在工作中的执行能力，避免企业人员对统计数据的作假；改进统计方法，结合监测体系的完善，逐步淘汰估算等准确性差的数据取得方式。

（3）完善监测体系。监测体系是统计体系和考核体系的基础，决定着统计数据的全面性、真实性、有效性，影响考核的真实性。不断完善监测体系、提高监测技术减少数据来源的不准确性，逐步淘汰污染数据的估算方法。

（4）健全法律、政策机制。针对环境保护法制不健全的问题，一方面，加强执法能力建设，应进一步增加执法人员编制和执法经费，完善执法证件管理制度，开展执法规范化交叉检查；另一方面，通过完善立法逐步健全环境保护法规体系，提高环境违法成本，以对连续违法企业形成压力，促使其由被动环保向主动环保转变。同时，深入环保政策研究，积极推行环境经济政策措施。不断完善有利于环境保护的经济政策积极推行绿色税收、绿色贸易，建立绿色资本市场大力推行和建立生态补偿机制实施排污权交易政策。以环境经济政策突破环境保护中存在的制度性瓶颈，从而建立以绿色为导向的市场经济和环境保护长效机制。

（5）加强源头削减。"十一五"执行的 $SO_2$ 总量控制，主要实施措施是削减排放量，要求安装脱硫设备，这在污染控制过程中属于末端治理，要提高 $SO_2$ 控制的效率，必须从源头控制，尤其是控制燃煤总量。从决策源头引导调整工业发展结构和类型，用事前科学的规划布局代替事后的末端污染治理，改变结构性污染现状，大大减轻环境污染治理的压力。除此之外，要加强低硫煤的推广工作、大力支持煤炭清洁技术；提高能源效率、促进能源结构调整。

### 8.2.4.2 "十二五"期间考核建议

（1）改进 $SO_2$ 控制方法和策略。"十一五"期间，我国严格执行总量控制，从全国范围来看已提前一年完成"十一五"减排目标，但部分地区城市空气质量仍没有明显改善，长江三角洲地区的酸雨依然严重，单一总量控制的弊端逐渐显现。目前的总量控制，尚未以改善环境质量、减轻酸雨污染为根本目标，各省市重点行业的削减成果也由于周边地区的不合理排放而抵消。一味采取单一的总量控制必然会造成 $SO_2$ 控制效率的降低，考虑到总量控制在"十一五"期间已经取得一定的成果，"十二五"期间，提升质量控制为 $SO_2$ 控制的重点，与总量控制相结合，分区域控制 $SO_2$ 污染，实现改善城市空气质量、减轻酸雨污染的最终目的。

> 总量控制与质量控制相结合的 $SO_2$ 控制的原则，根据区域实际情况单独进行总量控制、质量控制或同时执行质量控制与总量控制：①同时执行质量控制与总量控制。不仅要求进行质量与总量控制的地区城市空气质量 $SO_2$ 质量浓度达到国家规定标准，而且要求完成 $SO_2$ 的总量控制目标。②只坚持总量控制。坚持"十一五"规划的总量控制原则，在"十二五"期间进一步实行总量控制。③只执行质量控制。地区只需执行质量控制，无 $SO_2$ 总量控制指标分配，保证城市空气质量 $SO_2$ 质量浓度达到国家规定标准。

> 实施分区控制：对于我国 $SO_2$ 污染状况，可根据 $SO_2$ 污染情况、空气质量 $SO_2$ 质量浓度达标情况分区进行控制。①环首都地区、长江三角洲地区、珠江三角洲地区 $SO_2$ 污染严重，城市空气质量达标率低，适合执行质量控制和总量控制相结合；在坚持实现 $SO_2$ 总量削减的同时，实现城市空气质量的达标。②海南省、西藏自治区、青海省，主要以农业、旅游业等轻污染行业为支柱产业，$SO_2$ 污染源少、空气质量优良，大部分地区 $SO_2$ 质量浓度达到一级标准，无潜在的 $SO_2$ 污染源。实行总量控制取得的效益不高，并没有实际意义，执行质量控制即可，维持良好状态即可。③除上述区域外，我国其他地区经济仍处于发展阶段，$SO_2$ 是城市的主要污染物之一，虽然各地区 $SO_2$ 污染存在一定差别，但基本都能达到不同等级的城市空气质量标准，对于这些区域，坚持总量控制，保证 $SO_2$ 总量削减，

即可在完善空气质量前提下，减轻 $SO_2$ 污染。

（2）完善 $SO_2$ 考核体系。

➤ 总量控制考核：$SO_2$ 总量控制的考核，基本可参照"十一五"的考核要求进行考核。定量考核指标体系，仍在原来的四个层次框架（质量目标、总量目标、重点工程、工作任务）的基础上增加部分考核内容，如表 8-4 所示。改进的内容包括：a. 总量目标中增加了"钢铁行业 $SO_2$ 排放量（万 t）"；b. 重点工程中增加了"烧结机脱硫工程"，含现役投入运行的烧结机容量（MW）与钢铁厂 $SO_2$ 达标排放率（%）两项指标。

表 8-4　"十二五" $SO_2$ 考核要求

| 质量目标 | 重点城市空气质量好于二级标准的天数超过 292 天的比例（%） | |
|---|---|---|
| 总量目标 | $SO_2$ 排放总量（万 t） | |
| | 火电行业 $SO_2$ 排放总量（万 t） | |
| | 钢铁行业 $SO_2$ 排放总量（万 t） | |
| 重点工程 | 燃煤电厂脱硫工程 | 现役火电机组投入运行的脱硫装机容量（MW） |
| | | 燃煤电厂 $SO_2$ 达标排放率（%） |
| | 烧结机脱硫工程 | 现役投入运行的烧结机容量（MW） |
| | | 钢铁厂 $SO_2$ 达标排放率（%） |
| 工作任务 | 工业废气防治 | 国控重点污染源大气达标排放率（%） |
| | 燃煤电厂治理 | 新（扩）建燃煤电厂除国家规定的特低硫煤坑口电厂外，必须同步建设脱硫设施和脱硝设施 |

注：重点城市中空气质量好于二级标准的天数超过 292 天的城市占该省重点城市总数的比例。

为解决各地对于定性考核的技术方法问题，设计了红绿灯分析方法供各地参考。红绿灯分析方法，实质上是一种定性和定量相结合的考核判断方法，主要依靠各省（自治区、直辖市）的自我考核进行。各地可以结合实际，选择重点的定性考核、与定量指标关系密切的政策措施等进行红绿灯分析。

定性考核主要着重 3 个方面：$SO_2$ 减排、城市空气环境质量改善、工业废气污染防治，分别考核其进展情况以及成果，如表 8-5 所示。改进的内容为在 $SO_2$ 减排考核条目中增加"钢铁厂烧结机脱硫政策制定情况"这一细项。

➤ 质量控制考核：对于实行总量控制的省、自治区、直辖市，应进行质量控制考核。考核落实到各省级单位时统一为城镇口径，具体的有关 $SO_2$ 考核的统计数据、年报数据等由气象局环境保护局提供。考核的标准主要依据是质量控制所要求的各省、自治区、直辖市需达到的空气质量标准。

质量控制考核同总量控制考核的目的都在于改善空气质量，主要考核实施质量控制地区的 $SO_2$ 质量浓度达标情况以及 $SO_2$ 监测体系的完善。具体考核条目和细则见表 8-6。

表 8-5 定性考核指标要求

| 考核条目 | 考核细项 |
|---|---|
| SO₂ 减排 | 酸雨和 SO₂ 防治规划实施情况 |
| | 火电厂脱硫电价政策改进和执行情况 |
| | 新（扩）建燃煤电厂（除热电联产外）准入政策完善和实施情况 |
| | 钢铁厂烧结机脱硫政策制定情况 |
| 城市空气环境质量改善 | 城区工业污染源调整搬迁工作情况 |
| | 低矮污染源整治情况 |
| | 城市清洁能源使用情况 |
| | 城市节能活动开展情况 |
| | 高污染燃料禁燃的实施情况 |
| | 长三角、珠三角、环首都城市群区域性大气污染防治规划实施情况 |
| 工业废气污染防治 | 国控重点污染源总量控制制度执行情况 |
| | 国控重点污染源自动监控装置安装和运行情况 |
| | 大气排污许可证制度推行情况 |
| | 工业炉窑使用清洁燃烧技术情况 |
| | 煤炭、钢铁、有色、石油化工和建材等行业的废气污染源控制情况 |
| | 煤炭洗选工程建设推进情况（含煤炭清洁燃烧技术推广情况） |

表 8-6 SO₂ 质量控制考核内容

| 考核条目 | 考核细则 |
|---|---|
| 质量目标 | 城市（包括郊区）SO₂ 质量浓度达标率（%） |
| | 重点城市 SO₂ 质量浓度达标情况 |
| 工作任务 | SO₂ 监测点布设工作的进展情况 |
| | 新建工程项目的 SO₂ 控制措施是否到位 |
| | 新建工程项目的环境影响评价工作是否到位 |

## 8.3 NOₓ 纳入约束性指标分析

### 8.3.1 必要性分析

（1）自身危害。氮氧化物（NOₓ）包括多种化合物，如 $N_2O$、NO、$NO_2$、$N_2O_3$、$N_2O_4$ 和 $N_2O_5$ 等。除 $NO_2$ 以外，其他 NOₓ 均极不稳定，遇光、湿或热易转变为 $NO_2$ 及 NO，NO 又变为 $NO_2$。因此，职业环境中通常是几种气体混合物常称为硝烟（气），主要为 NO 和 $NO_2$，并以 $NO_2$ 为主。NOₓ 都具有不同程度的毒性。

$NO_x$ 种类很多，造成大气污染的主要是一氧化氮（NO）和二氧化氮（$NO_2$），因此环境学中的 $NO_x$ 一般就指这二者的总称。$NO_x$ 中对人体健康危害最大的是 $NO_2$，比 NO 的毒性高 4 倍，主要是影响呼吸系统，可引起支气管炎和肺气肿。短期暴露（如少于 3 h）可导致已患呼吸道疾病者产生过敏反应、损害肺功能，增加少年儿童（5～12 岁）的呼吸道疾病发生率。慢性中毒可致气管、肺病变。吸入 NO，可引起变性血红蛋白的形成并对中枢神经系统产生影响。$NO_x$ 对动物的影响质量浓度大致为 1.0 mg/m³，对患者的影响质量浓度大致为 0.2 mg/m³。《国家环境质量标准》规定，居住区的平均质量浓度低于 0.10 mg/m³，年平均质量浓度低于 0.05 mg/m³。

事实上，$NO_2$ 所带来的环境效应多种多样，包括：对湿地和陆生植物物种之间竞争与组成变化的影响，大气能见度的降低，地表水的酸化，富营养化（由于水中富含氮、磷等营养物，藻类大量繁殖而导致缺氧）以及增加水体中有害于鱼类和其他水生生物的毒素含量。

（2）引发复合污染。$NO_x$ 引起的空气污染问题主要有 $NO_2$ 污染、$O_3$ 污染、酸沉降污染、富营养化污染和颗粒物污染等（图 8-2）。

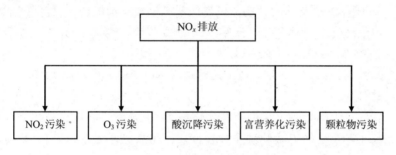

**图 8-2　$NO_x$ 引起的复合污染**

$NO_x$ 不仅是主要的大气污染物之一，影响人体健康，导致多种呼吸道疾病，而且会在一定条件下与大气中的其他物质发生反应，生成硝酸根离子、$O_3$ 和细颗粒物等多种二次污染物，从而导致酸沉降、近地面 $O_3$、富营养化等二次污染问题，而这些二次污染的危害甚至超过 $NO_x$ 本身造成的危害。

$NO_x$ 参与的光化学反应是一个复杂的动态反应过程，一方面，二氧化氮（$NO_2$）会在光照条件下与可挥发性有机物（VOC）反应生成臭氧（$O_3$）；另一方面，一氧化氮（NO）会将 $O_3$ 还原成氧（$O_2$）。同时，作为生成 $O_3$ 的另一重要前体物，VOC 的质量浓度也会影响 $O_3$ 的生成。因此，大气中 $NO_x$ 质量浓度与生成的 $O_3$ 质量浓度呈复杂的非线性关系。这使得预测控制 $NO_x$ 排放对近地面 $O_3$ 的影响非常困难。

➤ $NO_2$ 污染：燃烧过程排放的 $NO_x$ 中，绝大部分是 NO 而 $NO_2$ 含量较少。从毒性的角度考虑，$NO_2$ 毒性较强，约为 NO 毒性的 5 倍。排放的 NO 进入环境大气后，大部分在 $O_3$ 及其他氧化剂的作用下被氧化为 $NO_2$，形成 $NO_2$ 污染。环境大气中的 NO 水平通常不会对人造成影响。

$NO_2$ 是一种重要的大气污染物，能够对人的呼吸系统、心血管系统、血液和皮肤等产生影响。

NO、$NO_2$ 和 $O_3$ 之间存在的化学循环是大气光化学过程的基础。$NO_2$ 的光解引发了一系列反应，是对流层大气中 $O_3$ 的来源之一。

> $O_3$ 污染：排放大气中的 $NO_x$ 和 VOCs 在阳光的作用下，能够发生光化学反应生成 $O_3$，造成近地面 $O_3$ 污染。$NO_x$ 和 VOC 是近地面 $O_3$ 生成的主要前体物。据估计欧洲 2000 年 $NO_x$ 和 NMVOC 排放对近地面 $O_3$ 的贡献分别为 46% 和 39%。
> $O_3$ 在大气中的寿命约几个小时，而作为其前体物的 $NO_x$ 的寿命则可以长达几天，这样通过输送过程，$NO_x$ 将 $O_3$ 污染影响的范围扩大。
>
> 从污染的空间分布看，由于 $NO_x$ 和 VOC 的排放是造成 $O_3$ 污染的主要原因，$O_3$ 污染超标地区往往出现在 $NO_x$ 高排放强度地区。传统的污染控制中，排放削减后空气质量会明显好转；但对比欧美 $NO_x$ 排放和 $O_3$ 质量浓度变化的结果发现，$NO_x$ 削减量与 $O_3$ 质量浓度的变化并不是简单的线性关系。$NO_x$ 削减后 $O_3$ 污染并没有得到控制，欧洲年均 $O_3$ 质量浓度甚至有所升高。欧洲环境署对 $NO_x$ 和 VOC 的削减并没有导致 $O_3$ 质量浓度显著降低做出了如下结论：①单纯控制 VOC 无法实现 $O_3$ 的环境质量目标。以美国南部为例，即使 100% 控制 VOC 人为源，$O_3$ 质量浓度由 176 $\mu l/m^3$ 降至 144 $\mu l/m^3$，仍未达到 $O_3$ 质量标准的要求。②虽然当前削减 $NO_x$ 会导致 $O_3$ 质量浓度升高，但在此基础上继续削减会大幅度降低 $O_3$ 质量浓度水平，最终实现达标目标。虽然 $NO_x$ 削减低于 37% 时，$O_3$ 最大质量浓度可上升 25%，但削减达到 90% 可使 $O_3$ 达标。
>
> 考虑到控制措施的有效性，通常同时进行 $NO_x$ 和 VOC 的削减以实现最终控制 $O_3$ 污染的目的。

> 颗粒物污染：$NO_x$ 和大气中的有机物和 $O_3$ 等反应，会生成硝酸盐颗粒物及多种可导致生物突变的有毒物质（如自由基、硝基芳香化合物等），影响人体健康、大气能见度以及辐射平衡。
> 2000 年，对欧洲 EEA-31 的统计结果表明，对 $PM_{10}$ 的贡献中能源工业占 30%，交通占 22%，其他工业占 17%，农业占 12%。由 $SO_2$ 和 $NO_x$ 排放造成的二次颗粒物在上述各部门都是最大的贡献者。

> 光化学烟雾：大气中的 $NO_x$ 主要源于化石燃料的燃烧和植物体的焚烧，以及农田土壤和动物排泄物中含氮化合物的转化。
> 大气中 $NO_x$ 和挥发性有机物（VOC）达到一定质量浓度后，在太阳光照射下经过一系列复杂的光化学反应，就会产生以高质量浓度 $O_3$ 和细颗粒物为特征的光化学烟雾，形成了夏季城市天空经常出现的蓝色烟雾。由于我国大气中 VOC 质量浓度较高，光化学烟雾的产生主要受 $NO_x$ 制约，大气 $NO_x$ 质量浓度的微小增加都会加重光化学烟雾的污染。光化学烟雾是二次污染，污染区主要位于污染源（城市）下风向 30 ~ 50 km，由于 $O_3$ 和细颗粒物可以作长距离传输，造成区域性的氧化剂污染和细颗粒物污染，使区域空气质量退化，减少太阳辐射，气候发生变化，对生态系统造成损害，农作物减产。美国目前由于 $O_3$ 污染使谷物减产 10% 以上，估计太阳辐射减少对产量的影响更大，还会使大气能见度降低，对眼睛、喉咙有强烈的刺激作用，并会产生头痛、呼吸道疾病恶化，严重的会造成死亡。

> 酸沉降污染：$NO_x$ 与空气中的水反应生成的硝酸和亚硝酸是酸雨的成分。由于大气氧化性，$NO_x$ 在大气中可形成硝酸（$HNO_3$）和硝酸盐细颗粒物，同硫酸

（$H_2SO_4$）和硫酸盐细颗粒物一起，发生远距离传输，从而加速了区域性酸雨的恶化。已有研究表明，$HNO_3$ 对酸雨的贡献呈增长之势，降水中 $NO_3^-/SO_4^{2-}$ 比值在全国范围内逐渐增加。目前我国已结合对"两控区"的划分工作，对 $SO_2$ 排放进行了全面控制，但 $NO_x$ 排放总量的快速增长及其大气质量浓度和氧化性的提高有可能抵消对 $SO_2$ 的控制效果，使酸雨的恶化趋势得不到根本控制。

## 8.3.2　基础条件分析

### 8.3.2.1　内涵匹配性分析

（1）$NO_x$ 指标可以反映大气污染的综合问题。$NO_x$ 排放是空气中有毒气体 $NO_2$、细粒子颗粒物、酸雨、灰霾、光化学烟雾等诸多环境问题的来源之一，在全国呈现越来越严重的趋势。其排放量能够反映国家和各地区整体的大气污染状况。因此，从综合性上看，$NO_x$ 是目前我国控制大气污染最重要的指标。

（2）指标含义明确，简单。$NO_x$ 是各种氮的氧化物，尽管不像 $SO_2$ 那样是一种物质，而是一类物质。但是 $NO_x$ 从环境质量监测到污染源测试等方面都有明确的含义。

（3）$NO_x$ 指标有明确的计量方法和核算体系。2006 年，环境统计体系首次将 $NO_x$ 排放量统计纳入统计范围，全国各地区开始对 $NO_x$ 排放量进行调查统计。全国 $NO_x$ 排放统计范围包括工业、生活和公路排放三方面，其中，生活和公路 $NO_x$ 排放量通称为生活及其他污染物排放。

工业 $NO_x$ 排放来源于两种渠道，即燃料燃烧排放（锅炉排放）和生产过程中排放，其中脂肪酸、硝酸、炭黑、钢铁、铁合金、铝、制浆和造纸等行业生产过程中有 $NO_x$ 排放。工业源 $NO_x$ 排放量填报主要以实测值为主，排放系数测算为辅，同时给出了工业源燃烧过程和生产过程中 $NO_x$ 排放参考系数。

生活 $NO_x$ 排放量统计，采取系数测算法。具体方法是以地市级为单位，根据该地区生活燃料消费量和生活 $NO_x$ 排放系数，统计出该地区生活 $NO_x$ 排放量。公路 $NO_x$ 排放量统计：针对公路交通排放可采用两种方法进行估算：①按照燃料总消费量和燃料性质估算；②按照车辆行驶距离，采用排放系数（g/km）来估算。

环境统计数字显示，2010 年全国 $NO_x$ 排放量为 1 852.4 万 t，其中超过 100 万 t 的地区依次为山东、广东、内蒙古、江苏、河南和河北，6 个省份 $NO_x$ 排放量占全国 $NO_x$ 排放量的 41.0%。工业和生活 $NO_x$ 排放量最大的分别是山东和广东，分别占全国工业和生活 $NO_x$ 排放量的 8.0%和 12.0%。

2010 年，$NO_x$ 排放量排名前 3 位的工业行业依次为电力、热力的生产和供应业、非金属矿物制品业、黑色金属冶炼及压延加工业，3 类行业占统计行业 $NO_x$ 排放量的 83.5%，其中电力、热力的生产和供应业占 65.1%。

（4）有较好的衔接性、前瞻性和延续性。我国从 2006 年开始了对 $NO_x$ 污染源排放的监测和统计，在以前的环境质量监测中也有监测。此指标的约束和目前的大气污染控制衔接性好，其控制对于防止我国未来区域性复合大气污染非常有效，指标的控制有延续性。

### 8.3.2.2　质量标准分析

表 8-7 是国际上世界卫生组织、中国和主要国家大气 $NO_2$ 环境质量标准。

表 8-7　世界卫生组织和其他国家大气 $NO_2$ 环境质量标准

| | $NO_2$/（$\mu g/m^3$） | | |
|---|---|---|---|
| | 年均值 | 日均值 | 小时均值 |
| WHO | 40 | — | 200 |
| 欧盟 | 40 | — | 200 c |
| 中国一级/二级[①] | 40/40 | 80/80 | 200/200 |
| 美国 | 100 | — | — |
| 加拿大 | — | — | 470 |
| 日本 | — | 113 | — |
| 英国 | 40 | — | 200 |
| 巴西 | 100 | — | 320 |
| 墨西哥 | — | — | 395 |
| 南非 | 94 | 188 | 376 |
| 印度（敏感人群/居住区/工业区） | 15/60/80 | 30/80/120 | — |

注：c　每年超标不能多于 18 h；d　各级标准适应区域。

世界卫生组织、欧盟、奥地利、法国、德国、西班牙和英国的 1 h 平均标准值都为 200 $\mu g/m^3$，比我国二级标准严格；而其他地区值情况是，阿根廷、巴西和加拿大，高于我国的二级标准。

奥地利、匈牙利、印度和日本的日平均标准比我国二级标准严格。世界卫生组织、欧盟和大多数欧洲国家没有制定此标准。加拿大的标准质量浓度高于我国的二级标准。

奥地利、世界卫生组织、欧盟、法国、德国、英国、西班牙、匈牙利、澳大利亚和印度的年平均标准比我国严格。加拿大、巴西和美国的标准质量浓度高于我国二级标准。

➢ 现行质量标准较为宽松，能满足 $NO_2$ 毒性控制要求：与发达国家相比，我国现行 $NO_x$ 排放标准较为宽松，我国现有实施的与 $NO_x$ 相关的只有 $NO_2$ 标准，$O_3$ 已制定相应的质量浓度标准但仍未纳入环境统计范围。《大气污染防治法》中酸雨控制方面也仅对 $SO_2$ 进行了规定，而未对 $NO_x$ 的控制加以考虑。

我国在 2000 年发布的《环境空气质量标准》（GB 3095—1996）修改单中取消了 $NO_x$ 指标，并在最新的《环境空气质量标准》（GB 3095—2012）中将 $NO_2$ 作为基本项目，将 $NO_x$ 作为其他项目，GB 3095—2012 将 $NO_2$ 的二级标准的年平均质量浓度限值由 0.04 $mg/m^3$ 改为 0.08 $mg/m^3$ 后重新改为 0.04 $mg/m^3$；日平均质量浓度限值由 0.08 $mg/m^3$ 改为 0.12 $mg/m^3$ 后重新改为 0.08 $mg/m^3$；小时平均质量浓度限值由 0.12 $mg/m^3$ 改为 0.24 $mg/m^3$ 后改为 0.20 $mg/m^3$。参考国际上各城市一般站点的资料，取 $NO_2/NO_x$（体积比）为 0.55（质量比 0.65）进行换算，最新的标准仅放松了对 $NO_x$ 小时平均质量浓度的要求。

---

① 《环境空气质量标准》（GB 3095—2012）。

> $NO_2$ 取代 $NO_x$ 指标，不利于 $NO_x$ 控制：$NO_2$ 取代 $NO_x$ 指标以及 $NO_2$ 二级标准质量浓度的提高导致许多 $NO_x$ 指标考核下未达标地区成为新指标考核下的达标区。这引起了对新 $NO_2$ 标准的质疑和是否设定 $NO_x$ 指标的争议。$NO_2$ 与 $NO_x$ 质量浓度有一定关联，但由于目前监测点位的设置不尽合理等原因，当前的 $NO_2$ 监测结果不能全面反映我国 $NO_x$ 的污染问题。

> $NO_2$ 达标的事实并不能掩盖当前 $NO_x$ 控制对策的缺陷：美国标准和欧洲标准中都没有考虑经济等其他因素，也就是说，单纯从保护人体健康角度制定的标准。但它们的标准却并不相同，欧洲标准规定限值比我国要低，而美国则比我国要高。从上面的分析可以看出，欧美 $NO_2$ 标准差异来自于两国标准制定中所参考的科学研究结果，即对 $NO_2$ 健康效应研究结果的差异。因此，对于哪种标准质量浓度更加合理的问题有待于进一步的研究。这种情况下，选择介于二者之间的质量浓度作为我国 $NO_2$ 的质量标准是可以接受的。

　　然而，$NO_2$ 达标的事实并不能掩盖当前 $NO_x$ 控制对策的缺陷。虽然降低 $NO_2$ 标准的理由并不充分，但是结合我国当前 $O_3$ 和酸沉降污染问题，加大 $NO_x$ 控制力度的要求是合理的。问题的关键并非 $NO_2$ 标准过于宽松，而是空气质量指标控制体系的不完整性，即 $O_3$ 监测控制的缺乏和对氮沉降的忽视。

> 现行标准不利于 $O_3$ 和酸雨控制：$O_3$ 污染在世界各国广泛存在未达标区，我国尤其严重。该污染是当今控制 $NO_x$ 的主要驱动力。实践中指导污染控制的是环境质量标准体系。同样，如果所建立的标准体系不完备或实施中被"肢解"，即体系中仅部分标准被实施，会导致 $NO_x$ 控制对策的制定缺乏正确的目标和法律依据。而这恰是我国 $NO_x$ 污染控制中出现的问题。在我国，$O_3$ 标准尚未作为考核指标，因此也不存在是否达标的问题。因此在不考核 $O_3$ 标准的前提下，$NO_x$ 排放对策的制定也就无据可依。

　　考虑酸雨控制时，我国的国家或地区标准中也未对 $NO_x$ 进行相关的规定。只是在环评审批过程中，当新建电厂厂址及其周围属于特定情况，如位于"两控区"城市主导风向上风向、位于特大城市规划区内或评价范围内 $NO_2$ 质量浓度超标等，会被要求进行烟气脱硝处理。虽然我国酸雨中硫酸根离子质量浓度高于硝酸根离子质量浓度，但我国硝酸盐沉降的绝对质量浓度并不低，高于欧美等国。因此，从长远看，有必要重新审视 $NO_x$ 在酸雨项目中的地位。

　　此外，由于缺乏足够的基于我国情况的环境基准方面的研究（毒理学和流行病学），难以判断国外的研究结果是否适用于我国。因此，对质量标准有效性的判别还存在一定的问题。

　　在排放标准方面，我国的 $NO_x$ 排放标准起步较晚，且和国外相比较松。虽然北京市在 1983 年就有相关的 $NO_x$ 排放标准。但直到 1996 年《大气污染物综合排放标准》中，才出现了全国范围的 $NO_x$ 排放标准的相关内容。此后我国在锅炉、生活垃圾焚烧、危险废物焚烧、火电厂大气污染物排放标准中相继对 $NO_x$ 排放质量浓度、排放速率限值等作了规定。2002 年出台《轻型汽车污染物排放限值及测量方法》《车用压燃式发动机排气污染物排放限值及测量方法》和《摩托车排气污染物排放限值及测量方法（工况法）》（GB 14622—2002）等对机动车排放提出要求，并对各阶段型式认证 $NO_x$ 排放限值作了规定。

### 8.3.2.3 监测与统计基础

我国在 2005 年对 $NO_x$ 进行试统计，2006 年开始正式统计。全国 $NO_x$ 排放统计范围包括工业、生活和公路排放三方面，其中，生活和公路 $NO_x$ 排放量通称为生活及其他污染物排放。

工业 $NO_x$ 排放来源于两种渠道，即燃料燃烧排放（锅炉排放）和生产过程中排放，其中脂肪酸、硝酸、炭黑、钢铁、铁合金、铝、制浆和造纸等行业生产过程中有 $NO_x$ 排放。工业源 $NO_x$ 排放量填报主要以实测值为主，排放系数测算为辅，同时给出了工业源燃烧过程和生产过程中 $NO_x$ 排放参考系数。

生活 $NO_x$ 排放量统计，采取系数测算法。具体方法是以地市级为单位，根据该地区生活燃料消费量和生活 $NO_x$ 排放系数，统计出该地区生活 $NO_x$ 排放量。公路 $NO_x$ 排放量统计：针对公路交通排放可采用两种方法进行估算：①按照燃料总消费量和燃料性质估算；②按照车辆行驶距离，采用排放系数（g/km）来估算。

$NO_x$ 排放量统计尚处于摸索阶段，因此需要在实际工作中不断总结、完善。结合 2010 年 $NO_x$ 排放统计工作，现行 $NO_x$ 排放量统计主要存在以下几个问题：

（1）$NO_x$ 排放统计体系亟须完善。$NO_x$ 排放统计作为新生事物，没有引起各方面的足够关注，由此带来 $NO_x$ 排放量统计方法和相关技术支撑体系研究进展缓慢。同时数据审核体系尚未完全确立，地方数据存在随意填报现象，质量把关不严。

（2）$NO_x$ 排放系数采用问题。目前，环境统计中推荐的 $NO_x$ 排放系数综合采用了美国环保局或欧盟推荐的排放系数，少数来自相关文献中的实测系数。因此，复杂的排放系数来源不可避免会造成一定程度上的混乱，同时也与中国 $NO_x$ 排放情况有所偏离。

（3）估算范围不全面。完整的 $NO_x$ 排放量估算应该包括燃料燃烧过程中排放、生产过程中排放以及农业行业排放。不同研究在对中国 $NO_x$ 排放量估算中，或者只是针对某一部分排放进行估算，或者在不同程度上存在排放源考虑不全的问题。我国环境统计范围目前没有涉及农村生活以及农业行业 $NO_x$ 排放。

国际上，$NO_x$ 排放统计工作早已普遍开展，很多国家特别是发达国家已经形成了完整的 $NO_x$ 统计制度和技术规范。其中，美国环境保护局（USEPA）排放清单改进项目（EIIP）技术指南，以及欧盟气候变化政府间工作小组项目（IPCC）技术指南成为全球各国开展其主要污染物排放统计的主要参考。

（1）加强 $NO_x$ 排放统计方法和技术研究。进一步总结 $NO_x$ 排放统计方法、经验和得失，完善 $NO_x$ 排放统计制度。例如，在工业 $NO_x$ 排放中区分燃料燃烧和生产过程排放；尽快组织相关力量，对各地区 $NO_x$ 排放数据质量进行评估，广泛征求相关专家意见，同时编制 $NO_x$ 排放数据审核程序；扩大 $NO_x$ 排放统计范围，从国家层面估算铁路和航空 $NO_x$ 排放量。

（2）加快 $NO_x$ 排放系数更新。$NO_x$ 排放量统计仍然主要以系数估算为主，因此应尽快建立符合我国实际的 $NO_x$ 排放系数体系。目前，主要从两方面入手：①督促相关地区尽快提交 $NO_x$ 行业排放系数研究项目的总结报告，做好 $NO_x$ 排放系数的归纳、总结和论证；②结合污染源普查系数研究，及时推广最新成果。

#### 8.3.2.4　污染来源分析

（1）源解析。有学者根据国民经济统计资料、排放资料文献中的能源消耗量与不同经济部门、不同燃料类型 $NO_x$ 的排放因子，计算了 2005 年中国大陆排放的 $NO_x$ 的总量及各省市分行业、分燃料品种的排放清单，并分析了主要排放源。我国 $NO_x$ 排放的分类计算结果及汇总见表 8-8。从中可以看出我国 $NO_x$ 排放主要来自燃煤发电，占 $NO_x$ 排放总量的47.20%；其次是工业生产，占排放总量的 39.67%；居民生活、交通和生物质燃烧分别占排放总量的 7.85%、3.92%和 2.36%。

表 8-8　2005 年我国 $NO_x$ 排放源情况　　　　　　　　　单位：万 t

| 类别 | | 计算数值 | 比例/% | 排序 | 合计 | | |
| --- | --- | --- | --- | --- | --- | --- | --- |
| | | | | | 数值 | 比例/% | 排序 |
| 生物质燃烧 | 秸秆露天焚烧 | 49.01 | 2.30 | 5 | 50.36 | 2.36 | 5 |
| | 森林火灾 | 1.04 | 0.05 | 14 | | | |
| | 草原火灾 | 0.31 | 0.01 | 16 | | | |
| 发电 | 燃煤 | 1 005.31 | 47.20 | 1 | 1 005.31 | 47.20 | 1 |
| 交通 | 汽油车 | 33.37 | 1.57 | 8 | 83.34 | 3.92 | 4 |
| | 柴油车 | 49.97 | 2.35 | 4 | | | |
| 工业生产 | 农村生产用秸秆 | 9.08 | 0.38 | 13 | 823.54 | 39.67 | 2 |
| | 工业燃煤 | 721.75 | 33.89 | 2 | | | |
| | 工业燃汽油 | 32.38 | 1.52 | 9 | | | |
| | 工业燃柴油 | 14.94 | 0.70 | 12 | | | |
| | 工业燃料油 | 19.38 | 0.86 | 11 | | | |
| | 农村生产用油 | 29.02 | 1.32 | 10 | | | |
| 居民生活 | 农村生活用秸秆 | 90.53 | 4.25 | 3 | 167.31 | 7.85 | 3 |
| | 农村生活用薪材 | 34.11 | 1.60 | 7 | | | |
| | 生活燃煤 | 42.06 | 1.97 | 6 | | | |
| | 农村生活燃油 | 0.43 | 0.02 | 15 | | | |
| | 城市采暖燃油 | 0.17 | 0.01 | 17 | | | |

资料来源：粮小洛，曹国良. 中国区域氮氧化物排放清单[J]. 环境与可持续发展，2008（6）。

各污染源的具体来源如下：

➤ 生物质燃烧：在我国，生物质占一次能源总量的33%，是仅次于煤的第二大能源。我国是世界上最大的农业国家，作为农业生产的副产品，农作物秸秆是生物质资源的重要组成部分。在收获季节时，特别是在中国的农村地区，常常会有大量的秸秆被丢弃或焚烧在农田中，使得 $NO_x$ 的排放量在某些时段急剧增加。

➤ 发电：在中国，只有在大型电厂及热电厂中，煤或油才会有相对较好（即燃烧温度高）的燃烧条件，而且仅仅是部分大中型火电机组锅炉配套安装了诸如低 $NO_x$ 燃烧系统（LNBs）等 $NO_x$ 排放控制设施，所以从整体上看，我国发电行业中的

$NO_x$的去除率相对较低。此外，由于电厂及热电厂的燃煤量较高，这必然导致该行业拥有很高$NO_x$排放量。

> 交通运输：随着人民生活水平的不断提高，交通车辆的数量逐年递增，必然导致$NO_x$排放量的增长。由于柴油的$NO_x$的排放因子比汽油高得多，故柴油车排放的$NO_x$的排放量要高于汽油车的排放量。

> 工业生产：工业生产排放$NO_x$包括城市和农村的工业企业燃烧煤、油、生物质作为动力而燃烧产生的量的总和，尽管工业企业的环保问题受到各界较高的关注，但是，由于经济发展和生产的需要，工业生产所消耗的能源仍然维持在一个较高的水平。

> 居民生活：由于秸秆、薪材在广大农村，尤其是中、西部地区，仍被大量使用作为炊事、取暖的生活燃料，而它们基本是在没有任何排放控制设施的、热效率极低的炉灶内被燃烧的，故而$NO_x$的大量排放。此外，在农村（煤炭产地）、小城镇和大城市的郊区，普遍使用煤炭作为炊事、采暖用原料，没有任何$NO_x$控制措施，虽然现在已大部分使用了蜂窝煤，但其排放量还是显得较高。而且，居民家用的炉灶，虽然单个排放量很小，但其数量庞大，排放总量不容小视。

（2）区域性分析。我国$NO_x$排放的空间分布极不均匀。主要集中在东部和东南部地区，占45%的国土面积上贡献了排放总量的80%。长三角，珠三角，京津为核心的华北周围（包括河北，山东，山西，河南），排放强度更大，此外四川部分地区和辽宁排放强度也较大。而西南和西北地区，占55%的国土面积，仅占排放总量的20%。

中国$NO_x$排放的地域分布极不平衡。在全国范围内，其中有8个省区的$NO_x$的排放量超过1.0Mt；而海南省、青海省、西藏自治区3个省区的$NO_x$的排放量还不及0.1Mt。这主要是由于我国不同省区间的经济发展水平、产业结构、人口的密集程度以及能源消费结构分布的不平衡造成的，至于$NO_x$排放量较大的省份，它们或为传统的工业基地，农村人口密度高，生物质燃料和煤炭的消耗量较大，而且这些地区的农村工业也相对发达，燃料以煤炭为主，污染防治措施相对严重落后，导致$NO_x$排放量较高；或为经济水平相对较高的东部沿海省份，尽管它们拥有一定的污染防治措施，但是由于经济的飞速发展，必然导致巨大的能源消耗量，而排放大量的$NO_x$。

在京津、珠三角和长三角等城市集中的地区，大量$NO_x$污染源集中在城市和城乡接合部，污染物通过大气在城市间输送，造成各城市环境污染相互关联以及多种污染物的高质量浓度在时空上的叠加，并且通过复杂的大气化学反应生成$O_3$和颗粒物，或通过硫酸和硝酸沉降引起酸雨；$NO_x$、$SO_2$、VOCs及其二次污染物$O_3$和颗粒物的生成、输送、转化过程的耦合作用，构成区域性大气复合污染；而$NO_x$是大气复合污染的关键污染物。因此，$O_3$、VOCs等污染物的控制都应从源头$NO_x$开始治理。

### 8.3.3 可行性分析

#### 8.3.3.1 污染控制技术分析

（1）协同效应分析。我国能源结构不合理导致燃煤（特别是电厂）始终是我国$NO_x$排放的主要来源。2009年，$NO_x$排放量排名主要行业依次为电力业、非金属矿物制品业、黑色金属冶炼业，这3类行业占统计行业$NO_x$排放量的81.9%，其中电力业占64.5%。

而 2009 年 $SO_2$ 的电力行业排放量占总排放量的 55.1%，非金属矿物制品业占 9.5%，黑色金属冶炼业占 10.0%，共计 74.6%。2010 年全国 $SO_2$ 排放量为 2 185.1 万 t，$NO_x$ 排放 1 852.4 万 t，燃煤贡献分别为 80% 和 70% 左右；电力行业 $SO_2$ 和 $NO_x$ 排放量分别占工业 $SO_2$ 和 $NO_x$ 排放量的 52.8% 和 65.1%，因此，$SO_2$ 与 $NO_x$ 的主要来源均为自燃煤，控制燃煤（尤其是电厂燃煤）是控制 $SO_2$ 和 $NO_x$ 的主要措施。

从 $NO_x$ 与 $SO_2$ 来源上看两者来源有很大的同源性，都来自电力和工业锅炉的燃烧。其控制减排有一定的协同效应。但脱硫和脱硝是两种不同的处理工艺。如果从改变能源结构角度上看，两者有协同性，而单纯在末端治理而产生的减排其协同效应不大。

对燃煤控制主要集中在燃煤加工、燃烧和尾气处理上，这一点与 $SO_2$ 控制一致。对于燃烧产生的 $NO_x$ 污染的控制主要有 3 种方法：①燃料脱氮技术不如燃料脱硫技术发展好，至今尚未很好开发；②国内外开发了许多低 $NO_x$ 燃烧技术和设备，并已在一些锅炉和其他炉窑上应用，但由于一些低 $NO_x$ 燃烧技术和设备有时会降低燃烧效率，所以目前低 $NO_x$ 燃烧技术和设备尚未达到全面实用的阶段；③烟气同时脱硫脱硝是近期内 $NO_x$ 控制措施中最重要的方法，电子束处理法（脱硫率 94%、脱硝率 80%，并已进入实用阶段）、脉冲电晕等离子化学法（脱硫效率大于 97%，加 $NH_3$ 脱硝率大于 80%，美国、日本、意大利等国处在工业试验阶段，其电能与化学药品消耗较大）和 $SNO_x$ 烟气双脱新工艺（该法效率高，无二次污染，可回收 95% 的硫酸，美国 CCT 项目中得出 $SO_2$ 减少 96%，$NO_x$ 减少 94%），能达到较好的处理效果。国内外开发的烟气脱硝技术基本都是针对火电厂燃煤锅炉，由于工业锅炉炉窑自身的特点，火电厂烟气脱硝技术和设备尚不能直接应用于工业燃煤锅炉。欧盟电厂 $SO_2$ 的排放下降主要归功于 FGD 以及低硫煤和低硫油的推广（60% 以上），而能源结构优化（20%），能源效率的提高（10%），核电和水电（10%）共占 40%，可见其发展潜力；在美国，提高能量使用率和使用清洁能源被认为是简单有效且降低发电成本并能降低 $NO_x$ 排放量的方法。欧洲和美国在减排 $SO_2$ 的同时也非常注重 $NO_x$ 的控制，对 $NO_x$ 的排放也同样提出了总量控制目标和排污权交易，建议我国也制订区域和重点城市的总量控制目标。

因此，控制 $SO_2$ 的同时，可以重点关注大点源（主要指电厂）的 $NO_x$ 排放，加强总量控制，实行排污权交易，推行烟气同时脱硫脱硝设备，出台多项法令严格控制电厂的 $NO_x$ 排放，对机动车的排放也要注意控制（油质及尾气处理），同时优化能源结构，提高能源使用效率，发展核电、水电等清洁能源也是一举两得的好举措。

（2）行业污染控制技术。目前，国内外的燃煤锅炉脱硫、脱硝和除尘装置，都以静电或布袋除尘，并通过石灰水生成、沉淀出亚硫酸钙，不但消耗大量电能而且造成二次污染，同时锅炉燃煤产生的 NO 在空气中会很快结合为 $NO_2$，再化合生成硝酸，形成酸雨。$NO_2$ 减排在技术上主要有如下几种：

➤ 低氮燃烧技术具有投资与运行费用低、技术成熟等优点，且已在发达国家和我国新出厂发电机组上得到广泛应用。低氮燃烧技术应作为我国火电厂 $NO_x$ 减排的基本技术。新建的发电机组必须配备低氮燃烧技术；在役机组在考虑对煤种和炉型适应性的前提下，也应进行低氮燃烧技术改造。

➤ 燃用无烟煤和贫煤的机组采用低氮燃烧技术的 $NO_x$ 减排效果有限，在大气 $NO_x$ 环境容量饱和区域和地方 $NO_x$ 排放标准严格的城市，仅用低氮燃烧技术满足不了排放要求。这些情况下应考虑采用烟气脱硝技术。

➤ 考虑到我国火电厂煤质多变、机组负荷变动频繁且变化范围较大，对 $NO_x$ 排放控制要求还将进一步严格的实际情况，而 SCR 法可通过增加催化剂床层以满足不断加严的排放要求，具有较大的灵活性，故新建机组和条件适合的在役机组改造宜采用 SCR 法脱硝技术。

➤ SNCR 脱硝技术，脱硝效率较低，但投资和占地较小，主要考虑应用在现役机组的改造，或采用低氮燃烧技术后 $NO_x$ 依然少量超标排放的机组和少部分 $NO_x$ 削减率要求小于 40% 的新建机组。

从技术上看目前电厂实施脱硝是可行的。

对于机动车的 $NO_x$ 排放控制，涉及两个方面的问题：一是汽车尾气排放的标准，二是油品质量标准。从我国北京、上海等大城市的实施情况看，技术上和管理上是可行的。

烟气脱硝是世界上普遍应用的一种技术，国内应用的主要是选择性催化还原法（SCR）和选择性非催化还原法（SNCR）两种烟气脱硝技术。这两种技术均利用还原剂在低温有催化剂或者高温无催化剂的情况下，与烟气中的 $NO_x$ 反应，并还原成无毒无污染的氮气和水。SCR 法的特点是脱硝效率可稳定在 70%～90%、技术成熟，但存在着投资和运行费用高等缺点；SNCR 法系统简单、占地小、投资低、工艺参数选择受机组负荷影响较大、脱硝效率低，一般在 25%～40%。

（3）环境统计的技术可行性。2006 年起我国开始进行 $NO_x$ 的统计，统计主要行业、各地区的 $NO_x$ 排放量。从环境统计上看纳入 $NO_x$ 进行总量控制是可行的。

### 8.3.3.2 污染控制经济性分析

实施 $NO_x$ 总量控制最大成本是火电行业脱硝问题。全国的五大发电公司：中国大唐集团公司、中国国电集团公司、中国华能集团公司、中国华电集团公司、中国电力投资集团，到 2007 年年底已建成的烟气脱硝装置 26 台（套），总装机容量为 112 万 kW，其中除江苏阚山电厂 2×600MW 和江苏利港电厂 2×600MW 及 2×600MW 超临界机组采用 SNCR 法脱硝技术之外，其余均采用 SCR 法脱硝技术。截至 2008 年年底，我国已投运的烟气脱硝机组约 50 多台共 1 957 万 kW，其中 SCR 机组占 90.5%。2011 年，新建成钢铁烧结机烟气脱硫设施 93 台，有 56 台、2 370 万 kW 火电机组脱硫设施取消烟气旁路。

根据钟金鸣、郭丽霞等以某电厂新建 2 660MW 燃煤机组脱硝项目的研究，得出不同处理效率的装置初投和建设费用，初投资建设费用约 5 019～6 400 元，运行费用 1 500～1 700 万元/a。单位电量脱硝综合成本在 2.55～3.01 元/MW·h，见表 8-9。

根据该研究不同脱氮效率条件下单位电量脱氮费用，计算出 2008 年在不同脱氮效率下，2008 年火电发电总量 27 900.8 亿 kW·h，单位电量 $NO_x$ 产生量 3.1 g/kW·h，火电的上网电价是：0.4～0.5 元/kW·h，成本在 0.09～0.2 元/（kW·h）。据此算出脱硝增加的成本比例。2008 年 $NO_x$ 总产生量 865 万 t，工业总产值是 11 160.32 亿～13 950.4 亿元，生产成本在 2 511.072 亿～5 580.16 亿元，增加的成本比例在 1.2%～3.4%。应该说这总体上还是可以接受的。

表 8-9　2008 年我国火电厂在不同脱氮效率下脱氮情况

| 脱氮效率/% | 单位电量脱硝<br>费用/（元/MW·h） | NOx 削减量/万 t | 增加成本的比例/% |
|---|---|---|---|
| 65 | 2.55 | 562 | 1.3～2.8 |
| 70 | 2.63 | 605 | 1.3～2.9 |
| 75 | 2.74 | 649 | 1.4～3.0 |
| 80 | 2.87 | 692 | 1.4～3.2 |
| 85 | 3.01 | 735 | 1.5～3.3 |

燃烧后脱硫脱硝是洁净煤的重要手段之一，也是当前西方发达国家应用最多最为成熟的湿法工艺，由于建设投资巨大（占电厂投资的 16%～20%）和二次污染大等原因并不适合中国国情，这也是至今国内燃煤企业采取治理技术的不足 5% 的主要原因。先进、高效、二次污染小、低成本的干法排放控制技术正日益显示出其优越性，其现有技术的不尽之处将随着研究工作的深入而日臻完善。

Pahlman 烟气脱硫脱硝技术：可脱除烟气中 99% 以上的硫氧化物并可选择性地同时除去 99% 的 $NO_x$，由于无需加入 $NH_3$，所以其二次污染小，排放尾气完全符合环境标准。该工艺的硝酸盐和硫酸盐可以回收，出售给化肥厂、化工厂或炸药厂，与选择性催化还原法相比，可节约投资 40%～50%，节约操作费用 20%～30%，工艺适用于以天然气或煤为燃料的发电厂，如果专利转让费用不是过高的话，无疑是目前效率最高且最具市场潜力的治理技术。

### 8.3.3.3　管理措施可行性分析

（1）当前存在的主要问题。我国在 $NO_x$ 区域控制方面的起步较晚，控制对策相对落后，相应的空气质量标准系统也存在着问题。

➢ 对控制 $NO_x$ 污染的重要性认识不足，重视程度较低：从我国的质量标准体系等可以看出，国内对 $NO_x$ 控制的认识还停留在实现 $NO_2$ 达标的层面上，而对于 $NO_x$ 在臭氧、酸沉降、颗粒物等污染中的贡献则没有深刻的认识。欧美对 $NO_x$ 污染的重视程度已经不逊于或超过 $SO_2$，虽然其中有着 $SO_2$ 排放大幅度降低的因素，但更主要的是考虑了 $NO_x$ 在环境污染中尤其是臭氧污染中的重要作用。我国《大气污染防治法》中明确提出了酸雨控制区、$SO_2$ 污染控制区的设立和 $SO_2$ 的控制问题，并没有把光化学控制区（进行 $NO_x$ 和 VOCs 控制）纳入其中。另外，由于中国台湾和国外 $NO_x$ 控制中出现了 "$NO_x$ 排放的削减，减少了局地范围内对臭氧有清除作用的 NO 的排放，增加了 $O_3$ 生成量的现象；很多光化学污染严重的城市均处在 VOCs 控制区，控制 VOCs 排放较为有效，而 $O_3$ 质量浓度对 $NO_x$ 排放的变化不敏感。人们开始对削减 $NO_x$ 产生了疑问。
而事实是，虽然当前削减 $NO_x$ 会导致 $O_3$ 质量浓度升高，但在此基础上继续削减会大幅度降低 $O_3$ 质量浓度。另外，$O_3$ 控制中单纯控制 VOCs 无法实现 $O_3$ 环境质量目标，必须通过 $NO_x$ 的控制才能最终实现 $O_3$ 达标。当然，实际的污染控制中不希望看到 $NO_x$ 控制措施采取后 $O_3$ 污染恶化的现象，为解决这一矛盾可以将 $NO_x$ 控制同 VOCs 控制相结合，既能降低未来臭氧质量浓度，又能保证当前污染不会恶化。

> 在控制对策的制定中，存在着以下问题：①控制手段单一，主要通过排放标准来对污染进行控制，缺乏总量控制的手段。②缺乏相对完备准确的源清单。源清单是运用模型进行污染区域规划必需的输入资料，对规划结果的有效性影响很大，是制定区域污染控制方案的重要基础之一。而我国目前缺乏细致完备的源清单数据库。现有的源清单研究结果由于缺乏统一的规范和诸如排放因子等基础性研究等问题，在应用中还存在着很多问题。③缺乏必要的监测数据支持，尤其是考虑到 $O_3$ 污染的时候。由于站点设置的问题和监测项目的缺乏（如 $NO_x$、VOCs 等数据），无法对模型模拟的结果进行验证和优化，进而难以得到有效的控制方案。

（2）重点行业控制措施分析。行业排放分析可知 $NO_x$ 控制的重点源及优先次序应为电厂锅炉、机动车和工业锅炉炉窑。

> 电厂锅炉：近些年来，我国电厂低氮燃烧技术的研发和生产已经取得了长足的进步，实现了自行设计、自行制造和自行安装调试，已成为我国火电行业 $NO_x$ 控制的首选和主流技术。但目前在烟气脱硝方面，除个别单位开发了具有自主知识产权的烟气脱硝核心技术外，多数单位处于技术引进、消化和初步应用阶段。据不完全统计，到目前为止我国约有 90 家电厂的近 200 台总装机容量为 1.05 亿 kW 的机组已通过环评，已建和在建的火电厂烟气脱硝项目达到 5 745 万 kW 装机容量。所采用技术约 96% 是 SCR 脱硝技术。目前国内绝大多数 SCR 技术由国外引进，缺乏核心技术，多数公司仍依赖于国外的流场设计试验，SCR 催化剂的核心原材料、配方均受制于国外；已建成的电厂 SCR 脱硝装置基本不运行，而且缺乏评估和总结，无法从已有的工程案例中吸取经验和教训；煤质多变影响了低氮燃烧装置的脱氮效率，并对 SCR 催化剂的反应活性产生不利的影响。

此外烟气脱硝装置运行成本较高，且 $NO_x$ 排污费低于脱硝成本，企业无减排动力。由于目前 $NO_x$ 排放标准比较宽松，并且缺乏脱硝电价政策和对脱硝装置缺乏有效的监管，使得有些工程建成后而不投运或者没有长期连续运行。因此我国应出台有利于火电厂 $NO_x$ 减排的经济政策（如提高 $NO_x$ 排污收费标准等），使得实施烟气脱硝的电厂有积极性，同时对超标排放的企业进行处罚，使燃煤电厂对污染的控制由被动转化为主动。可以实施排污权交易政策，刺激企业减排的动力。

> 机动车流动源：当前，我国机动车 $NO_x$ 控制产业还处于起步阶段，在机动车 $NO_x$ 控制技术与产业方面，车用柴油质量较低不利于先进的柴油机尾气后处理技术的研发与使用，关键技术特别是柴油机 $NO_x$ 净化技术还未彻底摆脱技术储备薄弱的困境。基于现有技术及措施，在机动车 $NO_x$ 控制方面采取"双轨制"，一方面推动出台提高油品质量的有关政策；另一方面积极推广尾气催化技术。

在我国东部大城市中机动车流动源已经是 $NO_x$ 排放的主体。截至 2012 年初北京机动车保有量已超过 500 万辆，并还在以一定速度增加。为控制尾气污染北京市加强了机动车尾气排放管理。首先，加快淘汰高污染、高排放的"黄标车"。2009

年 1 月起，除城市运行和生活保障车辆外，"黄标车"禁止在六环内行驶；到 2009 年 10 月，所有"黄标车"一律禁止在五环内行驶。轻型汽油车国Ⅲ技术较好地解决了汽油车尾气污染问题，未能达标车辆将逐渐淘汰退出，并且轻型汽油车的各大整车厂基本完成了国Ⅳ技术平台的开发。

在柴油车 $NO_x$ 控制技术方面，可分为缸内控制技术和尾气后处理技术。大部分柴油车整车厂和整机厂实现了机内净化 $NO_x$ 技术的产业化，柴油机 $NO_x$ 排放大大降低，但大部分国产柴油机实现国Ⅳ达标仍需后处理技术。而在后处理方面，至今没有成熟的技术可广泛应用于柴油机尾气 $NO_x$ 净化。

在机动车 $NO_x$ 控制技术与产业方面存在的主要问题如下：①车用柴油质量较低，我国大部分地区遭受高硫柴油的困扰，极不利于先进的柴油机尾气后处理技术的研发与使用；②关键技术有待突破，特别是柴油机 $NO_x$ 净化技术还未彻底摆脱技术储备薄弱的困境；③机动车 $NO_x$ 排放管理措施不利，一方面用车检测维护监督管理体系有待完善和加强；另一方面柴油车 $NO_x$ 控制政策、技术、市场三者的良性互动尚未形成，企业研发投资意愿不高。

➢ 工业锅炉：工业燃煤锅炉排放是我国 $NO_x$ 污染的重要来源。目前，我国工业燃煤锅炉较少使用低氮燃烧技术，几乎所有的工业燃煤锅炉均未安装烟气脱硝装置。国内外开发的烟气脱硝技术基本都是针对火电厂燃煤锅炉，由于工业锅炉/炉窑自身的特点，火电厂烟气脱硝技术和设备尚不能直接应用于工业燃煤锅炉，目前没有可用于工业锅炉炉窑脱硝的成熟技术。

（3）火电行业 $NO_x$ 控制路线分析。低氮燃烧技术具有投资与运行费用低、技术成熟等优点，且已在发达国家和我国新出厂发电机组上得到广泛应用。低氮燃烧技术应作为我国火电厂 $NO_x$ 减排的基本技术。新建的发电机组必须配备低氮燃烧技术；在役机组在考虑对煤种和炉型适应性的前提下，也应进行低氮燃烧技术改造。

燃用无烟煤和贫煤的机组采用低氮燃烧技术的 $NO_x$ 减排效果有限，在大气 $NO_x$ 环境容量饱和区域和地方 $NO_x$ 排放标准严格的城市，仅用低氮燃烧技术满足不了排放要求。这些情况下应考虑采用烟气脱硝技术。

考虑到我国火电厂煤质多变、机组负荷变动频繁且变化范围较大，对 $NO_x$ 排放控制要求还将进一步严格的实际情况，而 SCR 法可通过增加催化剂床层以满足不断加严的排放要求，具有较大的灵活性，故新建机组和条件适合的在役机组改造宜采用 SCR 法脱硝技术。

SNCR 脱硝技术，脱硝效率较低，但投资和占地较小，主要考虑应用在现役机组的改造，或采用低氮燃烧技术后 $NO_x$ 依然少量超标排放的机组和少部分 $NO_x$ 削减率要求小于 40%的新建机组。

$NO_x$ 排放造成了多种环境影响和污染问题。$NO_x$ 排放是造成臭氧污染的主要原因之一，加剧了我国的酸沉降污染，在部分地区已由硫酸型污染向硫酸+硝酸型污染转变。考虑 $NO_x$ 本身及其引发的二次污染所带来的环境危害，以及目前所具备的控制条件，应考虑在"十二五"期间将其纳入约束性指标，根据 $NO_x$ 自身特点，在制定控制措施及目标时，应避免 $SO_2$ 考核出现的问题，并建立相应的考核体系。

### 8.3.4　约束性指标 $NO_x$ 实施建议

$NO_x$ 排放造成了多种环境影响和污染问题。$NO_x$ 排放是造成 $O_3$ 污染的主要原因之一，加剧了我国的酸沉降污染，在部分地区已由硫酸型污染向硫酸+硝酸型污染转变。考虑 $NO_x$ 本身及其引发的二次污染所带来的环境危害，以及目前所具备的控制条件，应考虑在"十二五"期间将其纳入约束性指标，根据 $NO_x$ 自身特点，在制定控制措施及目标时，应避免 $SO_2$ 考核出现问题，并建立相应的考核体系。

#### 8.3.4.1　考核内容

参考 $SO_2$ 的考核体系，对于 $NO_x$ 也可以制定定量和定性两套考核指标体系。其中定量考核指标体系，可以分为 4 个层次框架：质量目标、总量目标、重点工程、工作任务。其内容见表 8-10。

表 8-10　$NO_x$ 定量考核目标

| | | |
|---|---|---|
| 质量目标 | 重点城市空气质量好于二级标准的天数超过 292 天的比例（%） | |
| | 包含 $O_3$ 指标 | |
| 总量目标 | $NO_x$ 排放总量（万 t） | |
| | 火电行业 $NO_x$ 排放总量（万 t） | |
| | 机动车 $NO_x$ 排放总量（万 t） | |
| 重点工程 | 火电厂脱硝工程 | 现役火电机组投入运行的脱硝装机容量（MW） |
| | | 火电厂 $NO_x$ 达标排放率（%） |
| 工作任务 | 工业废气防治 | 国控重点污染源大气达标排放率（%） |
| | 燃煤电厂治理 | 新（扩）建燃煤电厂同步建设脱硝设施 |
| | 工业锅炉治理 | 新建锅炉必须预留脱硝设施场地 |

$NO_x$ 定性考核的要求，应主要着重几个方面：有关国家 $NO_x$ 减排政策的执行：如《火电厂 $NO_x$ 防治技术政策》执行，火电行业 $NO_x$ 减排规划的执行、机动车尾气标准执行、$NO_x$ 污染防治规划的实施等，有关空气质量改善：灰霾天数减少、$O_3$ 达标率，新建项目 $NO_x$ 控制技术准入政策的制定等情况。

#### 8.3.4.2　总量指标分配的原则和方法

（1）$NO_x$ 总量指标分配的原则。

➢ 公平性原则：总量分配方案必须一视同仁。

➢ 区域性原则：总量分配必须考虑区域差异。

➢ 效绩性原则：总量分配方案应该是鼓励企业和地方政府提高环境经济效绩。

➢ 有限总量原则：不是所有排放源都纳入总量指标分配，只对可控的可监测统计的源实施总量指标分配。

由于来源的复杂性，所有源的 $NO_x$ 监测设施并不完善，但是对于主要排放行业的监测已经纳入使用，并且统计手段也趋于完善，因此选定特殊行业、特定区域进行总量控制与质量控制是可行的，可以考虑在"十二五"期间纳入约束性指标行列。

（2）$NO_x$ 总量分配的方法。从我国行政管理现状看，$NO_x$ 的总量仍然需要行政来分配。具体实施总量指标的行业为电力，而在省级行政区级别在核算 $NO_x$ 总量时应当考虑机动车和工业锅炉的排放量。

在电力行业实施 $NO_x$ 总量控制,排放指标又该如何分配呢?进行指标分配需要考虑很多因素,包括发电机组的 $NO_x$ 排放现状,电力行业的总量控制目标,不同区域空气质量改善与酸雨控制要求,火电厂排放质量浓度标准、环评审批等相关政策要求,$NO_x$ 排放控制最佳实用技术及其经济可行性等。同时,排放指标的分配应该坚持公平、公正、公开和可操作性原则,并能够促进环境质量的改善和技术进步,同时还要预留电力发展的空间。

针对 $NO_x$ 的排放指标分配问题,推荐绩效分配方法。所谓污染物的排放绩效,是指生产单位产品所排放的污染物的量。排放绩效法就是依据某一区域电力行业大气污染物总量控制目标和这一区域对电力的需求来确定污染物排放绩效标准,然后根据火电厂的发电量来分配排放指标。

污染物排放绩效综合考虑了电力企业生产技术、生产效率、燃料质量、污染治理状况与污染物排放量等因素,应用排放绩效进行排放配额分配,就不必再按每个电力企业使用机组类型、生产工艺、煤质、脱硫技术及电力企业建成投产时间等详细情况进行分配。这种分配易于操作,表达形式简洁,能充分体现"一视同仁"的公平性和公正性,使所有电力企业受控于同等的环境管理要求,为电力企业提供了一种有效的竞争机制,是一种相对合理和比较科学的排放控制配额分配方法。对于在电力行业推行绩效分配方法,可以考虑将新源和现役源分开考虑,同时要积极推行排污权交易机制,力求利用市场机制使 $NO_x$ 的减排成本最小化。

行业排放分析可知 $NO_x$ 控制的重点源及优先次序应为电厂锅炉、机动车和工业锅炉炉窑。

### 8.3.4.3　选定重点行业与重点区域

(1)重点行业筛选。$NO_x$ 来源较 $SO_2$ 要复杂,除了人为源外还有天然源。在人为源中既有燃煤发电、工业锅炉等集中排放源;又有随汽车、轮船、飞机等的流动源,还有城市居民家庭生活和分散的广大农村源。

据 2010 年第一次全国污染源普查的基本情况和普查结果显示:电力热力、非金属矿物制品等 6 个行业 $SO_2$、$NO_x$ 排放量分别占工业排放总量的 89% 和 93%,机动车 $NO_x$ 排放量占排放总量的 30%,对城市空气污染影响很大。

建议选择火电和工业锅炉作为重点行业,机动车作为城市重点控制源。

$NO_x$ 排放标准的制定、修订应突出重点行业,其他行业同步控制。关于火电行业,在修订《火电厂大气污染物排放标准》时采用分时分区模式,同时配套出台相应烟气脱硝电价补偿政策和 $NO_x$ 污染防治技术政策。关于机动车,建议尽快发布低硫《车用柴油标准》,制定轻型柴油车的国 V、国 VI 阶段排放标准和重型柴油车的国 VI 阶段排放标准,制定在用柴油车 $NO_x$ 排放限值和测量方法。同时,在水泥、钢铁等几个重点工业行业的排放标准修订中重点考虑 $NO_x$ 的控制。

电力行业具有实施 $NO_x$ 总量控制的条件。因为,电力行业 $NO_x$ 的排放量占据了很大的比例,且易于监测、统计、考核,能够解决区域性环境影响的问题,而且有成熟的控制措施和技术。现在电力行业都设有在线监测系统,统计数据较为准确,能为政策的制定提供可靠的数据。在控制技术的选择方面,应该以低氮燃烧和选择性催化还原技术为主,选择性非催化还原技术为辅。

（2）控制分区。根据污染物的输送与相互影响，环首都圈、长江三角洲地区和珠江三角洲地区为电力 $NO_x$ 总量控制的 3 个重点控制区域。这些地区是大气复合型污染突出的重点地区，应实施区域联合减排、控制制度以及联动规划。因为这些地区的机动车保有量增长迅速，而机动车的排放高度低，对大城市局部地区空气质量有显著影响。另外，由于这些区域的排放量大，也有利于集中采取控制措施。同时，可以借鉴《京都议定书》中"共同但有区别的责任"，根据排放量的不同，对东部地区与西部地区、重点区与非重点区进行区别对待。

#### 8.3.4.4　$NO_x$ 总量统计与核算

采取和目前 $SO_2$ 总量统计类似的方法：主要统计工业、交通、生活三类源。

（1）源类型和统计报告时间频次。$NO_x$ 排放量的考核是基于工业源、交通源和居民生活源污染物排放量的总和。工业源和交通源统计报告每月、每季度报告，生活源每年报告。

（2）统计调查按照属地原则进行。统计调查由县级政府环境保护主管部门负责完成，省、市（地）级环境保护监测部门的监测数据应及时反馈给县级政府环境保护主管部门。工业源和生活源污染物排放量数据审核、汇总后报上级政府环境保护主管部门，并逐级审核、上报至国务院环境保护主管部门。

（3）年报重点调查单位。与 $SO_2$ 一样，重点调查单位的筛选工作在排污申报登记数据变化的基础上逐年进行。筛选出的重点调查单位应与上年的重点调查单位对照比较，分析增、减单位情况并进行适当调整，以保证重点调查数据能够反映排污情况的总体趋势。季报制度中的国控重点污染源按照国务院环境保护主管部门公布名单执行，每年动态调整。

（4）$NO_x$ 总排放量测算方法。重点调查单位污染物排放量可采用监测数据法、物料衡算法、排放系数法进行统计测算，所有重点单位每年必须至少有一次以上监测数据法的测算结果。三种方法中优先使用监测数据法计算排放量。监测数据法计算所得的排放量数据必须与物料衡算法或排放系数法计算所得的排放量数据相互对照验证，对两种方法得出的排放量差距较大的，需分析原因。对无法解释的，按"取大数"的原则得到污染物的排放量数据。

非重点调查单位污染物排放量，以非重点调查单位的排污总量作为估算的对比基数，采取"比率估算"的方法，即按重点调查单位总排污量变化的趋势（指与上年相比，排污量增加或减少的比率），等比或将比率略做调整，估算出非重点调查单位的污染物排放量。

机动车排放量的测算，应该从两个方面进行：一是根据本辖区机动车保有量、交通量和执行的标准，采用单车评价行驶里程和相应的排放系数法；二是根据本地区机动车燃油消耗总量进行测试。最后对两种办法进行校核。

（5）数据质量控制与审核。参考 $SO_2$ 的方法执行。

#### 8.3.4.5　加强 $NO_x$ 总量控制基础研究

（1）排放标准和排放系数研究。要建立一套科学合理的统计方法，弄清楚现在的基数。此外，要有相应的核定与考核机制，包括排放标准、污染源排放量统计测算等。在制定排放标准的时候，必须要有经济性、技术可行性作为支撑。

由于产生的机理等原因，对 $NO_x$ 排放量的统计比 $SO_2$ 更为困难，而科学准确地统计数据能够为控制工作提供决策依据。因此，建立一套科学合理的统计方法，弄清楚现在的基数，对于 $NO_x$ 的控制工作至关重要。

（2）源清单。在污染源普查的基础上，进一步摸清我国 $NO_x$ 排放源清单。重点是对工业、交通和生活三类排放源的准确测算。

（3）排放量和环境质量的关系研究。中国目前 $NO_x$ 的排放量仍在高位运行，这种状态还将持续一段时间，还没有到精打细算的阶段。$NO_x$ 的削减是一个长期的任务，目前 $NO_x$ 的科研基础还很难将总量控制目标与环境影响和质量直接挂钩，应将环境容量作为最终的控制目标，阶段性目标应基于目前的 $NO_x$ 控制的技术水平。

（4）详细的考核体系。确定了总量控制目标，就要有相应的核定与考核机制。一般的执行手段包括排放标准、新建项目的环境影响评价等。在这方面要考虑新、老源的问题，同时还要注意到，一般的排放标准不是按区域划分的，要分行业考虑，这在重点区域和重点行业重叠的地方，就会产生问题。确定排放标准的时候，必须要有经济性、技术可行性作为支撑。

### 8.3.4.6　完善 $NO_x$ 总量控制制度和政策

（1）制定合理而严格的排放标准。与日本、美国等现行的火电厂 $NO_x$ 排放标准相比，我国目前的 $NO_x$ 排放标准较为宽松。因此应根据我国治理燃煤电厂 $NO_x$ 排放技术的实际应用及技术进步情况对 $NO_x$ 排放标准进行修订。在我国燃煤电厂 $NO_x$ 排放标准修改过程中，建议对不同区域的新、扩、改建机组应采用不同的排放标准；对现有机组应按不同时段、不同区域并结合机组规模分别给出排放限值。

关于机动车，建议尽快发布低硫《车用柴油标准》，制定轻型柴油车的国 V、国 VI 阶段排放标准和重型柴油车的国 VI 阶段排放标准，制定在用柴油车 $NO_x$ 排放限值和测量方法。同时，在水泥、钢铁等几个重点工业行业的排放标准修订中重点考虑 $NO_x$ 的控制。

（2）加强 $NO_x$ 的区域性污染控制。$NO_x$ 的污染具有区域性特征，某地区排放的 $NO_x$ 及其二次污染物可通过长距离输送对周边地区环境造成污染。我国 $NO_x$ 的区域污染问题逐渐显现，除酸沉降外，$NO_x$ 导致的区域污染问题是近地面的 $O_3$ 污染。近期研究结果表明，在特定天气系统下，珠江三角洲、长三角、环首都等经济发达的地区存在 $O_3$ 污染问题，而且这些地区的 $O_3$ 污染呈现出明显的区域污染特性。因此，必须在区域尺度上进行 $NO_x$ 排放削减，加强地区间的合作与协调，才能经济有效地治理 $NO_x$ 排放造成的环境污染问题。

（3）完善统计考核体系。在 $NO_x$ 控制的同时兼顾 $O_3$ 的控制，进行 $O_3$ 的监测并将之纳入环境统计范围，加强环保系统对 $O_3$ 的监测能力建设；配套出台相应烟气脱硝电价补偿政策和 $NO_x$ 污染防治技术政策。

## 8.4　$PM_{10}$ 纳入约束性指标分析

### 8.4.1　必要性分析

#### 8.4.1.1　污染特性

可吸入颗粒物（$PM_{10}$）指空气动力学直径小于 10 μm，在空气中能够长期悬浮而不易沉降的颗粒状物质，也称为可吸入颗粒物，已成为众多城市的首要大气污染物。$PM_{10}$ 的危害主要有：

气候效应：$PM_{10}$ 从两方面对气候产生影响，一是通过散射和吸收太阳辐射直接影响气候，二是通过云结核的形式改变云的光学性质和云的分布，间接影响气候。

对大气能见度的影响：$PM_{10}$通过光的散射效应和吸收效应导致能见度的降低，其中细粒子对光的散射是主要因素，可导致60%～95%的能见度减弱。

对降水的影响：颗粒物中结核的承运作用和降水对颗粒物的冲刷作用均可以使颗粒物进入云层和降水中。同时云水在空中的迁移流动中也会吸收空中的颗粒物，其中的各种化学成分进入云水或降水后会发生一系列复杂的变化，并影响云水或降水的污染性质。最重要方面是颗粒物的酸碱性质和其对酸的缓冲能力。

健康效应：随着研究的逐渐深入，人们更加认识到$PM_{10}$是导致城区人群患病率和死亡率增加的主要因素，而不是总悬浮颗粒物。大气中空气动力学直径>10 μm 颗粒物能被鼻毛阻挡在体外排除，而10 μm 以下的颗粒物可进入鼻腔，7 μm 以下的颗粒物可进入咽喉，小于2.5 μm 的颗粒物则可深达肺泡并沉积，进而进入血液循环，并且由于其具有较大的比表面积，容易吸附重金属和有害物质，具有更强的毒性，带来的危害也往往高于单一污染物。目前已知的$PM_{10}$对人体健康的影响主要包括：增加严重疾病和慢性疾病的死亡率；使呼吸系统和心血管疾病恶化，并导致发病率的上升；改变肺功能及其结构；改变免疫系统结构；患癌症的几率增加等。

"三致"作用：石油、煤等化石燃料及木材、烟草等有机物在不完全燃烧过程中会产生多环芳烃（PAHs），排放的 PAHs 可直接进入大气，并吸附在颗粒物，特别是直径小于2.5 μm 的细颗粒物上。由于 PAHs 具有致癌、致突变、致畸作用，因此对人体健康危害极大，其中代表物苯并[a]芘（BaP）是最具致癌性的物质，能诱发皮肤癌、肺癌和胃癌。另外，空气中的 PAHs 可以和$O_3$、$NO_x$、$HNO_3$等反应，转化成致癌或诱变作用更强的化合物，从而对人体健康构成威胁。

我国颗粒物污染呈现出以下3个特点：

北方城市重于南方城市：北方城市广泛采用燃煤取暖，因此煤烟型颗粒物污染非常严重。颗粒物污较重的城市主要分布在华北、西北、东北和中原。

冬春季重于夏秋季：空气中颗粒物的季度质量浓度变化呈现"冬重夏轻"污染变化规律。不同季节颗粒物的质量浓度有明显的差异，颗粒物质量浓度春季最高，冬秋季次之，夏季最低，这由于春季是沙尘天气多发季节，干燥的天气易导致颗粒物污染加重，春季的颗物中以地壳中的 Ca 元素含量较高，而秋冬季受外来冷空气影响，容易将逆温破坏，又加上降雪有利于颗粒物扩散，降低了颗粒物的污染，冬季的颗粒物污以 S 元素含量为主，为煤烟型。夏季温度较高，乱流扰动性强，有利于污染物的垂直扩散，而且夏季雨水也较多，雨洗作用使得大气污染物质量浓度明显下降。

大中城市重于小城镇：近年来，大中城市的汽车数量增加很快，机动车尾气排放出大量小颗粒物。这使得大中城市的颗粒物污染情况重于小城镇。

总之，无论$PM_{10}$还是$PM_{2.5}$，均为采暖期污染程度大于非采暖期，这是因为采暖期气候干燥、采用燃煤取暖等因素；各主要城市由过去单一的煤烟型污染向煤烟型污染和尾气型污染并存转变。

### 8.4.1.2 污染现状及趋势

"九五"期间我国主要大气环境控制指标有全国 $SO_2$、烟尘、工业粉尘等，主要污染物的排放总量比"八五"末期都下降了10%～15%。"十五"期间，主要环境控制指标仍然是全国 SO$_2$、烟尘、工业粉尘等，2005 年，全国烟尘、工业粉尘排放量分别比 2000 年有不同程度的降低，主要污染物排放总量得到初步控制。"十二五"期间主要大气污染物的总量减排目标为：与 2010 年相比，SO$_2$ 排放总量下降 8%，NO$_x$ 排放总量下降 10%。2011 年，主要污染物总量减排目标与 2010 年相比，这两项污染物排放总量均下降 1.5%。

自 1997 年以来，总悬浮颗粒物（TSP）一直是影响我国城市大气环境质量的主要污染物，我国许多城市的中度及重度污染因子均为 TSP，尤其在大型城市和广大农村，TSP 污染已相当严重。伴随着 SO$_2$ 污染治理工作的成效，我国首要大气污染物将从 SO$_2$ 污染转变为 TSP，尤其是 PM$_{10}$ 污染。有研究显示，75%～90% 的重金属分布在 PM$_{10}$ 中，且颗粒越小，重金属含量越高。由于颗粒物越小越容易被人体吸收，所以对 PM$_{10}$ 进行研究控制关系到整个社会的稳定与发展。在新修订的《环境空气质量标准》（GB 3095—2012）中增加了细颗粒物 PM$_{2.5}$ 的 24 h 平均和年均值质量标准，同时颁布了《环境空气质量指数（AQI）技术规定（试行）》（HJ 633—2012），AQI 指数中考虑的污染物项目就包括 PM$_{2.5}$ 的 24 h 平均质量浓度，目前全国多地已进行 PM$_{2.5}$ 实时监测试点，可见 PM$_{2.5}$ 与 PM$_{10}$ 已成为我国大气污染防控的重要指标。

2007 年，可吸入颗粒物年均质量浓度达到二级标准的城市占 72.0%，劣于三级标准的占 2.2%。污染较重的城市主要分布在青海、新疆、宁夏、浙江、四川、北京、江苏、湖北、内蒙古、陕西、甘肃、辽宁、湖南、河北、陕西、山东、河南、重庆等地。2008 年 PM$_{10}$ 年均质量浓度达到二级标准及以上的城市占 81.5%，劣于三级标准的占 0.6%，至 2011 年达到二级标准及以上的城市已占到 90.8%。

根据《中国环境状况公报》，我国城市空气质量恶化的趋势虽然有所减缓，PM$_{10}$ 污染控制过程取得了一定成果，但可吸入颗粒物依然是影响城市空气质量的主要污染物。

空气中 PM$_{10}$ 的重要来源是工业烟尘和粉尘，从图 8-3 中 1990—2010 年我国烟尘和工业粉尘的排放情况看，PM$_{10}$ 的质量浓度与两者的排放量有很好的一致性。

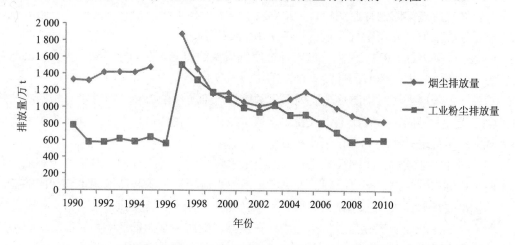

图 8-3　1990—2010 年我国烟尘及工业粉尘排放情况

综合分析，我国大多数地区 PM$_{10}$ 质量浓度处于下降趋势，然而下降趋势不明显。我国 PM$_{10}$ 污染存在较大的区域差异，2003—2008 年我国颗粒物污染严重区域见表 8-11。从表 8-11 中可以看出，我国颗粒物污染严重的区域集中在东北、华北、西北及湖南等中部省份。

表 8-11    2003—2008 年我国颗粒物污染严重区域

| 年份 | 颗粒物污染较重的城市主要分布 |
| --- | --- |
| 2003 | 西北、华北、中原和四川东部 |
| 2004 | 山西、内蒙古、辽宁、河南、湖南、四川及西北各省（自治区） |
| 2005 | 山西、宁夏、内蒙古、甘肃、四川、河南、陕西、湖南、辽宁、新疆、北京等省（自治区、直辖市） |
| 2006 | 山西、新疆、甘肃、北京、陕西、宁夏、四川、内蒙古、河北、湖南、辽宁、河南、重庆、天津、江苏等省（自治区、直辖市） |
| 2007 | 青海、新疆、宁夏、浙江、四川、北京、江苏、湖北、内蒙古、陕西、甘肃、辽宁、湖南、河北、山西、山东、河南、重庆等省（自治区、直辖市） |
| 2008 | 山东、陕西、新疆、内蒙古、湖北、江苏、甘肃、湖南等 8 省区。参加统计的地级城市中 $PM_{10}$ 未达到二级标准的比例超过 20% |

资料来源：《中国环境状况公报》。

## 8.4.2    基础条件分析

### 8.4.2.1    内涵匹配性分析

（1）$PM_{10}$ 是复合大气污染的主要指标。与 $SO_2$、$NO_x$ 不同，$PM_{10}$ 是多种物质构成的一种大气污染指标。其来源有自然源和人为源的直接排放，也有其他污染物（如 $SO_2$、$NO_x$、挥发性有机物等）在大气中发生化学反应生成的二次产物。是复合型大气污染的特征指标之一，也是我国目前各省市超标最主要的大气质量参数。我国现在尚没有对可吸入颗粒物完善的控制体系。

（2）具有可计量性。目前国家已将 $PM_{10}$ 列入城市空气质量监测的项目之中，其为重点城市、一般城市（自动监测）、一般城市（连续采样～实验室分析）、空气背景站、典型区域农村空气监测站的例行监测项目，并规定了在 3 个标准级别中分别对应于不同取值时间的质量浓度限值，并在空气质量日报中采用 $PM_{10}$ 指标。

但是在监测方面，$PM_{10}$ 仅列入城市环境空气质量的监测，在固定污染源方面，虽已有可行的连续监测技术，但监测并没有全面落实。

另外，尽管《大气污染防治法》列入了颗粒物污染防治的要求，但并没有相应的法规规定限定各行业等固定污染源烟尘及粉尘排放量或排放质量浓度。对于 $PM_{10}$ 的源解析并不完善，应尽快进行相关的数据统计和方法研究。

（3）监控的连续性。我国很早就开展了空气中颗粒物的污染控制。对工业源有烟尘和粉尘两个指标进行控制，都有明确的控制考核内容。对于自然源和其他源也有相应的控制政策和标准要求。在大气污染排放标准中，颗粒物的控制一直都是重点之一。

（4）排放源的控制指标与质量指标尚存在差异。受污染来源的影响，目前对颗粒物的源控仍停留在烟尘和粉尘控制上，而缺少直接的对可吸入颗粒物的控制标准和要求。

因此，我国在 $PM_{10}$ 控制中，采取质量控制较好，同时，我们建议在分行业进行排放标准控制，也在机动车 $PM_{10}$ 控制中制定相应标准。

（5）指标含义明确，简单。可吸入颗粒物含义明确，尽管不像 $SO_2$、$NO_x$ 那样，是一种或一类物质，但仍具有界限清晰、概念明确的定义。

#### 8.4.2.2　质量标准分析

我国在 1996 年颁布的《环境空气质量标准》（GB 3095—1996）中规定了 $PM_{10}$ 的标准，并统一在空气质量日报中采用 $PM_{10}$ 指标。

2000 年我国部分城市把 $PM_{10}$ 纳入环境监测的常规项目，2012 年新颁布的《环境空气质量标准》（GB 3095—2012）纳入了 $PM_{2.5}$。《环境空气质量标准》（GB 3095—1996）中规定了可吸入颗粒物 $PM_{10}$ 在 3 个标准级别中分别对应于不同取值时间的质量浓度限值。GB 3095—2012 给出了对颗粒物监测更加严格的时段要求，目前国家已要求在重点城市开展 $PM_{2.5}$ 监测试点工作。

世界卫生组织和其他国家大气中 $PM_{10}$ 标准见表 8-12。

表 8-12　世界卫生组织和其他国家大气 $PM_{10}$ 和 $PM_{2.5}$ 环境质量标准

| | $PM_{10}$ / ($\mu g/m^3$) | | $PM_{2.5}$ / ($\mu g/m^3$) | |
| --- | --- | --- | --- | --- |
| | 年均值 | 日均值 | 年均值 | 日均值 |
| WHO | 20 | 50[a] | 10 | 25[a] |
| 欧盟 | 40 | 50[b] | 25[c] | — |
| 中国一级/二级/三级标准（1996）[e] | 40/100/150 | 50/150/250 | — | — |
| 中国 一级/二级（2012） | 40/70 | 50/150 | 15/35 | 35/75 |
| 美国 | 50 | 150 | 15 | 65 |
| 加拿大 | 20 | 50 | — | — |
| 日本 | | 100 | — | — |
| 英国 | 40 | 50 | 25 | — |
| 巴西 | 50 | 150 | 15 | 65 |
| 墨西哥 | 50 | 120 | — | — |
| 南非 | 60 | 180 | — | — |
| 印度（敏感人群/居住区/工业区） | 50/60/120 | 75/100/150 | — | — |

注：a 每年超标不能超过三天；b 每年超标不能超过 35 天；c 2010 年目标值；d 2015 年限定值；e 各级标准适应区域。

从表中可见，WHO、欧盟、加拿大和英国的 $PM_{10}$ 年均值和日均值标准均严格，基本分别是 20 $\mu g/m^3$ 和 50 $\mu g/m^3$；美国、巴西、墨西哥和南非的标准相对宽松，$PM_{10}$ 年均值为 50～60 $\mu g/m^3$，日均值为 120～180 $\mu g/m^3$；中国的一级标准 $PM_{10}$ 年均值和日均值分别为 40 $\mu g/m^3$ 和 50 $\mu g/m^3$，相当于欧盟标准，二级标准年均值为 100 $\mu g/m^3$，新标准年均值 70 $\mu g/m^3$ 仍于其他国家标准，日均值为 150 $\mu g/m^3$，相当于美国标准。2012 年《环境空气质量标准》的 $PM_{2.5}$ 质量浓度限值较发达国家高。

#### 8.4.2.3　监测与统计基础

我国现在并没有一个对可吸入颗粒物完善的控制体系。目前国家已将 $PM_{10}$ 列入城市空气质量监测的项目之中，规定其为重点城市、一般城市（自动监测）、一般城市（连续采样-实验室分析）、空气背景站、典型区域农村空气监测站的例行监测项目。并规定了在 3 个标准级别中分别对应于不同取值时间的质量浓度限值，并在空气质量日报中采用 $PM_{10}$ 指标。自动监测系统满足实时监控的数据采集要求；连续采样-实验室监测分析方法要满足《环境空气监测技术规范》和《环境空气质量标准》（GB 3095）对长期、短期质量浓度统计的数据有效性的规定。被动式吸收监测方式可根据被监测区域的具体情况，采取每周、每月或数月一次的频次。

PM$_{10}$的自动监测采用颗粒物自动监测仪（β射线法、TOEM 法），连续采样-实验室分析采用重量法（GB/T 15432—95）进行分析。

2007 年国家环境保护总局（现环保部）发布了《固定污染源烟气排放连续监测技术规范》规定了固定污染源烟气排放连续监测系统（CEMS）可进行颗粒物 CEMS 适用于工业固定源，包括以固体、液体为燃料或原料的火电厂锅炉、工业、民用锅炉以及工业锅炉等固定污染源的烟气 CEMS。生活垃圾焚烧炉、危险废物焚烧炉以及气体为燃料或原料的固体污染源烟气 CEMS 也可作参考。因此对于可吸入颗粒物的固定污染源的监测技术已发展较为成熟，而对于非固定源的监测目前比较困难。

#### 8.4.2.4　污染来源解析

可吸入颗粒物的来源可分为天然源和人为源。人为源主要来自工业粉尘、工业烟尘及生活燃煤等；天然源指空气扬尘。大气颗粒物的来源和质量浓度会因不同地区的地理环境、经济发展、能源结构以及管理水平等的不同而不同。北方内陆城市，如北京、乌鲁木齐、兰州，由于降水偏少，气候干燥，植被干枯特别是在春季易引发起沙、扬尘天气或沙尘暴现象，再加上城市建设高速发展建筑工地施工产生大量扬尘，这些因素都可能导致城市的PM$_{10}$污染加剧。因此，北方内陆城市的 PM$_{10}$污染要重于北方沿海城市青岛。由于北方城市冬季需要取暖，燃烧大量煤炭产生大量颗粒物，并且强劲的西北风可能长距离输送这些颗粒物而波及长江以南的南京等地。而南方沿海城市厦门、广州地处季风区，受海洋的影响，空气湿度大，气候不像内陆城市那样干燥，而受夏季风影响，污染物扩散稀释又较快，因此 PM$_{10}$质量浓度也较低。

（1）行业污染贡献分析。如图 8-4 所示，对于工业粉尘排放而言，排放量位于排名前2 位的行业依次为非金属矿物制品业、黑色金属冶炼及压延加工业。两个行业占统计行业工业粉尘排放量的 79.7%。其中，非金属矿物制品业占 56.8%，黑色金属冶炼及压延加工业占 22.9%。对于工业烟尘排放，排放量位于排名前 3 位的行业依次为电力热力的生产和供应业、非金属矿物制品业、黑色金属冶炼及压延加工业，与上年相同，3 类行业占统计行业烟尘排放量的 65.9%，其中电力热力的生产和供应业占 36.2%。由此可见，要控制大气颗粒物污染，主要应从电力行业、非金属矿物制品业和黑色金属冶炼业着手。

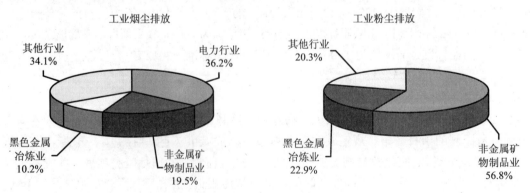

资料来源：《2010 中国环境统计年报》。

**图 8-4　2010 年各行业对工业粉尘、烟尘的排放贡献**

（2）污染源区域分析。图 8-5、图 8-6 为全国工业粉尘和工业烟尘排放分布。可见，我国工业粉尘高排放省市集中在湖南、山西、河北、广西省（区）；安徽、河南、江西省的排放量也较高；海南省和西藏自治区的工业粉尘排放量全国最低。

我国工业烟尘排放最大的省份是内蒙古、河南、山西、辽宁，主要集中在北方地区；河北、黑龙江、山东、江苏省的排放量也较大；海南省和西藏自治区的工业烟尘排放量在全国最小。

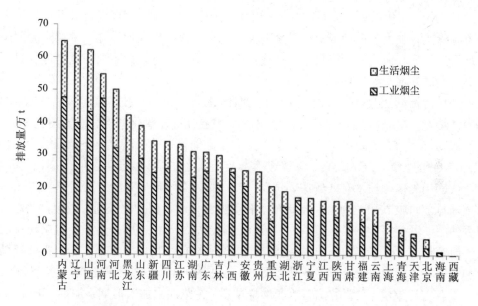

资料来源：《2010 中国环境统计年报》。

**图 8-5　2010 年全国烟尘排放情况**

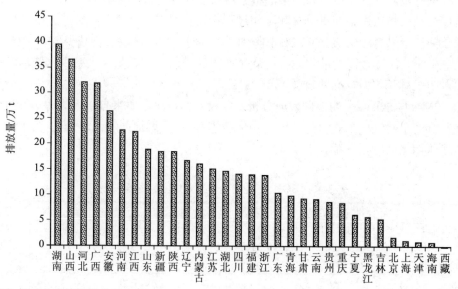

资料来源：《2010 中国环境统计年报》。

**图 8-6　2010 年全国工业粉尘排放情况**

### 8.4.3 可行性分析

#### 8.4.3.1 污染控制技术分析

（1）技术分析。目前，对 $PM_{10}$ 的控制技术相对较弱，常规除尘技术对 $PM_{10}$ 的捕集效率仍很低，造成大量 $PM_{10}$ 排入大气环境中，为此主要是在除尘设备上的改进。目前，在除尘器前设置预处理设施，使其通过物理或化学作用长大成较大颗粒后加以清除，已成为目前控制 $PM_{10}$ 排放的重要途径，其中利用声波团聚使细颗粒团聚成较大颗粒后用常规除尘设备脱除，外加声场可使 $PM_{10}$ 团聚长大是一种有效的预处理措施。微粒声波团聚技术已有近百年历史，但目前能够投入工业应用的几乎没有，存在的主要问题是能耗过高，缺少适宜在高温环境下长期使用的声源。

光催化防治燃烧源可吸入颗粒物，在光催化-热催化耦合新技术降解一次 $PM_{10}$ 的气相有机前体物及 $PM_{10}$ 中可溶性有机组分 SOF、室温光催化氧化二次有机气溶胶 SOA 及其气相前体物等方面有一定的可行性，但由于存在光催化剂的失活，紫外光强的衰减，废气中 $SO_2$、$NO_x$ 的影响，SOF、SOA 降解速率慢及光催化过程主要发生在催化剂表面等原因，目前，欲应用光催化技术有效解决燃烧源 $PM_{10}$ 的污染问题尚有一定难度。

燃油排放可吸入颗粒物污染控制技术利用喷粉技术，保护滤袋同时吸附剂为粉煤灰，可重复使用，除尘率 99.9%，减少因颗粒物污染造成的损失。国外对柴油机微粒排放的控制技术研究已有 20 多年的历史，主要技术措施有机前、机内、机外控制。机前处理是对燃料和空气在进入汽缸燃烧前预先进行处理，改进燃油品质，以改进缸内的燃烧反应过程，从而降低有害排放量。主要方法有改变燃烧性质，在柴油中加入消烟添加剂、柴油掺水等。机内净化是对燃烧过程本身进行改进，以减少有害气体的产生，主要方法有提高燃油速率、加强进气涡流、采用分割式燃烧室等。机后处理是用各种除尘滤清净化装置、催化反应方法对排气进行最后处理。目前国外柴油机微粒排放控制措施主要有以下几项：第一是提高燃油质量；第二是改进柴油机燃烧和工作过程；第三是排气后处理。

低硫柴油当燃料中的硫从 0.12% 下降到 0.05% 时，微粒排放量将减少 8%～10%，可防止催化剂中毒，保证较高的催化效率，从而使微粒排放物的数量大大减少；柴油乳化当乳化油加入 30% 体积水时，微粒排放减少 25%。

（2）$PM_{10}$ 与 $SO_2$ 减排的协同效应分析。可吸入颗粒物主要来自于人为源（如石化燃料的燃烧、机动车尾气、工业粉尘、废弃物焚烧等），多为燃烧产物。表 8-13 为 $SO_2$、工业粉尘和工业烟尘的主要来源。

表 8-13　$SO_2$、工业粉尘和工业烟尘的主要来源　　　　　　　　单位：%

|  | 电力行业 | 非金属矿物制品业 | 黑色金属冶炼业 | 化学制品制造业 | 石油加工 | 有色金属及加工 | 造纸及制品业 |
|---|---|---|---|---|---|---|---|
| $SO_2$ | 58 | 9.26 | 9.24 | 5.66 | 3.32 | 3.47 | 2.49 |
| 工业粉尘 |  | 73 | 17 | 2 | 3 | 2 |  |
| 工业烟尘 | 49 | 18 | 11 | 8 | 7 | 3 | 4 |

从表 8-13 可以看出，$SO_2$ 污染源和 $PM_{10}$ 污染源很相近，工业粉尘、工业烟尘和 $SO_2$ 的主要来源都是电力行业和非金属矿物制品业，能占到 70% 左右，而黑色金属冶炼、石

油加工等相对较小。2000 年，对欧洲 EEA-31 的统计结果表明，对 $PM_{10}$ 的贡献中能源工业占 30%，交通占 22%，其他工业占 17%，农业占 12%。由 $SO_2$ 和 $NO_x$ 排放造成的二次颗粒物在上述各部门都是最大的贡献者，因此，加强 $SO_2$ 和 $NO_x$ 控制对 $PM_{10}$ 控制具有重要意义。

　　我国在污染控制方面，超过 50%的发电机组已经安装了烟气脱硫设备，同时，水煤浆、型煤加工技术并可节煤和减少烟尘排放，燃煤发电排放的 $SO_2$ 和烟尘总量已呈下降趋势。而在欧盟 $SO_2$ 减排还带来了颗粒物排放的降低；日本工业结构的改善、能源效率（节能）的提高、能源结构的改善和烟气脱硫设施（FGD）的普及为 $SO_2$ 的减排作出了巨大贡献，同时进口低硫油、原油脱硫技术、加大 FGD 投资，使得环保产业得以较好的发展，也能使得大气颗粒物污染得到有效控制。大气颗粒物的来源和质量浓度也会因不同地区的地理环境、经济发展、能源结构以及管理水平等的不同而不同。因此，$SO_2$ 的区域控制对 $PM_{10}$ 的控制具有较好的借鉴作用，对于本底值高的区域进行植树造林等绿化措施，而对于人为影响严重地区应加强政策鼓励和支持。

### 8.4.3.2　污染控制经济性分析

　　电除尘器将排放质量浓度标准降到 50 $mg/m^3$ 以下，而且对 $PM_{10}$ 和 $PM_{2.5}$ 也提出严格要求，电除尘器必须将除尘率提高到 99.9% 以上。目前，我国燃煤电厂中应用最广泛的除尘装置是静电除尘器，占 90%以上。但是，许多电厂不得不改用低硫煤，或者添加烟气脱硫装置，降低了电除尘器的除尘性能；一般电除尘器很难保证粉尘排放质量浓度为 50 $mg/m^3$ 或者更低；对粒径小于 2.5 μm 甚至亚微米级的超细颗粒捕获率较低；而相应的改变措施增加了成本，不经济。

　　"静电-布袋" 联合除尘是基于静电除尘和布袋除尘两种成熟的除尘理论而提出的一种技术。它结合了静电除尘和布袋除尘的优点，除尘效率高（排放质量浓度可以低于 30 $mg/m^3$），既能满足新的环保标准，又增加运行可靠性，降低电厂除尘成本。因此，"静电-布袋" 联合除尘对现役电厂静电除尘器改造和新建电厂除尘设备的选择具有重要意义。目前国家对新建、扩建电厂的烟气排放要求更为严格，粉尘排放质量浓度要求低于 50 $mg/m^3$，这是单一静电除尘器所不能实现的。而 "静电-布袋" 联合除尘将目前 2 种最为高效的除尘装置有机结合，既可以发挥静电除尘器捕集粗颗粒粉尘效率高的特点，又降低了袋式除尘器单元的粉尘负荷和对滤料性能的要求，降低了设备的运行维护费用，同时提高了设备运行的稳定性、可靠性，是一种较好的除尘方式。因此建议使用 "静电-布袋" 联合除尘。

　　长沙市政府关于扬尘污染和燃煤控制的强制性规定，在颗粒物污染问题的 3 个基本部分——排放源、大气、承受体中，长沙市政府的相关措施直接针对排放源，具有相当的可行性，特别针对飘尘治理提出了路面硬化、增加水域面积及绿化率的手段，并提出通过控制私人汽车拥有量、使用清洁油品和清洁汽车来控制交通污染源的实践方法，并稍见成效。相对成本也是较低的，具有较好的控制效果。

### 8.4.3.3　管理措施可行性分析

　　要控制大气颗粒物污染，主要应从电力行业、非金属矿物制品业和黑色金属冶炼业着手。而对于不同区域，天然源的控制比较难，其次，近年来许多大城市的颗粒物污染转向以扬尘为主。另外，机动车排放、餐饮油烟、燃烧类烟尘也对颗粒物污染有一定的贡献，很难定量控制和监测。

所以对 $PM_{10}$ 的控制可以根据其源清单分类进行：

（1）定量的可控源包括：电力行业、非金属矿物制品业、黑色金属冶炼业等的烟尘排放量以及除尘设备的使用情况；施工工地的扬尘的质量浓度、交通机动车的排放、餐饮油烟排放量等。

（2）定性的可控源包括：加强绿化、改善土壤荒漠化问题、维护生态环境、保持道路清洁等。

综上所述，由于来源的多元性和统计的难度，很难对所有排放 $PM_{10}$ 的污染源实行总量控制，但可以对重点源进行相关指标的总量控制，如对工业烟尘/粉尘实施总量控制。

### 8.4.4　约束性指标 $PM_{10}$ 实施建议

$PM_{10}$ 是目前我国监测指标中污染最严重，公众关系度最高的大气污染指标，尽管其来源多样、成分复杂、而且具有很强的区域特性，但从控制大气污染保障人民生活的角度看，建议将其纳入约束性指标进行考核。

#### 8.4.4.1　控制策略

鉴于 $PM_{10}$ 来源具有很强的地域性和复杂性，必须采取综合的控制策略：

（1）对于重点排放行业（电力、钢铁、工业锅炉窑炉等）采取烟尘和粉尘排放的总量控制。

（2）对于分散的生活源采取加强管理、实施工程措施等。

（3）对于流动的机动车源，采取加强污染排放标准的改进，进行区域总颗粒物排放量核算。

（4）对于自然源，采取国土绿化、植被恢复等措施。

#### 8.4.4.2　约束考核内容

建议对于 $PM_{10}$ 的考核内容如下：

（1）质量指标。鉴于 $PM_{10}$ 受区域地理背景的影响（如沙尘暴等的影响），考核的指标建议采取 $PM_{10}$ 可控指标达标率（或天数）。

$$可控达标率（\%）= 各城市的 PM_{10} 达标天数/（365-背景测站超标天数）$$

（2）总量指标。建议对各行政区采取烟尘/粉尘总量控制；由于烟尘/粉尘与 $PM_{10}$ 的直接关系在各地不完全一致，建议采取相对总量的形式。

（3）定性指标。工业烟尘、粉尘控制政策的制度和执行情况；区域绿化率、施工工地管理、文明卫生城市建设、烟尘控制区规划等、机动车排放达标率。

#### 8.4.4.3　实施路线

$PM_{10}$ 纳入约束性指标应按如下次序进行：

（1）污染源清单和监测体系建设。源清单主要包括：重点源清单：电力、工业锅炉、窑炉等；生活源清单：根据居民人口数量、生活燃料种类和数量测量；流动源清单：机动车、轮船、飞机等。

> 监测体系：对重点源的连续实施监测，空气质量监测，特别是背景监测点位的确定必须经过国家环境监测总站的确认。恢复大气 TSP 的监测，以便检验工业烟尘/粉尘的控制效果。

（2）指标测算和审核。重点源的监测数据及其核算体系的完善。数据的逐级审核。

（3）能力建设和提高。细粒子是直接威胁人体健康的更主要大气污染因子，应加强 $PM_{2.5}$ 污染的研究；进一步全方位开展不同地区的 $PM_{10}$ 源解析研究；深入研究颗粒物排放与空气质量的关系；提高对颗粒物的监测能力建设。

## 8.5　温室气体（$CO_2$）纳入约束性指标分析

### 8.5.1　必要性分析

#### 8.5.1.1　温室气体特性

温室气体是指大气中自然或人为产生的气体成分，它们能够吸收和释放地球表面、大气和云发出的热红外辐射光谱内特定波长的辐射，该特性导致温室效应。水汽、$CO_2$、$N_2O$、$CH_4$ 和 $O_3$ 是地球大气中主要的温室气体。此外，大气中还有许多完全人为产生的温室气体，如《蒙特利尔议定书》所涉及的卤烃和其他含氯和含溴的物质。除 $CO_2$、$N_2O$ 和 $CH_4$ 外，《京都议定书》将六氟化硫（$SF_6$）、氢氟碳化物（HFC）和全氟化碳（PFC）定为温室气体。

大气中主要的温室气体是水汽，水汽所产生的温室效应占整体温室效应的 60%～70%，其次是 $CO_2$ 大约占了 26%，其他的还有 $O_3$、$CH_4$、$N_2O$、PFCs、HFCs、HCFCs 及 $SF_6$ 等。大气中人类活动产生的温室气体最持久、最主要的是 $CO_2$，它的排放和人类的工业化及能源活动密切相关。

#### 8.5.1.2　现状及趋势

气候变暖是当今全球性的环境问题，其主要原因是由于大气中温室气体质量浓度的不断增加。根据目前情况看，我国和美国的排放总量大体上相当。从历史累计排放来看，从工业革命到 1950 年，发达国家的排放量占全球累计排放量 95%；1950—2000 年，发达国家排放量占全球的 77%；从 1904—2004 年的 100 年间，中国累计排放占全球的 8%。世界银行的数据显示，2003 年，美国人均 $CO_2$ 排放为 19.8 t，而中国人均排放量为 3.2 t。2004 年中国人均排放量是发达国家（经济合作与发展组织成员国）人均水平的 33%。

$CO_2$、$CH_4$ 和 $N_2O$ 被认为是最重要的温室气体。按 IPCC 第 2 次评估报告给出的全球增温潜势计算，1994 年中国温室气体总排放量约为 $3\,650\times10^6$ t $CO_2$ 当量，其中 $CO_2$、$CH_4$ 和 $N_2O$ 分别占 73.1%、19.7% 和 7.2%。

从发展阶段来看，中国正处于工业化、城镇化过程当中，应该说，按照国际上的规律来看，这个阶段是排放量比较大的阶段。发达国家的工业化过程当中，也同样走过了这样一个阶段。据我们了解，最近这 15 年，发达国家在已经完成工业化，已经现代化，发达国家总体上温室气体排放总量还是在 1990 年基础上增长了 11%。中国在这一阶段温室气体增长比较快，也是一种客观规律。根据专家估算中国至 2030 年不同排放情景下主要温室气体排放量见表 8-14。

表 8-14　中国至 2030 年不同排放情景下主要温室气体排放量估算　　　　单位：亿 t

| 时间 | 1990 年 | | 2010 年 | | 2030 年 | |
|---|---|---|---|---|---|---|
| 指标 | $CO_2$ | $CH_4$ | $CO_2$ | $CH_4$ | $CO_2$ | $CH_4$ |
| 能源过程 | 5.67 | 0.09 | 11～13 | 0.14～0.18 | 12～21 | 0.15～0.25 |
| 工业过程 | 0.22 | | 0.68～0.74 | | 0.98～1.10 | |
| 农业 | | 0.23 | | 0.26～0.33 | | 0.30～0.42 |
| 林业 | 约 0.86 | | 约 1.56 | | 约 2.90 | |
| 城市垃圾 | | 0.024 | | 0.047～0.063 | | 0.12～0.14 |
| 总计 | 5.03 | 0.34 | 10.46～12.38 | 0.448～0.573 | 10.19～19.25 | 0.574～0.788 |

数据来源："中国气候变化国别研究"项目。该项目是中国专家对涉及气候变化的主要问题和战略的首次较为全面和系统的研究，由原中国国家科学技术委员会和美国能源部共同支持，于 1994 年 10 月启动执行，并于 1996 年底完成研究工作。

### 8.5.2　基础条件分析

#### 8.5.2.1　内涵匹配性分析

（1）$CO_2$ 减排控制的内涵。从发展阶段来看，我国正处于工业化、城镇化过程当中，按照国际上的规律来看，这个阶段是排放量比较大的阶段，也是一种客观规律。但是，温室气体来源相对较广，主要是 $CO_2$ 控制，可以对燃煤业进行控制，但是 $CH_4$ 和 $N_2O$ 主要来自农业活动，很难将其进行定量控制。$CO_2$ 尚未被列入污染物的行列，但应作为影响大气环境的物质加以控制。国家的经验表明，温室气体的减排应当是经济措施和行政措施相结合的。目前而言，对温室气体的排放控制更多的是设立经济激励措施，而不能对排放温室气体的污染源设立行政处罚措施。

世界范围的 $CO_2$ 减排而言，$CO_2$ 的地质埋存具有广阔的前景，但重点应放在减少化石性燃料的使用、清洁可再生能源的开发、$CO_2$ 的分离回收技术和 $CO_2$ 的综合利用上，$CO_2$ 的综合利用将是今后重点开发和研究的对象。

（2）指标的功能。$CO_2$ 排放是政府可控的，目前我国的节能减排政策及能耗标准等本质上就具有控制的 $CO_2$ 排放的作用，因此，将 $CO_2$ 作为约束性指标可以使其具有强制功能和制约功能。

（3）可计量性，连续监测性。能源使用的统计实践表明，$CO_2$ 排放是可以计量的，尽管植树造林、湿地恢复、农业改造等措施固定 $CO_2$ 的数量不易估算，但对于 $CO_2$ 排放最大的能源行业是有着成熟而完善的统计和核算方法的。而且，我国的能源统计是逐年、逐月开展的，在监测上可以不像其他大气污染物那样采取以排放口监测为主的方法，可以以能源消耗量统计为主的方法。

（4）数据的可核证性。国家的能源消耗及各种经济活动的能源消耗数据都有着完整的统计途径和审核手段。因此，从能源角度来统计 $CO_2$ 排放是可以核证的。

（5）区域的可分解性。能源消耗和使用是区域可分解的，从统计上和控制上都是可以分解到不同的行政区域的。但此处必须注意能源开发和利用过程 $CO_2$ 排放的分解问题。应当从能源开发的源头到终端用户全过程分析各环节的作用，将整个能源开发利用过程的 $CO_2$ 排放分解到不同的环节，然后再根据各区域的能源使用情况核算其 $CO_2$ 排放量。

#### 8.5.2.2　排放控制与标准分析

与其他大气污染指标不同，$CO_2$ 不是大气污染物，因此没有质量标准问题。同时在我国也没有直接的 $CO_2$ 排放标准。但与之对应的有不同行业的清洁生产及相应的节能减排政策要求。

国务院和各级地方人民政府已经采取了很多政策措施。2007 年，国务院就颁布了《应对气候变化国家方案》《关于印发节能减排综合性工作方案的通知》，批转了《节能减排统计监测及考核实施方案和办法的通知》，并成立了国务院节能减排工作领导小组。这些政策性的措施和组织安排，虽然达到了节约能源和温室气体控制的双重效果，但其对国家机关、企业事业单位设立的仅是节能减排的政策义务，并非温室气体排放控制的法律义务，2008 年 4 月环境保护部发布了《煤层气（煤矿瓦斯）排放标准（暂行）》对煤矿高质量浓度瓦斯提出"禁止排放"的强制性要求，在利用技术和安全系数提高后将对标准适时修订。2012 年 1 月，国务院颁布了《"十二五"控制温室气体排放工作方案》，方案确定了温室气体的减排目标：大幅度降低单位国内生产总值 $CO_2$ 排放，到 2015 年全国单位国内生产总值 $CO_2$ 排放比 2010 年下降 17%。

#### 8.5.2.3　监测与统计基础

截至 2009 年上半年的统计，完成"十一五"单位 GDP 能耗目标，我国将节约 6.2 亿 t 标煤，减少 $CO_2$ 排放 15 亿 t，一系列资源节约和综合利用标准发挥了重要作用。我国逐步完善温室气体排放统计监测和考核，把单位国内生产总值 $CO_2$ 排放指标纳入国民经济和社会发展规划并作为约束性目标的要求，发改委已组织编制温室气体排放清单，广东、湖北、辽宁、云南、浙江、陕西、天津 7 个试点省份需在 2011 年 6 月编制出温室气体排放总量、分量、下降幅度、排放强度等主要指标排放表，完成温室气体排放清单初稿，并在 2011 年底完成报告。这一工作有助于增强我国温室气体排放清单的完整性、准确性，有助于摸清我国 $CO_2$ 排放情况，逐步建立和完善有关温室气体排放的统计监测和分解考核体系，切实保障实现控制温室气体排放行动目标。有条件的地方要积极开展 $CO_2$ 等温室气体的监测工作。

#### 8.5.2.4　排放来源分析

各温室气体的来源见表 8-15。其中，$CO_2$ 主要来源为人类化石燃料燃烧。2006 年，世界主要能源 $CO_2$ 排放结构见图 8-7。其中煤和石油是能源 $CO_2$ 主要来源，分别占 41.7% 和 39.5%。

表 8-15　主要温室气体及其来源

| 温室气体名称 | 富集机制 |
| --- | --- |
| $CO_2$ | ①人类燃烧矿石燃料；②毁林；③生物呼吸作用 |
| 甲烷 | ①生物体的燃烧；②肠道发酵作用；③水稻 |
| $O_3$ | 光线令 $O_2$ 产生光化作用 |
| $NO_x$ | 工业生产 |
| $SO_2$ | ①火山活动；②煤及生物体的燃烧 |
| $N_2O$ | ①生物体的燃烧；②燃料；③化肥 |

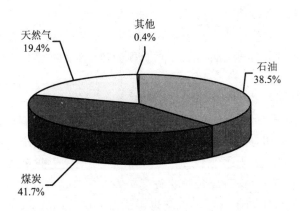

**图 8-7　2006 年世界主要能源 $CO_2$ 排放结构**

我国拟进行温室气体排放清单编制。根据中国科学院研究，2009 年，我国温室气体排放中，电力、热力的生产和供应业占 40.1%；石油加工、炼焦及核燃料加工业占 15.7%，排在前两位。

### 8.5.3　可行性分析

#### 8.5.3.1　排放控制的技术分析

按照目前的技术水平，煤炭发电平均每千瓦时电就要排放大约 1 000 g $CO_2$，天然气发电平均每千瓦时电只排放大约 500 g $CO_2$，只有煤发电的一半。中国的能源使用效率每提高 1 个百分点，就意味着将减少 3.3 亿 t 标煤的能源消耗。因此提高能效是减少 $CO_2$ 的重要举措。目前正在研发把收集到的 $CO_2$ 埋起来，就能达到彻底减排的目的——碳捕捉和储存技术。但碳捕捉和储存是一项原理简单、运行复杂的技术，使用起来相当昂贵，而且具有高耗能和泄漏的风险。

华能北京高碑店热电厂是我国目前唯一在热电厂实现工业级应用碳捕集技术的项目。该热电厂每年约排放 400 万 $tCO_2$，碳捕集系统能够捕集其中的 0.075%，约 3 000 t，而捕集能耗占电厂能耗则在 30%以上。显然，其捕集的 $CO_2$ 并不多，几乎不到 1%。而与此同时，$CO_2$ 捕集装置的能耗一般又都比较高，耗资比较大。以 30 万 kW 规模的电站、一年捕集 100 万 t $CO_2$ 为例，一旦加上 CCS 装置，几乎要增加一倍以上的投资。同时，电价成本大概要提高 20%～30%。

通常，捕捉 1 t 碳的成本约 60 美元。但在中国，预计成本可能降至 40 美元/t $CO_2$、煤电在中国电力结构中占极高比例，找到一种更清洁地使用煤炭的技术对中国而言意义重大。碳捕捉和储存的技术并不成熟，而花费同样的钱就可以开发可再生能源。

#### 8.5.3.2　温室气体与 $SO_2$ 减排等协同效应分析

目前我国 $CO_2$ 排放量已位居世界第 2 位，大约占了 26%，能源活动排放约占 90.95%，其中工业占 44%、能源生产及加工转换占 34%、居民占 10%，主要还是燃煤释放，煤炭利用产生的 $CO_2$ 排放 60%以上来自煤炭发电过程。每种情景下，煤炭利用的 $CO_2$ 排放最多，占 75%以上，这与能源消费结构直接相关。因此，在加强 $SO_2$ 控制燃煤使用的同时，也在减少 $CO_2$ 的主要来源。国外加大政府的强制政策在 $SO_2$ 和温室气体控制上起到了较好的作用，同时改变能源结构，加大油、气在一次能源中的比例，提高能源效率既可以减少 $SO_2$ 的排放，也可以减少 $CO_2$ 的排放，同时增加环保投资，植树造林（能吸收 $SO_2$ 同时也能起到调节 $CO_2$）也会起到相关的治理效果。同时通过节能及 $CO_2$ 捕获和埋存技术（CCS）的应用，到 2030 年努力将 $CO_2$ 控制在 65 亿 $tCO_2$ 年以内；针对 $CO_2$ 收费，提高汽油和其他化石燃料的价格，并借鉴英国、美国等国的发放排污权证和交易的方法来控制 $CO_2$ 排放。

可以基于温室气体的排放控制与 $SO_2$ 和烟尘、粉尘的排放控制的密切相关性，把节约能源、节约资源和污染物减排作为连接点，专门规定客观上有利于温室气体排放控制的节能减排条款。

### 8.5.3.3　排放控制和管理的可行性分析

（1）经验表明减少 $CO_2$ 排放的途径是可行的。2005 年中国可再生能源利用量已经达到 1.66 亿 t 标煤（包括大水电），占能源消费总量的 7.5% 左右，相当于减排 3.8 亿 $tCO_2$。据专家估算，1980—2005 年中国造林活动累计净吸收约 30.6 亿 $tCO_2$，森林管理累计净吸收 16.2 亿 $tCO_2$，减少毁林排放 4.3 亿 $tCO_2$。

通过实施《中华人民共和国节约能源法》及相关法规，制定节能专项规划，制定和实施鼓励节能的技术、经济、财税和管理政策。按环比法计算，1991—2005 年的 15 年间，通过经济结构调整和提高能源利用效率，中国累计节约和少用能源约 8 亿 t 标煤。如按照中国 1994 年每吨标准煤排放 $CO_2$ 2.277 t 计算，相当于减少约 18 亿 t 的 $CO_2$ 排放。

国家发展改革委的《国务院关于应对气候变化工作情况的报告》表示，下一步，有关部门将充分发挥科学技术的支撑和引领作用，完善财税优惠政策，从以下几个方面着手，加快低碳能源的利用和推广：

在妥善处理好水电开发与环境保护、生物资源养护及移民安置工作的前提下，因地制宜开发水电资源；逐步提高核电占一次能源供应比重，加快沿海地区核电建设，稳步推进中部缺煤省份核电建设；加快风电发展，逐步建立国内较为完备的风电产业体系；推进生物质能发展，加快推进秸秆肥料化、饲料化、新型能源化等综合利用，在经济发达、土地资源稀缺地区建设垃圾焚烧发电厂；积极推进太阳能发电和热利用，在偏远地区推广户用光伏发电系统或建设小型光伏电站，在城市推广太阳能一体化建筑、太阳能集中供热水工程、建设太阳能采暖和制冷示范工程，在农村和小城镇推广户用太阳能热水器、太阳房和太阳灶；积极推进地热能和浅层地温能开发利用，推广满足环境和水资源保护要求的地热供暖、供热水和地源热泵技术。

（2）$CO_2$ 减排的管理措施是可行的。"十一五"以来，各地区、各部门认真落实党中央、国务院的决策部署，把节能减排作为调整经济结构、转变发展方式的重要抓手，综合运用了法律、经济、技术和必要的行政措施，加大了工作力度。应该说，节能减排取得了积极的进展。主要采取了如下措施：实行节能减排目标责任制，建立了统计监测考核体系，进行了严格的目标责任考核和问责，淘汰了落后产能，在工业、建筑、交通等领域实施了十大重点节能工程，开展了千家企业节能行动和节能减排全民行动，实施了节能产品惠民工程。同时，要把农业污染包含在内。《农村生活污染防治技术政策》的制定对温室气体等的控制具有较好的作用。在农村开展节能环保和政府补贴推进节能环保技术进农村。节能灯和节能空调方面实行了价格补贴政策，实行惠民工程。

根据委员会 1995 年的提议，由欧盟议会和参议会的支持的机动车减排现有的政策有：

①由欧盟，日本和韩国的汽车生厂商自发组成的委员会，减少其在欧盟销售新车的 $CO_2$ 气体平均排放水平，到 2008 年（对于欧洲制造商）或 2009（对于日本和韩国制造商）达到 140 g/km。②提高消费者的识别度。欧盟规定在展示的每辆汽车的标签上用欧盟许可编码，显示其燃料消耗与 $CO_2$ 气体排放量，同时以其他形式包括印刷广告，公布燃料经济性信息。③目标是通过财政措施提高汽车的燃料经济性。欧盟的一些成员国已经采用该措施，同时委员会已经提议欧盟对汽车征收税，立法以控制 $CO_2$ 气体排放。在 2012 年 $CO_2$ 气体排放达到 120 g/km。1995—2004 年在欧盟 15 国销售的新车 $CO_2$ 排放已经下降了 12.4%，从 186 g/km 降至 163 g/km。对于货车，目标与 2002 年的 201 g 相对应，达到 2012 年的 175 g 和 2015 年的 160 g。汽车执行更高的降低排放目标，到 2020 年的平均排放达到 95 g $CO_2$/km。促进燃料经济行汽车的购买，显著的是通过修订汽车标签直接使人印象深刻同时通过成员国家的鼓励对每辆汽车征收 $CO_2$ 气体排放税。这也是在为我国的汽车排放 $CO_2$ 提供借鉴。

我国在林业和生物多样性上也采取了积极的措施。据专家估算，1980—2005 年中国造林活动累计净吸收约 30.6 亿 t $CO_2$，森林管理累计净吸收 16.2 亿 t $CO_2$，减少毁林排放 4.3 亿 t $CO_2$。

2009 年 11 月，国务院常务会议决定，到 2020 年我国单位国内生产总值 $CO_2$ 排放比 2005 年下降 40%～45%，作为约束性指标纳入国民经济和社会发展中长期规划。而火力发电厂排放的主要温室气体包括 $CO_2$ 和 $N_2O$。随着燃烧温度的升高、燃料中氧和氮之间相对比例的降低、过量空气系数的提高以及燃料中碳成分的提高，燃烧生成的 $N_2O$ 将增加。增加 $CO_2$ 捕集装置成本太高，应更多地投向清洁能源和新能源的研发。

### 8.5.3.4 可行性结论

从以上分析可以看出，将 $CO_2$ 排放纳入大气约束性指标是必需的，从我国对国际社会的环境承诺及降低能耗保护整个地球的角度看，应当对温室气体排放进行控制。从排放控制及管理上看，$CO_2$ 的约束与其他污染指标不同，应当是着眼于关键行业的排放控制和新型能源的替代，而不是从环境质量指标或者总量指标上进行约束。

## 8.5.4 约束性指标温室气体排放量实施建议

### 8.5.4.1 控制对策

把控制温室气体纳入国民经济和社会发展总体规划和地区规划；一方面抓减缓温室气体排放，另一方面抓提高适应气候变化的能力。

（1）在能源生产和转换方面：减缓温室气体排放的重点领域；尽快制定和颁布实施《中华人民共和国能源法》，并根据该法的原则和精神，对《中华人民共和国煤炭法》《中华人民共和国电力法》等制定政策措施，优选节能产品和服务。

（2）要加强制度创新和机制建设，加快推进中国能源体制改革，能源价格和能源结构调整；政府特批特许，推动可再生能源的发展。

（3）强化能源供应行业的相关政策措施：火电、核电、清洁能源和生物质能源的发展；推动节能技术的开展和 $CO_2$ 捕获、填埋等。

（4）提高能源效率与节约能源：修订完善《中华人民共和国节约能源法》，建立严格的节能管理制度，完善各行为主体责任，强化政策激励，明确执法主体，加大惩戒力度；抓紧制定和修订《节约用电管理办法》《节约石油管理办法》《建筑节能管理条例》等配套法规。

（5）注重林业发展，野生动物的保护，提高我国应对气候变化的应急措施及监测技术。

对温室气体的排放控制以经济激励措施为主，而不能对温室气体的大量排放设立行政处罚措施。只有这样，才既符合我国在国际上作出的自愿性承诺，又为削减温室气体的排放作出国际贡献。

#### 8.5.4.2　约束考核内容

（1）约束考核指标。

- ➢ 指标选择：虽然温室气体包括水蒸气、$CH_4$、$CO_2$ 等很多种，但除了 $CO_2$ 与人类经济活动密切相关，切实可控的之外，其他指标基本是不可控的。因此，温室气体排放的约束性考核定量约束指标建议选取 $CO_2$ 的排放量。

  定性考核指标：节能减排相关政策的执行情况，国家重点节能技术推广目录推广情况。

- ➢ 考核范围。根据中国的 $CO_2$ 排放源情况，将影响 $CO_2$ 的排放量的途径分为四类。第一类是 $CO_2$ 的直接排放重点工业源，包括火电、钢铁、煤炭、水泥、金属冶炼、建材等。第二类是能源消耗为主的 $CO_2$ 的排放量间接源。第三类是替代化石燃料的清洁能源行业。第四类是社会生活核定排放量。

  第一类排放源：实施 $CO_2$ 的排放总量控制。核定各行业、工艺的 $CO_2$ 的排放系数，根据排放系数给定各个源的 $CO_2$ 的排放总量指标。

  第二类排放源：实施能源消耗控制，根据产品的能耗系数，给定各个源的能耗指标，并根据能耗的 $CO_2$ 的排放系数，折算出 $CO_2$ 核定排放量。

  第三类排放源：核算其替代 $CO_2$ 的排放量；作为本地区 $CO_2$ 的排放总量增加的依据。

- ➢ 考核原则：温室气体排放考核实施分区域和重点行业两个层面进行考核。各省级行政区考核其 $CO_2$ 总的核定排放量；重点行业排放源考核其相应的排放总量、核定排放量。

（2）指标统计与审核。

- ➢ 指标统计：省级行政区 $CO_2$ 核定排放量的统计；统计范围建议包括上述的四类排放源：

  总核定排放量 ＝ 第一类源的实际排放量 － 输出电力量×单位电量排放系数 ＋
  第二类源核定排放量 － 第三类源减少的排放量 ＋ 第四类源核定排放量

  第一类排放源根据实际的各重点排放源的化石燃料消耗量和电力输出量估算其实际排放量和输出的核定排放量。

  第二类排放源根据其电力使用量估算其核定排放量。

  第三类排放源根据其输出电力估算其减少的 $CO_2$ 核定排放量。

  第四类排放源根据区域生活（包括居民生活和交通）的能源使用量（直接化石燃料使用量＋电力使用量）。

- ➢ 指标审核：根据行政区的总体的能源使用情况（包括燃煤、燃油、电力等）对总体数据进行审核。

（3）重点行业筛选。重点行业包括能源消耗大户电力、钢铁、建材等。

（4）指标分配。各行政区根据其各产业的规模、能源消耗的数量、GDP 和人口，按照国家统一的排放系数进行 $CO_2$ 核定排放总量进行核定。

### 8.5.4.3 实施路线

温室气体实施约束性控制的路径如下：
（1）建立考核体系。
（2）筛选重点源和重点行业排放系数。
（3）制定重点行业温室气体排放标准。
（4）建立温室气体统计、监测和考核技术体系。

## 8.6 结论与建议

### 8.6.1 实施途径

根据上述分析，建立大气环境约束性指标调整备选指标的匹配性判别矩阵，见表 8-16。

表 8-16 大气环境约束性备选指标匹配性与可行性判别矩阵

| | 必要性 | 基础条件 | | | | 可行性 | | |
|---|---|---|---|---|---|---|---|---|
| | | 匹配性 | 现行标准 | 监测与统计 | 源解析 | 技术 | 经济性 | 管理措施 |
| $SO_2$ | √ | √ | √ | √ | √ | √ | √ | √ |
| $NO_x$ | √ | √ | √ | √ | √ | √ | √ | ◎ |
| $PM_{10}$ | √ | √ | ◎ | √ | √ | ◎ | √ | √ |
| $CO_2$ | √ | √ | × | √ | √ | √ | √ | √ |

注：√代表目前符合或已具备相应的条件；◎代表目前基本符合或具备部分相应的条件；×代表目前不符合或尚不具备相应的条件。

根据本研究的分析，我国对于大气约束性指标调整实施的路线见图 8-8。

| VOCs | 无标准监测 | • 开展研究 | • 建立源清单 | • 控制途径 |
|---|---|---|---|---|
| $O_3$ | 未监测 | • 建立全面监测体系<br>• 研究控制途径 | • 纳入质量公报<br>• 提出控制路线图 | • 开始全面控制 |
| $CO_2$ | 无控制 | • 纳入约束指标<br>• 建立考核体系<br>• 核定排放总量 | • 实施区域总量控制<br>• 重点行业排放控制 | • 强化约束 |
| $PM_{10}$ | 常规监测指标 | • 纳入约束指标<br>• 总量考核烟尘/粉尘<br>• 完善源清单 | • 完善考核机制<br>• 开展细粒子研究 | • 复合污染控制<br>• 细粒子控制途径 |
| $NO_x$ | 监测 $NO_2$ | • 纳入约束指标<br>• 电厂锅炉总量控制<br>• 质量考核 $NO_2$ | • 进一步加强<br>• 完善机动车总量控制 | • 全面控制 |
| $SO_2$ | 约束性指标 | • 总量与质量控制相结合、分区控制<br>• 完善考核指标 | | • 全面控制 |
| | "十一五" | "十二五"前期 | "十二五"后期 | 远期 |

图 8-8 大气约束性指标调整实施路线图

主要指标控制内容见表 8-17 至表 8-21。

**表 8-17　"十二五" $SO_2$ 控制内容**

| 项目 | 控制内容 |
|---|---|
| 总量控制 | 工业、生活源总量控制<br>总量目标中增加钢铁行业 $SO_2$ 排放量考核<br>全国实行改为分区域实行 |
| 环境质量考核 | $SO_2$ 质量浓度，酸雨，达标率，酸雨比例 |
| 环境监测 | 连续自动监测环境质量<br>对重点污染物实施在线监控 |
| 环境质量标准 | 保持现在的标准 |
| 源清单 | 完善现有的源清单 |

**表 8-18　"十二五" $NO_x$ 控制内容**

| 项目 | 控制内容 |
|---|---|
| 总量控制 | 工业、交通、生活源实行总量控制<br>重点行业为火电行业 |
| 环境质量考核 | $NO_2$ 质量浓度，酸雨，酸雨比例 |
| 环境监测 | 连续自动监测环境质量 $NO_2$<br>对重点污染源物实施在线监控 $NO_x$ |
| 环境标准 | 研究现在排放标准的合理性 |
| 源清单 | 全面建立 $NO_x$ 排放源清单 |

**表 8-19　"十二五" $PM_{10}$ 控制内容**

| 项目 | 控制内容 |
|---|---|
| 总量控制 | 只在重点行业实施工艺烟尘 $CO_2$ 粉尘排放总量 |
| 环境质量考核 | $PM_{10}$ 可控达标率 |
| 环境监测 | 连续自动监测环境质量 $PM_{10}$<br>对重点污染源实施在线监控烟尘质量浓度 |
| 环境标准 | 研究现在排放标准的合理性<br>研究细粒子的环境标准 |
| 源清单 | 全面建立颗粒物排放源清单<br>加强 $PM_{10}$ 的源解析研究 |

**表 8-20　"十二五"温室气体控制内容**

| 项目 | 控制内容 |
|---|---|
| 总量控制 | 分省级行政区域实施 $CO_2$ 核定总量<br>重点行业 $CO_2$ 排放总量 |
| 环境质量考核 | 无 |
| 监测与统计 | 建立重点源 $CO_2$ 排放监控体系 |
| 环境标准 | 重点源的排放标准 |
| 源清单 | 全面建立 $CO_2$ 排放源清单 |

表 8-21　"十二五" $O_3$ 和 VOC 控制内容

| 项目 | $O_3$ | VOC |
|---|---|---|
| 总量控制 | 不 | 不 |
| 环境质量考核 | 中期开始 | 不 |
| 环境监测 | 最为常规监测全面开展 | 开展尝试 |
| 环境标准 | 保持研究达标影响因素 | 研究排放标准 |
| 源清单 | — | 逐步建立 |

### 8.6.2　建议

通过指标筛选，以及各个指标的具体分析，最后得出结论和建议如下：

（1）改进 $SO_2$ 控制。对于 $SO_2$，考虑在"十二五"期间进行总量控制与质量控制相结合的有区别的分类控制原则，一类地区同时执行质量控制与总量控制，不仅要求进行质量与总量控制的地区城市空气质量 $SO_2$ 质量浓度达到国家规定标准，而且要求完成 $SO_2$ 的总量控制目标，第二类地区坚持"十一五"规划的总量控制原则，在"十二五"期间进一步实行总量控制，第三类地区只需执行质量控制，无 $SO_2$ 总量控制指标分配，保证城市空气质量 $SO_2$ 质量浓度达到国家规定标准。根据 $SO_2$ 污染情况、空气质量 $SO_2$ 质量浓度达标情况分区进行控制。

（2）增加 $NO_x$ 为约束性指标，全面进行控制。考虑 $NO_x$ 本身及其引发的二次污染所带来的环境危害，应在"十二五"期间将其纳入约束性指标，根据 $NO_x$ 自身特点，在制定控制措施及目标时，应避免 $SO_2$ 考核出现的问题，并建立相应的考核体系。地区总量分配要考虑到各地区存在各种差异，地区发展不平衡等因素，排放指标分配建议采用绩效分配方法。

由于 $NO_x$ 对环境的影响是多方面的，技术路线、控制方法的选择也需要慎重考虑。电力行业 $NO_x$ 的排放量占据了很大的比例，且易于监测、统计、考核，能够解决区域性环境影响的问题，而且有成熟的控制措施和技术，确定为总量控制的重点行业。$NO_x$ 的污染具有区域性特征，必须在区域尺度上进行 $NO_x$ 排放削减，才能经济有效地治理 $NO_x$ 排放造成的环境污染问题。根据污染物的输送与相互影响，加强 $NO_x$ 的区域性污染控制，划定环首都圈、长江三角洲地区和珠江三角洲地区为 3 个重点控制区域。

（3）将温室气体排放作为"十二五"规划约束性指标。我国 $CO_2$ 排放量虽然不受《京都议定书》约束，但是我国的温室气体排放在世界上居第二位，特别是 $CO_2$ 排放，我国制订计划到 2020 年单位 GDP $CO_2$ 排放量比 2005 年减少 40%～45%，因此我们应加紧制定相关的法律法规，减少单位 GDP $CO_2$ 排放量。将 $CO_2$ 排放量作为约束性控制指标，分省份进行排放总量控制，制定重点行业排放标准，完善源清单和统计、监测审核体系。

（4）将 $PM_{10}$ 作为"十二五"约束性指标。以改善城市可吸入颗粒物污染为目标，将 $PM_{10}$ 纳入约束性控制指标。考核内容包括 $PM_{10}$ 可控达标率，重点行业工艺烟尘、粉尘排放总量。

（5）继续深入对 $PM_{2.5}$、VOCs 等污染物的研究和监测。实现远期的大气污染控制目标，着手开展对细粒子和 VOCs 的研究，包括来源解析、监测技术和手段、对人体健康的影响，控制因素及控制的经济技术成本分析等。

（6）将 $O_3$ 纳入常规监测指标，部分城市进行指标考核。在全国各城市将 $O_3$ 纳入常规监测指标，在省会城市和东部主要城市将其纳入环境质量考核指标。并发布于空气质量报告中。

# 第 *9* 章

## 环境约束性指标实施机制

约束性环境指标是具有强制功能和制约功能的指标，具有权威性，它体现了国家实现环境目标的意志，是对各级政府的刚性要求。政府要通过合理配置公共资源和有效运用行政力量，确保约束性环境指标的实现。约束性指标的实施需要各级部门、同级不同职能部门之间协同行动，需要不同方面政策之间的相互协调，这决定了约束性指标实施的困难。研究显示，在实施政策目标的过程中，方案确定的功能只占 10%，而其余的 90% 取决于有效的执行。但目前约束性环境指标的实施仍然是一个薄弱环节。建立完善有效的约束性环境指标实施机制对于保障约束性指标的顺利实施具有至关重要的作用。

## 9.1 总量约束性环境指标的控制体系

根据国际环境政策经验、"十一五"污染减排实践以及我国的环境管理水平，对于总量控制指标，现阶段我国约束性环境指标实施应建立和实行"国家-区域-行业"排放总量控制体系。

### 9.1.1 国家排放总量控制

国家排放总量控制是指为特定污染物设立的全国的排放总量控制目标，对覆盖全国范围的排放源采用的排放总量控制，通常都是自上而下逐级分解的总量控制。理论上说，国家排放总量控制是一个特定污染物覆盖所有排放源下的总量控制，如目前实行的 COD 和 $SO_2$ 排放总量控制，最终要分解到市县的重点污染源。国家总量控制比较适合那些排放均质影响、大尺度区域环境问题，如酸雨控制目标导引下的 $SO_2$ 和 $NO_x$ 控制。一般情况下，由于目前技术支撑能力的限制和全国各地的差异性，国家总量控制很难建立在环境容量基础上，很难与环境质量直接挂钩，很难全面分解落实到污染源上。

### 9.1.2 区域排放总量控制

区域排放总量控制是指满足特定区域给定环境质量目标下允许的最大排放总量，或者分阶段达到允许最大排放总量的目标排放总量。这实际上可以作为较大程度上的区域环境容量下的排放总量控制，简称容量总量控制，比较适合地方环保部门采用。区域总量控制可以与容量挂钩，但不一定就是容量总量控制。区域可以是城市、流域、行政辖区甚至就是划定的区域。如特定城市、特定江河、特定湖库都可以采用"一市一总量""一河一总量"和"一湖一总量"。另外，区域总量控制可以根据自身特征污染物确定与全国不一致的区域总量控制指标，如总磷、重金属等。在实施评估考核中也要得到充分重视，行政区对基础的总量指标与流域性指标需要衔接。当然，如果某些区域和流域提升为国家环境污染治理重点，这些区域的总量减排指标也可以由国家环境保护部门来下达。实际上，在"十一五"的 COD 排放总量控制中，通过重点流域水污染防治规划也对重点流域的省市区下达了流域性的 COD 排放总量控制指标，不同的是这种指标的约束性没有 COD 排放削减指标那样强。

### 9.1.3　行业排放总量控制

行业排放总量控制是指一个特定行业，甚至该行业特定数量污染源范围下的，对特定污染物采用的排放总量控制。例如，美国的 $SO_2$ 排放总量控制和 $NO_x$ 预算计划就是典型的行业总量控制，而且是给定污染源数目下的总量控制，前者是 3 550 家化石燃料电厂，后者是 2 579 家燃煤电厂和锅炉。行业排放总量控制比较容易确定排放总量目标，同时也比较容易分配总量指标，如根据行业排放绩效公平合理地分配排放指标。"十一五"电力行业 $SO_2$ 的总量控制已经证明，排放绩效分配是一种有效的、公平的、合理的方法。行业排放总量控制模式特别适合那些污染排放强度比较集中、全国或区域性的排放统计比较薄弱、行业减排技术比较经济合理的行业污染减排。行业性总量控制也比较能使污染物总量控制与行业性节能控制、技术进步等挂钩，互动促进。

国家、区域和行业排放总量控制之间是密切相关的。行业排放总量控制也可以与国家总量控制和区域总量控制结合使用。如在全国的 COD 和 $SO_2$ 排放总量控制下设立造纸行业 COD 排放总量控制和电力行业 $SO_2$ 排放总量控制。

## 9.2　科学合理确定排放总量控制目标

按照国家、区域、行业建立不同的排放总量控制目标确定原则，促进排放总量控制目标确定的科学性、合理性和公平性。

### 9.2.1　国家排放总量控制目标确定原则

作为全国的排放总量控制目标，要与环境质量改善之间确定一个定量的关系，或者说是在全国层面上实施环境容量排放总量控制，依然是不现实的和不可行的。在这种情况下，排放总量控制目标依然是一种博弈性、行政性、政治性的目标确定。国家总量控制目标确定首先要选定一个相对稳定的基数年和相对准确的排放基数。"十五"和"十一五"总量控制规划目标在基数选择方面不统一，使得地方围绕基数争吵不休，甚至在基数方面"大做文章"。任何公平合理的削减率都是相对基数年排放基数的削减率，特别是"一刀切"政策下的削减率，如果没有准确的排放基数，就会失去减排政策的公平性和可接受性。具体的削减目标，应做削减行业和削减地区潜力技术经济分析后确定。因此，国家排放总量控制目标下可以设立特定行业和特定区域或流域的总量控制目标。

### 9.2.2　区域排放总量控制目标确定原则

总量控制目标制定需要更多地考虑地区差异和可达性，并与环境容量尽可能衔接。区域排放总量控制指标和目标确定更能接近科学性和合理性。区域总量控制目标要与环境质量改善密切挂钩。区域排放总量控制目标应该根据区域环境功能分区、区域经济发展水平、区域环境质量目标等确定，而且区域排放总量控制目标是一个"自下而上"的分配累加量。如果完全达到环境质量目标的总量减排任务存在严重困难，建议采取"分类管理、分步实施、分级考核"的制度，如分 1～3 个阶段逐步实现相应的基于容量的总量控制目标。对于尚有环境容量、环境质量良好的局部地区，污染物排放总量可以适度有所提高，体现分类分区指导，但排放强度应继续保持降低的态势。

总体上看，区域排放总量控制应推行污染物总量控制和环境质量改善并重的指标体系。对于区域排放总量控制，其他污染防治类指标、环境质量指标等也是实现总量减排的响应指标，这些指标也应该进一步给予分解，建立统计和考核（或评价）体系，使得各项指标成为共同促进国家总量和行业总量控制规划目标实现的有机整体。

### 9.2.3　行业排放总量控制目标确定原则

总量控制目标分解需要更加妥善处理公平与效率，协调与区域发展及产业布局政策的关系，进一步突出排放强度（单位 GDP 或单位工业增加值的污染物排放量）的考核，引导经济和工业发展模式的转变，提高技术进步水平。而行业排放总量控制目标确定是实现这一目标的可选重要手段。相对来说，行业排放总量控制目标的确定比较简单。一种最简单的方法就是平均排放绩效法，也就是根据指定行业特定污染物平均排放绩效提高的比例来确定，如燃煤电力行业 $NO_x$、$SO_2$ 平均排放绩效[以 g/（kW·h）表示]提高 10%或者排放强度[以 g/（kW·h）表示]降低 10%。当然，在确定目标时也要考虑新老企业公平竞争问题，在确定排放绩效时考虑一定的差异性。在制定行业排放总量控制目标时，还需要考虑新增的行业产能规模或行业产出水平。目前，最需要的是针对 5～6 个重点污染削减行业，研究预测这些行业的产能发展和产出水平，同时摸清楚这些行业的污染源排放清单。只有这两者都掌握清楚后，才能有效地制定这些行业的特定污染物排放总量控制实施计划。

客观地说，指定行业排放总量控制目标也会涉及全国性的和区域性的排放总量控制目标问题。为了提高行业排放总量控制目标的可实现性，也可以把行业排放总量控制目标分解到区域的排放总量控制目标中，但不一定是该区域该行业排放该污染物的所有企业。

## 9.3　约束性环境指标的分解机制

### 9.3.1　约束性环境指标分解的必要性

约束性环境指标应具有可分解的特点。指标的分解其目的一方面在于通过分工提高政策的可操作性；另一方面在于保持政策实施机构责、权、利的统一，避免实施机构之间相互推诿或者争权夺利。如果对约束性指标任务和目标缺乏在时间上的分解和在不同层级政府、不同部门之间的分解，就会导致目标不明确、权责不清，使指标的顺利实施大打折扣。环境保护约束性指标的任务与目标的原则性相对较强，这给实施机构和实施人员提出了更高的任务分工要求，只有保持实施机构及其人员责、权、利的统一，才能够有效避免相互推诿、争权夺利、机会主义等现象的发生。约束性环境指标的分解具有四个维度：对不同地区实施主体区域性指标任务与目标的分解；对同一地区上下级实施主体指标任务与目标的分解；对同一地区同一级实施主体不同部门指标任务与目标的分解；对同一实施机构内部不同岗位人员指标任务与目标具体工作的分解。对于约束性环境指标，国家宏观层面应重点关注和解决第一类和第三类指标分解，各地地方政府在此基础上，因地制宜，做好第二类指标分解。在约束性指标确定后，由环保部门会同相关部门对完成指标所需的重点任务、目标在不同地区、不同职能部门之间进行细化分解，形成各地区、各部门之间职权清晰界定的分类实施模式，报送国务院审核后，组织实施。按照任务的具体内容，可采取差异化的推进措施，如根据不同的任务情况和性质按照"政府行政主导、政府行政引导和市场机制相结合、市场机制为主"三种模式来分类实施。将约束性指标的任务目标与流域、区域、工业行业、能源等专项规划实现对接，使得约束性环境指标在其他规划中进一步细化和具体化。各省、自治区、直辖市人民政府按照国家要求，将国家分配的总量控制指标纳入本地区国民经济和社会发展"十一五"规划和年度计划，分解落实到各市、地、州和控制单元，制订实施方案，落实项目和资金，建立各级政府目标责任制。各级政府部门还要加强指标目标和具体任务的年度分解。年度计划要避免线性机械分解的方式，应在科学分析预测的基础上，按照不同任务完成内在要求的时间进度安排，签订目标责任书，将目标逐年向本级部门和下级政府分解下达，通过明确权责，任务落实到位。

总量指标的分配是总量控制中最棘手的问题。由于排放总量控制目标不完全是"自下而上"确定的，因此很难把总量目标"自上而下"分配到县市和重点污染源上。"十一五"期间，只是电力行业采用了行之有效、相对公平合理的排放绩效方法，建立了一套 $SO_2$ 总量指标的分配方法。特别是 COD 排放指标的分配方法，没有抓住 COD 排放与社会经济活动强度的关联，分配方法存在着较大的分歧和争论。因此总量指标分配应根据排放总量控制模式不同选择总量指标分配方法，提高总量指标分配的科学公平性。

## 9.3.2 "十一五"约束性环境指标的分解

从"十一五"污染减排指标的分解落实经验来看，一方面，经国务院授权，原国家环保总局与各省、直辖市、自治区人民政府签订了"十一五"主要污染物总量削减目标责任书，明确各地的中期目标和终期目标，各地又签订责任书将主要污染物减排工作目标和任务逐级分解落实，一级抓一级，明确职责分工，明确各项减排措施责任单位和责任人，对于污染减排工作的实施起到了巨大的推动作用。

"十一五"时期约束性环境目标的分解原则和方法是，综合考虑各地环境质量状况、环境容量、2005 年排放基数、经济发展水平和削减能力以及各污染防治专项规划的要求，对东、中、西部地区实行区别对待和差异化减排要求，原则上，要求东部地区高于全国平均水平，中部地区与全国平均水平相当，西部地区低于全国平均水平。长三角、珠三角、京津冀鲁地区、国家重点流域、区域进行重点控制，对民族自治地区等省份，考虑到环境容量、经济发展水平和国家发展需要，对减排指标适当放宽。

　　"十一五"规划中对 COD 削减量的分配主要集中在长三角、珠三角、环渤海以及辽宁，其次是陕西省、云南省等中西部和西南部地区，最后西部内陆地区削减量为零。"十一五"COD 的削减分配图显示削减任务较重的地区同时也是经济较为发达的地区，表明考虑了环境质量和排放状况水平，但同时也考虑经济社会发展阶段和经济能力，即在某种程度上经济越发达的地区，COD 削减率越高。这种 COD 削减分配方案具有一定合理性，因为经过二十几年的发展，经济发达地区污染物排放量最大，积累的环境问题也最为突出，同时有充分的财力保障减排目标的实现，但带来的一个弊端是过多依赖经济总量，而没有顾及各地区的经济结构以及环境状况等方面的因素。

### 9.3.3　约束性环境指标分配原则与方法

　　实际操作中，如何分配污染物减排指标是一个非常复杂的问题。虽然已有的污染物排放量分配方式很多，但归纳起来，主要有如下几种：

#### 9.3.3.1　同比例削减

　　即在所考虑的区域范围内，承认各污染源或各行业排放现状的基础上，将总量控制系统内的允许排放总量等比例地分配到污染源，各污染源分担等比例排放责任。这是一种在承认排污现状基础上比较简单易行的分配方法，该分配原则的前提是承认排污现状。具体又分为以下几种方法：

　　（1）等百分比削减分配。区域内实施总量控制的所有污染源，以现状排污量为基础，按相同的比例确定其总量控制的指标值。

　　（2）等质量浓度削减分配。区域内实施总量控制的所有污染源，以现状排污量为基础，按相同的排放质量浓度确定其总量控制的指标值。

　　（3）分区均匀处理削减分配。区域内实施总量控制的所有污染源，按环境功能分区划分控制单元，对各控制单元进行区域最优化，再对各控制单元内所属的污染源按相同的削减比例确定其总量控制指标。

　　（4）产值加权分配。考虑不同污染源生产一定价值产品排放污染物的情况的差异，以各种污染源万元产值排污量为依据，按不同权重分配各污染源允许排污负荷。

　　（5）排污标准加权分配。考虑各行业排污情况的差异，以"污水综合排放标准"所列各行业排放污水标准为依据，按不同权重分配各行业允许排放量，同行业按比例分配。

　　（6）行业平均处理效率加权分配。考虑各行业国内污染处理水平的差异，以及各行业国内平均处理率为依据，按照不同权重分配各行业的允许排污负荷，同行业内部各污染源按等比例分配。

　　（7）行业最高处理效率加权分配。考虑各行业国内污染处理水平的差异以及各行业国内最高污染物处理率为依据，按照不同权重分配各行业的允许排污负荷，同行业内部各污染源按等比例分配。

　　这是一种在承认排污现状基础上比较简单易行的分配方法，操作方便、管理简单，但显然有欠公平。一方面，这部分承认了既得利益者的收益，即认可了排放量比较大的区域排放量的合理性，从环境资源的分配来看，排放基数大的地区占有更多的环境资源；另一方面，容易出现"鞭打快牛"的情况，有些地区所采用的生产技术水平已经比较高，其排放的污染物已经相对较少，而且其进一步减排的空间比较小，那么按照同比例削减的分配方案会给这些地区带来更大的压力。该方法只适用于控制区域比较小或污染源相当密集的情况，不适用于全国宏观分配上。

### 9.3.3.2　按人口数量平均分配

这一分配方法的思想基础是"人人都有相同的享有某种环境质量和排放某种污染物的权利"。基于这种公平的实际分配方法就是"人与人的绝对平等"。然而，在实际操作中，这种分配方案一方面受到资源禀赋、环境承载力地区分配差异的挑战，另一方面也由于来自排放基数比较大的地区的阻力而难以实施。

### 9.3.3.3　排放绩效分配

从追求效率最优的角度出发，水污染排放权应该更多地分配给对水环境资源利用效率高的区域，即消耗同等的环境资源情况下能获得更大经济成果的区域，力求从总体上达到以最小环境代价获得最大收益的理想效率目标。由于费用最小分配原则只追求社会整体效益最大，忽略了各排污者之间的公平性问题，在实践中不可避免地造成污染治理效率高、边际治理费用低、管理得力的污染源负担更多的削减量的现象。允许排放量分配的不公平不利于企业在平等的市场交换条件下开展竞争，严重挫伤企业防治污染的积极性，激发企业的抵触情绪，从而导致规划方案难以落实。

### 9.3.3.4　按贡献率削减排放量分配

即依据各个污染源对总量控制区域内水质影响程度、按污染物贡献率大小来削减污染负荷。对水质影响大的污染源要多削减，反之则少削减。这种分配原则在一定程度上体现了每个污染源平等共享水环境容量资源，同时也平等承担超过其允许负荷量的责任的公平性。但是它不涉及不同主体污染治理费用的差异，因而在污染治理费用方面存在一定不公平性。此外，由于各主体处于不同的地理位置，对同一控制断面的污染影响是不一致的。按贡献率削减排放量时，势必要较多地削减近距离的污染源污染物的排放量。如果近地源早已存在，而且当初设置时并未划定水源控制区域对污染进行严格控制，那么现在要求近地源承受较多的污染排放量是不公平的。

根据国外在污染物排放总量控制中的经验，在污染负荷分配过程中，最小费用模型已被逐渐放弃，究其根本原因在于优化负荷分配的不公平性。被誉为经典的水污染控制规划的美国特拉华河口污染控制规划，在考虑的三种污染物削减方案：均匀处理、分区均匀处理与最小费用污染负荷削减中，选择的是分区均匀处理的折中方案。

上述各种污染负荷分配方法在公平与效率方面各有不同，很难实现公平与效率的统一。有两种方式实现公平与效率的统一：直接控制方式与市场调节方式。直接控制方式即制定一些政策、法规，迫使企业采取优化负荷分配方案，并采用补贴等手段缓冲由于不公平所造成的矛盾。市场调节方式是通过贸易与补偿交易的变相方式进行的，即将允许排污负荷以一定公平方式分配给各污染源，在通过排污许可证交易实现最优。对于新建、扩建与改建企业预留总量，通常采用后者。

## 9.4　约束性环境指标的核证机制

约束性环境指标应同时具备计量性、监测性、连续统计性，定量化的实现能够保证约束性指标是可核证的，这是指标考核的基础和支撑。完全的和准确的数据考察是否遵守规定和衡量所做的努力的需要，建立数据的监测、报告和核实体系是指标相关数据的主要来源。通过收集和分析约束性指标的完成进展情况的信息，可以为评估考核提供证据，并用来评估约束性环境指标的实施效果。

### 9.4.1 建立约束性指标的数据分析与处理机制

通过建立约束性指标的数据分析与处理机制，加强对数据的监测与审核工作，以保证最终考核结果的有效性。数据的准确性由 3 个环节决定：①监测设备的准确性；②监测点的典型性；③数据传递过程的准确性。建议重点做好以下工作：首先，制定统一环境监测办法，并保证环境监测设备的先进性和各地监测网络的完整性。同时，尽快建立监测时间、监测方法等技术规范，确立具有独立性的监测主体，保障监测数据的科学有效。其次，做好指标的统计准备工作，建立相关统计报表的报送、审定等系列工作，完善统计制度。为改善企业检测仪器的准确性，避免数据弄虚作假，采用层次的方法同时考虑监测设施的可信度以及丢失数据的时间长短来得到可代替的数据。当仪器的可信度降低或丢失数据的时间增长，替代数据就会更保守，高于实际排放情况，这也激励了企业更好的运转和维持监测仪器。

### 9.4.2 加强监测和统计能力以及相关制度的建设

尽快提高重点污染源在线监控、污染源监督性监测、环境监察执法、环境统计和信息传输 4 个方面的"硬件"能力。加强约束性指标统计与监测数据的质量控制和系统管理，建立稳定可比的指标数据库，保证数据的连续性、可比性和相对统一；通过资料核查和现场核查相结合的方式，建立定期和非定期的灵活有效的数据核查和校核制度。

### 9.4.3 强化统计与监测数据的整合和动态管理

要特别重视约束性指标对环境管理的调整要求，将着眼点放在影响指标实现影响因素上，强化数据整合，实现系统管理、量化管理和理性管理，具备摸清家底、说清变化量、分析形势的基本能力，真正落实约束性指标的责任考核。建立稳定可比的重点污染源污染物排放量数据库和重点污染源的台账系统。综合监测、监察、排污申报、环评等数据，对国家重点污染源数据进行科学核定。数据要实现国家直接掌握、抽样监测，避免干扰。

### 9.4.4 建立科学、有约束力的核查技术体系

约束性指标的实施进度情况需要依靠一套科学、有约束力的核算技术体系进行核证。"十一五"期间，减排核算统计确立了"淡化基数、算清增量、核准减量"原则，新增量与 GDP 和能耗指标挂钩，减排量与工程措施挂钩，研究制定了一套比较科学和可操作的核查技术体系，有效实现了减排的定量化管理，提高了减排考核的科学性、严肃性和有效性。从"十一五"经验来看，核查技术体系必须要明确并统一约束性环境指标数据的核算要求，统一核算范围，统一核算原则，统一核算方法。对于总量约束性指标，应坚持新增量和削减量分别计算的核算体系，重点调查单位污染物排放量可采用监测数据法、物料衡算法、排放系数法进行统计测算，优先使用监测数据法计算排放量，监测数据法计算所得的排放量数据必须与物料衡算法或排放系数法计算所得的排放量数据相互对照验证。

## 9.5　约束性环境指标的监督考核机制

目前污染减排考核存在着如下的缺陷：重结果轻过程；考核主体权威性不够，考核实施缺乏力度；考核指标分解机制有待完善；考核结果应用的奖惩力度弱，导向性不强。建立科学权威的考核组织管理体系有利于约束性指标目标的实现；有利于形成科学发展观导向的党政干部政绩考核体系；有利于约束性环境指标考核制度化、规范化。重点加强评估考核机制以及相关监督制度的建设，强化约束性环境指标考核的约束与激励作用，以引导各级政府重视约束性环境指标的实施。

### 9.5.1　确立权威的考核主体和明确考核客体

约束性环境指标考核重点是确立权威的考核主体和明确考核客体两大问题。考核主体的权威性对考核过程的顺利执行和考核结果的有效运用影响重大。约束性环境指标考核过程中需要不同部门的协调和配合，如果仅由环保部门来组织执行，显然缺乏足够的权威。因此，建议考核工作由环保部、发改委、财政部、监察部等多部门共同组织。可以在"十一五"时期国务院节能减排工作领导小组现有职能基础上，拓展其职能，由其同时负责未来约束性环境指标的考察、评估与考核工作。约束性环境指标的考核客体必须是一个能够多方面统筹和协调的责任主体。从现有一些开展环保绩效考核的地区来看，考核客体主要有两类：一类是地方政府；另一类是党政"一把手"及分管环保工作的副职。由于约束性环境指标的有效实施涉及很多部门，需要各部门间的共同配合，地方党政分管环保工作的副职领导在解决资金投入或协调各部门关系时有时力度不够。因此，应进一步明确并强化地方政府为约束性环境指标的考核客体。

### 9.5.2　建立约束性环境指标的全过程动态考核机制

针对约束性指标实施的不同阶段的目标，进行节点式考核，建立约束性环境指标考核的年度考察、中期评估、期末考核和专项考核相结合的全过程动态考核机制。年度考察主要作为掌握指标实施的动态进展、对工作的调整和发现指标实施过程中的重大偏差之用，建议以自查为主，对重点地区进行核查；中期评估的主要功能是发现指标实施中存在的问题，及时总结经验，以保障后期的顺利实施。建议采用自查、抽查和重点核查相结合的方式进行。期末考核侧重于评价各地约束性环境指标总体目标的完成情况，建议采用全面现场核查的方式进行；专项考核主要围绕重大环境突发事件、地区主要领导职务调整等开展，建议进行现场核查。

### 9.5.3　形成考核的内部监督机制

为了避免考核过程中的弄虚作假现象，建议在考察、评估和考核的过程中，强化人大、政协的监督作用，对考核过程的各个环节进行监督、检查。形成考核的外部监督机制。建议在约束性指标考核结果审核之后，将考核结果在媒体上公示。同时，开辟监督热线、网上监督、举报箱等途径，接受群众的监督和反馈，对群众反映比较集中的问题进行核实，一经查实，要对结果及时纠正并追究相关责任人。

### 9.5.4 建立有效的奖惩机制

将考核结果作为对地方政府绩效考核的重要内容。将考核结果纳入党政领导干部绩效考核指标体系。为使环境保护规划考核结果真正与党政领导干部的绩效考核挂钩，确实起到激励作用。

对于环境保护规划考核结果为优秀的地区政府，建议采取多样性的激励手段。例如，可以会同有关部门对该地区环保工作予以大力支持，在环保资金、项目以及能力建设等方面给予优先考虑，在各种评优、评奖活动中给予加分。同时，建议建立差异化的奖励制度，如根据规划中主要指标超额完成的不同情况，分不同的奖励级别，以提高地方政府的工作积极性。

对考核结果未通过的地区，建议取消国家授予该地区与环境保护相关的所有荣誉称号，同时省（自治区、直辖市）政府要在 1 个月内向国务院做出书面报告，提出限期整改工作措施；省级以下地方政府要在 1 个月内向上一级政府做出书面报告，提出限期整改工作措施。

## 9.6 约束性指标实施的政策保障

### 9.6.1 保障性资金投入机制

任何一个工作的实施，其工作的有效开展都离不开财政经费的支持。规划实施的保障性财政预算机制，一方面可以避免实施机构陷入"巧妇难为无米之炊"的困境；另一方面，更能确保执行资源的充分利用。通过加大各级政府投入力度，建立专门的扶持性融资机制，提高中小企业的环境融资能力，促进约束性环境指标的实施，切实保障各类执行主体完成既定任务和目标所需的人力、财力、物力、信息、技术等投入，使执行主体真正有能力肩负起落实、监督的责任。各级人大、政协要加强对环保投入情况进行监督、检查，并将结果报告给同级政府和向社会公开。应将环境保护规划投入情况作为年度考察、中期评估、期末考核、专项考核的重点内容。

完善相关政策，充分利用银行信贷、债券、信托投资基金和多方委托银行贷款等多渠道商业融资手段，筹集社会资金。发挥财政投入对银行信贷的引导作用，运用贴息、资本金补助等方式，将一部分财政投入与银行信贷捆绑使用，以增强环保项目向银行融资的能力。积极运用债券和证券市场，拓宽治理工程筹措渠道。

### 9.6.2 公众参与机制

公众参与机制，提高公众环保意识和公众参与度，可以有效推进环境保护事业和可持续发展进程。公众参与不仅有效地推动了环境保护事业的发展，而且还可增强政府、公众之间的联系，增加公众对政府的信任度，有助于约束性指标的有效实施。从全球范围来看，很多国家已将公众参与作为国家环境保护管理工作的一项基本原则，在公众参与的形式、时机、程序等方面做出了规定，有效地保证了公众参与的开展。

通过环境普法宣传来提高公众的法律认知程度，建立起制度化的长效公众参与机制，对公众参与规划编制与实施的环节、内容、方式、回应等做出明确规定。切实加强环境保护信息的公开与披露工作，制定办法，鼓励各地区公开约束性指标完成进展信息，以多种传媒方式为载体，方便公众获取环境信息。对为完成约束性环境指标所提出的重大项目进展情况及时向社会公开，接受社会监督。扩大公众参与的途径，通过设立环境事故投诉热线电话、电子邮件、领导接待日等方式切实保障公众能真正参与指标和环境政策实施的全过程。对环保举报有功人员进行物质奖励，对积极参与监督的群众予以一定的物质鼓励，以调动公众参与的积极性。

### 9.6.3　产业政策保障机制

产业政策可以分为工业结构调整政策和农业结构调整政策两大部分。

工业结构调整政策是指政府通过相应政策手段，对资源配置和利益分配进行干预，对企业行为进行限制和引导，从而对工业发展的方向施加影响的一系列政策。通过严格限制污染重、经济效益低的产业的发展，使工业结构趋于合理化，降低单位产值的污染物产出，从而有效地控制污染状况。对企业实行"关停并转"是其中一项比较典型的产业结构调整政策。关停并转主要有两个尺度：①根据污染状况；②根据企业规模。前者主要是针对那些污染十分严重，采取限期治理不能达标排放的企业；后者是针对某些行业中的小规模生产企业，禁止这些企业存在。

政府通过转移支付的方式，对于淘汰给予一定补偿，建立一种新的退出机制。中央财政通过增加转移支付，对经济欠发达地区给予适当补助和奖励。建立退出补偿奖励机制，制定落后产能淘汰补偿标准、补偿方式、补偿方法、资金来源等，对因落后产能淘汰造成的债务偿还、人员下岗、职工再就业等进行一定的经济补偿，并结合严格控制新建高耗能项目、执行差别电价政策、加强舆论监督和社会监督、设立淘汰落后产能工作专项资金等具体政策措施，确保淘汰落后产能目标任务的完成。制定《淘汰落后产能补偿资金管理办法》，设立专项资金，明确资金用途，确保其发挥出良好的资金效益。

农业结构调整政策包括对农林牧渔业的产值结构和种植业内部的产值结构进行调整。农业结构的不同影响非点源污染物的排放量，尤其是化肥、农药的流失量和养殖业废水以及畜禽粪便产生量。农业结构调整主要包括4个层次：第一层次也是最基础层次的结构调整，是农产品品种品质结构的调整，即农产品的优质化、多样化和专用化，如优质农产品面积产量的增加及其对普通农产品生产的替代；第二层次的结构调整，即种植业或林、牧、渔业各业内部的结构调整，如种植业内部的减粮扩经等；第三层次的结构调整，主要是加大农业内部种植业和林牧渔业之间的结构调整；第四层次的结构调整，实际上是延长农业产业链、加强农业产前、产后开发的活动，如发展农产品加工、包装、营销等。

# 参考文献

[1]  邹首民，王金南，洪亚雄. 国家"十一五"环境保护规划研究报告[M]. 北京：中国环境科学出版社，2006.

[2]  吴舜泽，万军，王倩，等."十二五"环境保护规划：思路与框架[M]. 北京：中国环境科学出版社，2011.

[3]  吴舜泽，洪亚雄，王金南，等. 国家环境保护"十二五"规划基本思路研究报告[M]. 北京：中国环境科学出版社，2011.

[4]  逯元堂，吴舜泽，陈鹏，等."十一五"环境保护投资评估[J]. 中国人口·资源与环境，2012，22（10）：43-47.

[5]  刘元华，贾杰林，吴玉锋，等. 2006—2009 年工业 COD 和 $SO_2$ 减排分解研究[J]. 中国环境科学，2012，32（11）：1961-1970.

[6]  薛文博，王金南，杨金田，等. 电力行业多污染物协同控制的环境效益模拟[J]. 环境科学研究，2012，25（11）：1304-1310.

[7]  蔡博峰. 基于 0.1°网格的中国城市 $CO_2$ 排放特征分析[J]. 中国人口·资源与环境，2012，22（10）：151-157.

[8]  王金南，宁淼，孙亚梅. 区域大气污染联防联控的理论与方法分析[J]. 环境与可持续发展，2012（5）：5-10.

[9]  徐毅，汤烨，付殿峥，等. 基于水质模拟的不确定条件下两阶段随机水资源规划模型[J]. 环境科学学报，2012，32（12）：3133-3142.

[10]  董战峰，李红祥，吴琼，等."十二五"五大环境政策新亮点[J]. 环境保护与循环经济，2012（9）：5-13.

[11]  蔡博峰. 中国城市二氧化碳排放空间特征及与二氧化硫协同治理分析[J]. 中国能源，2012，34（7）：33-37.

[12]  洪亚雄.《国家环境保护"十二五"规划》的政策创新[J]. 求是，2012（8）：42-43.

[13]  马国霞，赵学涛，於方."十一五"期间贵州省大气污染减排绩效评估[J]. 长江流域资源与环境，2012，21（4）：506-511.

[14]  吴舜泽，洪亚雄."十二五"环保规划布局[J]. 环境经济，2012（4）：25-28.

[15]  徐敏，王东，赵越. 我国水污染防治发展历程回顾[J]. 环境保护，2012（1）：63-67.

[16]  孙娟，吴悦颖，文宇立，等. 北京市"十二五"期间主要水污染物减排对策研究[J]. 环境污染与防治，2011，33（1）：102-104.

[17]  周劲松，吴舜泽，洪亚雄. 我国环境风险现状及管理对策[J]. 环境保护与循环经济，2010（5）：4-6.

[18]  吴舜泽."十二五"为什么要控制氨氮[J]. 中国建设信息（水工业市场），2010（5）：37-40.

[19]  王金南，田仁生，吴舜泽. 关于国家污染物排放总量控制路线图的分析[C]//2010 中国环境科学学会学术年会论文集（第一卷）[M]. 北京：中国环境科学出版社，2010.

[20] 李云生. "十二五"水环境保护基本思路[J]. 中国建设信息（水工业市场），2010（1）：8-10.

[21] 赵喜亮，吴舜泽，夏建新. 从 COD 减排情况分析当前考核制度存在的问题[J]. 环境科学与管理，2010，35（1）：21-26.

[22] 陈东景. 我国主要污染物排放强度的区域差异分析[J]. 生态环境，2008，17（1）：133-137.

[23] 陈蕊，刘新会，杨志峰. 欧盟工业废水污染物排放限值的制定[J]. 环境污染与防治，2005，27（1）：1-6.

[24] 程丽巍，许海，陈铭达，等. 水体富营养化成因及其防治措施研究进展[J]. 环境保护科学，2007，33（1）：18-21.

[25] 国家环保总局. 国家环境保护"十一五"规划[J]. 环境保护，2007，23（12A）：7-20.

[26] GB 8978—1996 污水综合排放标准[S].

[27] 韩晓东，周婷. "十二五"期间中部地区 GDP 增速或逾 10%[N]. 中国证券报，2010-01-12（A04）.

[28] 郝芳华，杨胜天，程红光，等. 大尺度区域非点源污染负荷计算方法[J]. 环境科学学报，2006，26（3）：375-383.

[29] 胡必彬. 太湖流域水污染对太湖水质的影响分析[J]. 上海环境科学，2003，22（12）：1017-1022.

[30] 胡熠，陈瑞莲. 发达国家的流域水污染公共治理机制及其启示[J]. 天津行政学院学报，2006，8（1）：37-40.

[31] 李禾. 专家指出：我国水体氨氮治污迫切需要技术创新[N]. 科技日报，2009-05-31（03）.

[32] 李贵宝，周怀东. 中国水环境标准化的现状[J]. 中国标准化，2002（7）：56-57.

[33] 李贵宝，郝红，张燕. 我国水环境质量标准的发展[J]. 水利技术监督，2003（3）：15-17.

[34] 王金南，邹首民，洪亚雄. 中国环境政策：第三卷[M]. 北京：中国环境科学出版社，2007：414-422.

[35] 李云生，徐敏，吴悦颖. 美国水污染控制法对我国水环境管理的启示[C]//邹首民，王金南，洪亚雄. 中国环境政策：第三卷[M]. 北京：中国环境科学出版社，2007：445-461.

[36] 刘国材，宿华. 国外水污染控制与管理政策[J]. 水资源保护，1993（2）：52-56.

[37] 刘磊. 中国城镇生活 COD 分区减排方案构想及保障措施[J]. 环境污染与防治，2008，30（9）：103-107.

[38] 孟伟，张远，郑丙辉. 水环境质量基准、标准与流域水污染物总量控制策略[J]. 环境科学研究，2006，19（3）：1-6.

[39] 钱易，陈吉宁. 农业环境污染的系统分析和综合治理[M]. 北京：中国农业出版社，2008.

[40] 清华大学环境科学与工程系课题组. 瑞安市温瑞塘河综合整治规划[R]. 2002.

[41] 清华大学环境科学与工程系课题组. 中国重点流域非点源污染负荷估算研究报告[R]. 2003.

[42] 清华大学减排技术与政策研究课题组. 减排技术措施与技术政策优化研究报告[R]. 2009.

[43] 曲格平. 曲格平文集：世界环境问题的发展[M]. 北京：中国环境科学出版社，2007.

[44] 曲格平. 曲格平文集：中国环境综合分析与前景预测——2000 年中国的环境[M]. 北京：中国环境科学出版社，2007.

[45] 《实现"十一五"环境目标政策机制》课题组. 中国污染减排战略与政策[M]. 北京：中国环境科学出版社，2008.

[46] 苏颖，王韶华，李贵宝，等. 泰晤士河与淮河水污染治理比对分析[J]. 水利科技与经济，2007，13（8）：565-569.

[47] 孙慧修. 排水工程（上册）：3 版 [M]. 北京：中国建筑工业出版社，1996.

[48] 王佳伟，张天柱，陈吉宁. 污水处理厂 COD 和氨氮总量削减的成本模型[J]. 中国环境科学，2009，

29（4）：443-448.

[49] 王金南. 中国水污染防治体制与政策[M]. 北京：中国环境科学出版社，2003.

[50] 汪秀丽. 国外典型河流湖泊水污染治理概述[J]. 水利电力科技，2005，31（1）：14-23.

[51] 汪云岗，周军英，钱谊. 美国水环境标准及其实施体系述评[J]. 农村生态环境，1999，15（3）：49-53.

[52] 危俊婷，万军明. 内河涌氨氮污染的特征及其来源的研究[J]. 中国环境监测，2006，22（2）：62-65.

[53] 魏珍珍. 黄河兰州段水体氮素（N）污染水平及其传输通量的研究[D]. 兰州：兰州理工大学，2008.

[54] 吴季松. 对我国水污染防治的几点考虑[J]. 水资源保护，2001（2）：1-3.

[55] 邢乃春，陈捍华. TMDL 计划的背景、发展进程及组成框架[J]. 水利科技与经济，2005，11（9）：534-537.

[56] 邢艳，范洁. 浅析解决我国饮用水污染的基本途径[EB/OL]. 中国城镇水网，2006-12-20.

[57] 杨凌波. 中国城市污水处理厂能耗规律的统计分析[D]. 北京：清华大学，2006.

[58] 袁志彬. 中国水污染的转型特征与政策建议[EB/OL]. 中国科学院网站，2007-08-06.

[59] 张海燕，李箐. 巢湖水体富营养化成因分析及对策研究[J]. 疾病控制杂志，2005，9（3）：271-272.

[60] 张倩. 两部委官员展望"十二五"水环境治理发展[EB/OL]. 中国水网，2009-12-04.

[61] 张运林，秦伯强. 太湖水体富营养化的演变及研究进展[J]. 上海环境科学，2001，20（6）：263-265.

[62] 赵华林，郭启民，黄小赠. 日本水环境保护及总量控制技术与政策的启示——日本水污染物总量控制考察报告[J]. 环境保护，2007，386：82-87.

[63] 赵倩. 1997—2007 年上海市青浦区水体氮素含量时空变化特征及驱动因子分析[D]. 上海：复旦大学，2009.

[64] GB/T 14848—93 地下水质量标准[S].

[65] 环境保护部. 中国环境状况公报 2001—2008[M]. 北京：中国环境科学出版社.

[66] 环境保护部. 中国环境统计年报 1998—2006[M]. 北京：中国环境科学出版社.

[67] GB 18918—2002 城镇污水处理厂污染物排放标准[S].

[68] GB 3838—2002 地表水环境质量标准[S].

[69] GB 3095—2012 环境空气质量标准[S].

[70] 中华人民共和国环境保护部. 主要污染物总量减排考核办法[J]. 环境保护，2007，386（12B）：11-12.

[71] 中华人民共和国水利部. 中国水资源质量年报 2001—2007[R/OL]. 中华人民共和国水利部网站.

[72] GB 5749—85 生活饮用水卫生标准[S].

[73] GB 5749—2005 生活饮用水卫生标准[S].

[74] 中央"十五"计划纲要起草小组. 国家环境保护"十五"计划[EB/OL]. 国家发展和改革委员会网站，2006.

[75] 周海东，黄霞，文湘华. 城市污水中有关新型微污染物 PPCPs 归趋研究的进展[J]. 环境工程学报，2007，1（12）：1-9.

[76] 朱兆良，孙波. 中国农业面源污染控制对策研究[J]. 环境保护，2008，4B（394）：4-6.

[77] 陆虹. 中国环境问题与经济发展的关系分析——以大气污染为例[J]. 财经研究，2000，26（10）：53-59.

[78] 平措. 我国城市大气污染现状及综合防治对策[J]. 环境科学与管理，2006（1）：18-21.

[79] 葛永军，许学强，阎小培. 中国城市产业结构的现状特点[J]. 城市规划汇刊，2003，3：81-83.

[80] 陈玉英. 我国产业结构与能源利用效率的关系研[J]. 农村经济与科技，2007（6）：107-108.

[81] 任永辉. 我国城市化进程中的若干问题与反思[D]. 乌鲁木齐：新疆大学，2008.

[82] 李冬. 日本环境问题研究[D]. 长春：吉林大学，2003.

[83] 徐家骝. 日本环境污染的治理和对策[M]. 北京：中国环境科学出版社，1990.

[84] 王鑫，傅德黔，努丽亚. $NO_x$排放统计方法综述[J]. 中国环境监测，2008（4）：57-60.

[85] 吴晓青. 我国大气氮氧化物污染控制现状存在的问题与对策建议[J]. 中国科技产业,2009(8):13-16.

[86] 周维，王雪松，张远航，等. 我国 $NO_x$ 污染状况与环境效应及综合控制策略[J]. 北京大学学报（自然科学版），2008，4（2）：323-330.

[87] 张楚莹，王书肖，邢佳，等. 中国能源相关的氮氧化物排放现状与发展趋势分析[J]. 环境科学学报，2008，28（12）：2470-2479.

[88] 粮小洛，曹国良，黄学敏. 中国区域氮氧化物排放清单[J]. 环境与可持续发展，2008（6）：19-21.

[89] 孙荣庆. 我国二氧化硫污染现状与控制对策[J]. 中国能源，2003，25（7）：25-28.

[90] 王英. 北京大气污染区域分布及变化趋势研究[J]. 中央民族大学学报（自然科学版），2008，17（1）：59-64.

[91] 薛志钢，郝吉明，陈复，等. 国外大气污染控制经验[J]. 重庆环境科学，2003，25（11）：159-162.

[92] 李浩，奚旦立，唐振华，等. 英国大气污染控制及行动措施[J]. 干旱环境监测，2005，19（1）：29-31.

[93] 张赞. 中国工业化发展水平与环境质量的关系[J]. 经济科学，2006，215（2）：47-56.

[94] 张琪敏，赵景波，等. 2004 年中国典型城市大气污染现状及污染差异分析[J]. 贵州师范大学学报（自然科学版），2007，25（2）：33-36.

[95] 王艳，柴发合，刘厚凤，等. 长江三角洲地区大气污染物水平输送场特征分析[J]. 环境科学研究，2008，21（1）：22-29.

[96] 陈维，游德才. 珠三角、长三角和京津冀区域经济发展阶段及制约因素的比较分析[J]. 珠江经济，2007，6：8-19

[97] 周衍庆，王有邦，李新运，等. SPSS 的聚类分析功能在经济地理分区中的应用[J]. 枣庄师范专科学校学报，2003（20）：10-15.

[98] 陈涛. 中部六省经济发展状况分析——基于 SPSS 主成分分析方法[J]. 湖南工业职业技术学院学报，2008，8（4）：29-42.

[99] 郝黎仁，樊元，郝哲欧，等. SPSS 实用统计分析[M]. 北京：中国水利水电出版社，2003.

[100] 王雪. 基于 SPSS 的黑龙江省经济发展区域差异分析[J]. 国土与自然资源研究，2008，3：12-13.

[101] 李鲁欣，李玉江. 基于 SPSS 对山东省城市化进程与金融发展的相关性分析[J]. 北方经济，2008，4：70-71.

[102] 陈志，刘耀彬，杨益明. 区域城市化水平地域差异及影响因素的灰色关联分析——以湖北省为例[J]. 世界地理研究，2003（3）：51-58.

[103] 曾青春，刘科学. 中国城市化与经济增长的省际差异分析[J]. 城市问题，2006（136）：58-63.

[104] 万红燕，李仕兵. 基于主成分回归分析的我国城镇居民收入差异的实证研究[J]. 预测，2009（1）：77-80.

[105] 国家统计局. 国际统计年鉴[M]. 北京：中国统计出版社，2003.

[106] 聂蕊. 中美环境标准制度比较[D]. 昆明：昆明理工大学，2005.

[107] 周扬胜，安华. 美国的环境标准[J]. 环境科学研究，1997，10（1）：57-59.

[108] 孙国超，鄢晓忠. 电站燃煤锅炉 $NO_x$ 控制技术的现状及发展[J]. 电站系统工程，2008，24（2）：1-3.

[109] 王方群，杜云贵，刘艺，等. 国内燃煤电厂烟气脱硝发展现状及建议[J]. 电力环境保护，2007，23

　　　（3）：20-23.

[110] 李晓东，杨卓如. 国外氮氧化物气体治理的研究进展[J]. 环境工程，1996，14（2）：35-38.

[111] 周维，王雪松. 我国 $NO_x$ 污染状况与环境效应及综合控制策略[J]. 北京大学学报（自然科学版），
　　　2008，44（2）：323-329.

[112] 王志轩. 我国火电厂污染控制现状与"十五"计划的目标、措施[J]. 环境保护，2003，4：49-51.

[113] 刘志强. 中国火电行业氮氧化物排放量估算研究[D]. 北京：华北电力大学，2008.

[114] 石春娥，翟武全. 长江三角洲地区四省会城市 $PM_{10}$ 污染特征[J]. 高原气象，2008，27（2）：409-413.

[115] 韩中峰. 城市粉尘污染来源及控制方向[J]. 环境与可持续发展，2006，6：35-36.

[116] 朱广一. 大气可吸入颗粒物研究进展[J]. 环境保护科学，2002，28（113）：3-5.

[117] 何梅. 大气污染治理措施对 $PM_{10}$ 控制的有效性评价[D]. 重庆：重庆大学，2002.

[118] 张远军. 机动车颗粒物排放测试与研究[D]. 武汉：武汉理工大学，2006.

[119] 郑进朗，潘雪琴，马果骏. 燃煤电厂的可吸入颗粒物排放[J]. 电力环境保护，2009，25（9）：53-55.

[120] 王志轩. 电力行业二氧化硫排放控制现状、费用及对策分析[J]. 环境科学研究，2005，18（4）：11-20.

[121] 朱松丽. 国外控制 $SO_2$ 排放的成功经验以及对我国 $SO_2$ 控制的政策建议[J]. 能源环境保护，2006，
　　　20（1）：5-9.

[122] 王志轩. 火电厂二氧化硫排放控制难题待解[N]. 中国电力报，2006-10-08.

[123] 孙继明. 酸雨控制区和 $SO_2$ 污染控制区控制效果的研究[D]. 南京：南京气象学院，2002.

[124] 王阳. 环境标准制定问题研究[D]. 山东：山东科技大学，2007.

[125] 潘家栋，徐兴峰. 我国环境标准的现状及完善对策[J]. 重庆环境科学，1999，21（3）：1-3.

[126] 谢绍东，张远航. 我国城市地区机动车污染现状与趋势[J]. 环境科学研究，2003，13（4）：22-27.

[127] 赵鹏高. 火电厂烟气脱硫关键技术与设备国产化规划要点摘要[J]. 电力环境保护，2000，16（2）：
　　　28-32.

[128] 王娟，张慧明. 中国电力工业烟气脱硫的现状及发展趋势[J]. 环境污染治理技术与设备，2004，5
　　　（4）：12-16.

[129] 王志轩. 国家电力公司"两控区"火电厂 $SO_2$ 污染现状及防治对策[J]. 电力环境保护，1999，15
　　　（2）：1-4.

[130] 吴杨. TSP 源解析的回归计算及总量控制分析[D]. 兰州：兰州大学，2006.

[131] 李禾. 我国二氧化硫减排效果将被氮氧化物增长抵消[N]. 科技日报，2009-02-15.

[132] 吕建. 可吸入颗粒物研究现状及发展综述[J]. 环境保护科学，2004，31（128）：4-7.

[133] 宋宇，唐孝炎. 北京市大气细粒子的来源分析[J]. 环境科学，2002（6）：11-16.

[134] 周韦慧，陈乐怡. 国外二氧化碳减排技术措施的进展[J]. 中外能源，2008，3：7-13.

[135] 佟新华. 中日一次能源消耗的碳排放及影响因素对比分析[J]. 现代日本经济，2008，6：47-51.

[136] 蓝庆新. 日本发展循环经济的成功经验及对我国的启示[J]. 东北亚论坛，2006（1）：871.

[137] 郎一环，王礼茂，王冬梅. 能源合理利用与 $CO_2$ 减排的国际经验及其对我国的启示[J]. 地理科学进
　　　展，2004，23（4）：28-32.

[138] 龙世骦. 火力发电厂温室气体排放控制[J]. 云南电力技术，2003，33（50）：31-32.

[139] 孙庆贺，陆永琪，傅立新，等. 我国氮氧化物排放因子的修正和排放量计算：2000 年[J]. 环境污
　　　染治理技术与设备，2004，5（2）：90-92.

[140] 张楚莹，王书肖，邢佳，等. 中国能源相关的氮氧化物排放现状与发展趋势分析[J]. 环境科学学报，

2008，28（12）：2470- 2479.

[141] 刘志强，陈纪玲. 中国大气环境质量现状及趋势分析[J]. 电力环境保护，2007，23（1）：21-27.

[142] 黄远峰，罗澍，何龙，等. 深圳市机动车氮氧化物排放、环境空气污染预测和控制对策[J]. 中国环境监测，2001，17（1）：7-10.

[143] 王少霞，邵敏，田凯，等. 广东市氮氧化物控制的费用效果分析初探[J]. 环境科学研究，2000，13（1）：28-31.

[144] 韩振宇，姜华，陈波洋，等. 区域能源与大气环境污染宏观控制预警指标研究[J]. 环境科学研究，2006，（5）：25-291.

[145] 世界银行. 2005 年世界发展指标[M]. 北京：中国财经出版社，2005.

[146] 世界银行. 2004 年世界发展指标[M]. 北京：中国财经出版社，2004.

[147] 国家统计局. 长江和珠江三角洲及港澳台统计年鉴[M]. 北京：中国统计出版社.

[148] 国家统计局. 2006 中国统计年鉴[M]. 北京：中国统计出版社，2006.

[149] 国家统计局. 2005 中国统计年鉴[M]. 北京：中国统计出版社，2005.

[150] 国家统计局. 2004 中国统计年鉴[M]. 北京：中国统计出版社，2004.

[151] 国家统计局. 2003 中国统计年鉴[M]. 北京：中国统计出版社，2003.

[152] 国家统计局. 2002 中国统计年鉴[M]. 北京：中国统计出版社，2002.

[153] 国家统计局. 2001 中国统计年鉴[M]. 北京：中国统计出版社，2001.

[154] 国家统计局. 2000 中国统计年鉴[M]. 北京：中国统计出版社，2000.

[155] 国家统计局. 2008 中国城市统计年鉴[M]. 北京：中国统计出版社，2008.

[156] 国家统计局. 2008 环境统计年鉴[M]. 北京：中国统计出版社，2008.

[157] 环境保护部. 2008 中国环境统计年报[M]. 北京：中国环境科学出版社，2009.

[158] 刘秀凤. 清洁发展机制时下要机智[N]. 中国环境报，2009-04-03（6）.

[159] 张远航. "十五"专题报告：$NO_x$ 污染状况、标准与控制对策研究[R]. 北京：环境科学出版社，2003.

[160] UNECE. Protocol to the 1979 Convention on Long-Range Transboundary Air Pollution on Future Reduction of Sulphur missions. Oslo：UNECE，1994-06-14.

[161] UNECE. Protocol to the 1979 Convention on Long-Range Transboundary Air Pollution To Abate Acidification Eutrophication And Ground-Level Ozone. Gothenburg：UNECE，1999-07-19.

[162] Fredric C M，Hans M S. Acid rain in Europe and the United States：an update[J]. Environmental Science & Policy，2004，7（4）：253-265.

[163] Grennfelt P，Hov O. Regional air pollution at a turning point[J]. Ambio，2003，34（1）：2-10.

[164] Halliday E C. A historical review of atmospheric pollution[J]. Monograph Series：WHO，1961，46：9-37.

[165] Mckeown D. US Court Decision on Transboundary Air Pollution[R]. Toronto：Medical Officer of Health，2007：3-4.

[166] Shoji T，Huggins F E，Huffman G P. XAFS Spectroscopy Analysis of Selected Elements in Fine Particulate Matter Derived from Coal Combustion[J]. Energy & Fuels，2002（16）：325-329.

[167] Sissell K. Report：energy efficiency is the most cost-effective climate policy[J/OL]. Chemical Week，2008-03-25.